SideFX®公式
さつき先生と学ぶはじめてのHoudini

高瀬 紗月 著

ダウンロードデータと書籍情報について

本書のウェブページでは、ダウンロードデータ、追加・更新情報、発売日以降に判明した誤植（正誤）などを掲載しています。

また本書に関するお問い合わせの際は、事前に下記ページをご確認ください。

https://www.borndigital.co.jp/book/9784862465962/

※ご使用している環境（OS）やアプリケーションのバージョンにより、一部画面キャプチャやUI名称、機能等が異なる場合がありますので、あらかじめご了承ください。

本書の対象読者

本書は、3DCGやHoudiniに興味があれば、どなたでも楽しめるものと考えています。特に対象としているのは、3DCGを学ぶ専門学生と、よりテクニカルな3DCGを学びたいと考えている現場の3DCGアーティストです。

そのため、基本的なコンピュータの操作と基礎的な高校数学を除き、前提知識を必要としません。Houdiniには、独特なユーザーインターフェースや独自のプログラミング言語などが存在しますが、それらもすべて必要になったタイミングで解説を入れています。

本書の読み進め方

後の章で、その前に完成させた作例を利用・発展・比較することがあるので、前から順番に読み進めてください。また、各章で扱う作例はサンプルファイルを用意していますので、パラメータ設定の詳細などは、そちらからもご確認いただけます。

● 本書に登場する様々な画像について

本書の手順をそのまま再現できれば、基本的に同じものが完成しますが、一部の章扉の画像などは、書籍用により高解像度に調整していたり、外部のソフトウェアを用いて簡単な色調補正や背景の合成処理を行うなどの都合上、同じものにならないものもあります。

筆者が調整した作例は、可能なかぎりサンプルファイルとして配布していますので、そちらをご確認ください。また、変更・調整してよいパラメータについては本文でその旨を記載していますので、ぜひみなさん自身で自由に変更して、自分だけの作品を作ってみましょう。

● 本書の動作環境

本書の解説は、以下の環境で行っています。
Houdini 20.5
Windows 11

■著作権に関するご注意

本書は著作権上の保護を受けています。論評目的の抜粋や引用を除いて、著作権者および出版社の承諾なしに複写することはできません。本書やその一部の複写作成は個人使用目的以外のいかなる理由であれ、著作権法違反になります。

■責任と保証の制限

本書の著者、編集者および出版社は、本書を作成するにあたり最大限の努力をしました。但し、本書の内容に関して明示、非明示に関わらず、いかなる保証も致しません。本書の内容、それによって得られた成果の利用に関して、または、その結果として生じた偶発的、間接的損傷に関して一切の責任を負いません。

■商標

本書に記載されている製品名、会社名は、それぞれ各社の商標または登録商標です。本書では、商標を所有する会社や組織の一覧を明示すること、または商標名を記載するたびに商標記号を挿入することは特別な場合を除き行っていません。本書は、商標名を編集上の目的だけで使用しています。商標所有者の利益は厳守されており、商標の権利を侵害する意図は全くありません。

はじめに

本書をお手に取ってくださり、ありがとうございます。本書は、Houdiniを使って3DCGの根幹から高度な自動処理まで、一歩ずつ段階を踏んで学ぶ書籍です。

みなさんは、「3DCG」という言葉にどのような印象をお持ちでしょうか？　本物と見紛うようなハリウッド映画の3DCGを想像した方もいれば、3DCGゲームの仮想世界やAR（拡張現実）などを想像した方もいるかもしれません。

近年、コンピュータとそれに関連する技術の急速な進歩によって、3DCGは身近な技術になってきています。しかしながら、本格的な3DCGの制作となると、まだまだハードルが高い部分も少なくありません。見た目にもきれいな作品を作るとなれば、さらにハードルは上がります。

また、ソフトウェア（アプリ）では、数学や物理学などにおける専門的な言葉を使って説明されるものも多く、みなさまの中には一度挫折してしまったという方もいるでしょう。特にHoudiniは、「難しい」「一部の人だけが扱えるツール」などと思われがちです。

しかし、筆者はそうは思っていません。ただほかのソフトウェアと「違う」のだと思っています。Houdiniは極めて基本的な操作がオープンになっているので、その基本を知らなければ、なんの話をしているのかさっぱり理解できないのです。つまり、簡単とまでは言いませんが、一歩ずつ基礎から積み上げていけば、入門のハードルはさして高くありません。

そこで本書では、はじめに3DCGの基本的な工程を体験した後、その根幹にある概念を掘り下げ、最終的には複雑なアニメーションを大量に自動生成する仕組みを構築します。この独自の仕組みを構築することは、ポイント1個単位の細かい情報の一つひとつを管理できなければ叶わないことなので、Houdiniを通して3DCGの基礎の基礎を理解することの大きな意義を感じられるはずです。

本書によって、より根源的な3DCGの面白さが一人でも多くの方に伝わればと願います。また、すでにある程度3DCGを知っている方に対しては、その可能性を押し広げる一助となれば幸いです。

2024年8月　高瀬 紗月

著者プロフィール

高瀬 紗月 (たかせ さつき)

SideFXのHoudini先生。高校時代Houdiniに出会い、以来様々な計算を作品へと応用することを模索。日本語でのHoudiniの解説動画を公開したことがきっかけで、SideFXのHoudini先生となる。

エフェクト・テクニカルアーティストの経験を活かし、Houdiniを導入する日本中の企業・学校に技術サポートやトレーニングを行う。一般向けの講演等でもわかりやすさとその技術力が認められ、「さつき先生」の愛称で親しまれている。計算でカッコいいものを作るのが得意。

X：@Satsuki_8198
YouTube：https://www.youtube.com/@StudioSatsuki

目次

はじめに ... 3

CHAPTER 01 はじめての3DCGを制作しよう ... 12

1-1 3DCGができるまで ... 14
- 1-1-1 モデリング(形作り) ... 15
- 1-1-2 マテリアル設定、テクスチャ制作(質感作り) ... 15
- 1-1-3 レイアウト(配置) ... 16
- 1-1-4 アニメーション、シミュレーション(動き作り) ... 17
- 1-1-5 ライト、カメラ設定 ... 17
- 1-1-6 レンダリング(完成画像の計算) ... 18

1-2 Houdiniを使おう ... 19
- 1-2-1 ダウンロードとインストール ... 19
- 1-2-2 ユーザーインターフェース(UI) ... 23
- 1-2-3 Houdiniの基本的な考え方 ... 24
- COLUMN コンテキストの通称名 ... 27

1-3 3DCGを作ろう ... 28
- 1-3-1 はじめに:こまめに保存しよう ... 28
- 1-3-2 モデリング ... 29
- COLUMN 素早くツールを切り替えよう、実行しよう ... 33
- COLUMN 変な操作をしてしまったら ... 34
- 1-3-3 レイアウト ... 35
- 1-3-4 マテリアル設定 ... 37
- COLUMN MaterialXってなに? ... 37
- 1-3-5 ライト、カメラ設定 ... 39
- 1-3-6 レンダリング ... 43
- COLUMN マテリアルがしていたこと ... 45
- COLUMN Diffuse / Reflection Limitはなにが違うの? ... 49
- 1-3-7 完成! ... 50
- さつき先生小噺 大規模制作で、作業の分担や管理はどうするの? ... 51

CHAPTER 02 3DCGの根幹を探ろう　　52

- **2-1 プロシージャルな考え方**　　54
  - 2-1-1 単純な「手続き」から見てみよう　　54
  - 2-1-2 よりよい「手続き」を考えよう　　57
  - 2-1-3 押し出す面の指定方法を見直そう　　58
- **2-2 ジオメトリの構造を理解しよう**　　59
  - 2-2-1 ジオメトリを構成しよう　　59
  - 2-2-2 Houdiniで確認しよう　　60
- **2-3 アトリビュートを理解しよう**　　64
  - 2-3-1 アトリビュートを確認しやすくしよう　　65
  - 2-3-2 アトリビュートを使おう　　65
  - COLUMN 原始的な操作をもう少し深掘り　　70
  - 2-3-3 アトリビュートの使い道を知ろう　　70
  - COLUMN アトリビュートのClassを視覚的に確認しよう　　72
  - さつき先生小噺 問題解決！ 浮いてしまうボール？　　76

CHAPTER 03 独自の処理を実装しよう　　80

- **3-1 実装方法を考えよう**　　82
  - 3-1-1 必要な操作をまとめよう　　83
  - 3-1-2 実装方針をまとめよう　　84
- **3-2 Houdiniで実装しよう**　　85
  - 3-2-1 原点にポイントを追加しよう　　85
  - 3-2-2 原点周りを回転するポイントを追加しよう　　86
  - COLUMN 右手座標系と左手座標系　　88
  - 3-2-3 追加したポイントを移動しよう　　89
  - 3-2-4 ループさせよう　　91
  - COLUMN 様々な「繰り返し」　　100
  - COLUMN 相対参照と絶対参照　　104

3-2-5 線を追加しよう ……………………………… 105
3-2-6 様々なパターンを生成しよう ……………… 106
3-2-7 アートとして完成させるには ……………… 107
さつき先生小噺 コンピュータの計算能力と高速化 ……………… 112

CHAPTER 04 シミュレーションってなに？ 114

4-1 シミュレーションについて考えよう 116
4-1-1 ボールの軌道をシミュレーションしよう …… 116
4-1-2 シミュレーションの意味を理解しよう …… 117

4-2 未来の予測は簡単ではない 118
4-2-1 少し先の未来を考えよう ……………… 118
4-2-2 フィードバックループとシミュレーション …… 120

4-3 Solverノードを使ってみよう 121
4-3-1 Solverノードを追加してみよう …… 121
COLUMN 最初のフレーム、どうするか問題 …… 123
4-3-2 「初期状態」を準備しよう ……………… 124
4-3-3 次の状態を計算しよう ……………… 124
4-3-4 結果を確認しよう ……………… 125
4-3-5 シミュレーションとSolverノードについてのまとめ …… 126

4-4 Solverノードで面白い動きを作ろう 127
4-4-1 今回作るもの ……………… 127
4-4-2 ステップ1：初期状態の準備をしよう …… 127
4-4-3 ステップ2：次の状態を計算する処理を作ろう …… 130
COLUMN パラメータが多すぎて見つからない！ …… 132
4-4-4 ステップ3：シミュレーションを調整しよう …… 137
4-4-5 おまけ：アニメーションとして保存しよう …… 139
さつき先生小噺 大規模なシミュレーションに必要なマシン性能は？ …… 143

成長する構造物を作ろう　146

5-1 サンゴ風の成長アニメーションを作ろう　148
5-1-1 成長を表現するアルゴリズム　148
5-1-2 成長を表現するアルゴリズムのまとめ　149

5-2 Houdiniで実装しよう　150
5-2-1 最初の形状を作成しよう　150
5-2-2 曲率を計算しよう　158
5-2-3 ポイントを法線方向に移動しよう　158
5-2-4 処理を繰り返そう　160
5-2-5 エラーを修正しよう　161
5-2-6 処理が重い原因を考えよう　162

5-3 ボリュームとは　164
5-3-1 2次元から考えてみよう　164
5-3-2 3次元になったらどうなるの？　165
5-3-3 3次元形状を表現するボリューム(SDF)　165
COLUMN 勾配の定義と直感的なイメージ　167
5-3-4 ボリュームについてのまとめ　167

5-4 ボリュームで問題を解決しよう　169
5-4-1 ネットワークを整理しよう　169
5-4-2 ポリゴンメッシュをSDFボリュームに変換しよう　170
5-4-3 すべてをボリュームで処理しよう　173
5-4-4 ボリュームによる問題解決のまとめ　175

5-5 ボリュームで実装し直そう　175
5-5-1 前処理をしよう　176
5-5-2 メインの処理を実装しよう　176
5-5-3 ここまでの結果を確認しよう　182
5-5-4 曲率で成長量をコントロールしよう　183

CONTENTS 目次

5-6 アーティスティックなコントロール … 188
- 5-6-1 一様すぎる成長を改善しよう … 188
- COLUMN 別の形をもとに成長を抑制するには？ … 190
- 5-6-2 空間全体での「流れ」を作ろう … 190
- 5-6-3 小さな改良と修正をしよう … 201
- 5-6-4 今後の発展とまとめ … 215
- さつき先生小噺 執筆がやばいの話 … 222
- さつき先生小噺 いいカメラのすすめ … 223

CHAPTER 06 Solarisを使ってみよう … 224

6-1 Solarisについて知ろう … 226
- 6-1-1 Solarisとは … 226
- 6-1-2 レンダリング方法は2種類ある … 227

6-2 Solarisに「はじめてのシーン」を持ってこよう … 227
- 6-2-1 Scene Import ノード … 228
- COLUMN Karma CPUとKarma XPUはなにが違うの？ … 230
- 6-2-2 少しだけUSDを理解しよう … 234
- 6-2-3 先ほどはなにが問題だったのか … 235
- 6-2-4 レンダリングしよう … 237
- 6-2-5 USDファイルを保存しよう … 240
- COLUMN outにあったKarmaもLOPで動いている … 242

6-3 Solarisでシーンを構築しよう … 243
- 6-3-1 ジオメトリだけを読み込もう … 243
- 6-3-2 マテリアルを付けよう … 245
- 6-3-3 ライトを置こう … 249
- 6-3-4 カメラを置こう … 254
- 6-3-5 Render Galleryを活用しよう … 256
- 6-3-6 マテリアルの調整前に … 258
- 6-3-7 マテリアルを調整しよう … 260
- 6-3-8 レンダリングしよう … 272
- さつき先生小噺 CGI or NOT … 279

CHAPTER 07 プログラミングに挑戦しよう 282

7-1 Attribute Wrangle ノードを使おう 284
7-1-1 まずは1行書いてみよう 284
COLUMN コードの拡大縮小 286
7-1-2 Run Overを変更しよう 287

7-2 基本的な概念を学ぼう 289
7-2-1 変数：番地の名付け 290
7-2-2 関数：便利な処理をまとめたもの 294
7-2-3 if／else文：条件分岐 297
7-2-4 whileループ：繰り返し処理させよう 299
7-2-5 forループ：少し便利に使えるループ 300
COLUMN 様々なループの使用例 301

7-3 ジオメトリを構成しよう 302
7-3-1 ポイントを追加しよう 303
7-3-2 プリミティブの追加と頂点を登録しよう 304

7-4 VEXで書き直そう 305
7-4-1 処理を復習しよう 305
7-4-2 必要な変数を用意しよう 307
7-4-3 ポイントを追加しよう 308
7-4-4 プリミティブを追加しよう 310
7-4-5 アトリビュートの設定と色を着けよう 311
COLUMN 「Curve U Attribute」のU 312
7-4-6 変数をHoudiniのパラメータにしよう 314

7-5 以前の実装と比べてみよう 317
7-5-1 小さな違いを確認しよう 317
7-5-2 見た目が変わった！？ 318
さつき先生小噺 PythonとOpenCL C言語 323

CHAPTER 08 立体回転パズルを作ろう … 324

8-1 実装前の整理をしよう … 326
8-1-1 用意するパラメータ … 326
8-1-2 実装方針を考えよう … 328

8-2 モデリングをしよう … 328
8-2-1 下準備をしよう … 328
8-2-2 サブキューブを作成しよう … 329

8-3 初期状態を用意しよう … 338
8-3-1 状態の表現方法を理解しよう … 338
8-3-2 同じvector型でも違いがある? … 342
8-3-3 回転記号の文字列を加工しよう … 344

8-4 回転の処理の仕組みを作ろう … 351
8-4-1 Subnetworkノードに処理をまとめよう … 351
8-4-2 処理する情報を取得しよう … 353
8-4-3 例外処理をしよう … 354
8-4-4 回転を設定しよう … 356
8-4-5 各回転後における状態を事前計算しよう … 362

8-5 アニメーション情報を計算しよう … 370
8-5-1 アニメーションの生成方法 … 370
8-5-2 現在処理すべき状態id … 372
8-5-3 回転動作の完了割合 … 375
8-5-4 例外処理について学ぼう … 377
8-5-5 アニメーション開始のタイミング … 378
8-5-6 パラメータの追加 … 379
8-5-7 パラメータを整理しよう … 382

8-6 コントロールと書き出し … 383
8-6-1 アーティスティックなコントロール … 383
8-6-2 プレビューを書き出そう … 397

さつき先生小噺 HDA … 404

CHAPTER 09 TOP／PDGによるさらなる自動化　406

9-1 TOP？　PDG？　408
9-1-1 やるべきこと≒パラメータ情報　409
9-1-2 TOPが管理すること／行うこと　409

9-2 TOP／PDGの操作に慣れよう　411
9-2-1 スケジューラーってなに？　411
9-2-2 ワークアイテムについて　413
9-2-3 処理を実行しよう　419

9-3 作業の前に　422
9-3-1 工程を確認しよう　423
9-3-2 TOPネットワークはどこにでも作れる　423

9-4 ワークアイテムを生成しよう　425
9-4-1 .csvファイルを読み込もう　425
9-4-2 階層化の切り替えアトリビュートを追加しよう　426
9-4-3 ワークアイテムアトリビュートを利用しよう　428

9-5 処理を実行しよう　430
9-5-1 ワークアイテムをフィルタリングしよう　430
9-5-2 OpenGLでレンダリングしよう　431
COLUMN 少しだけ中身を見てみよう　432
9-5-3 In-Processクッキングを使おう　443
9-5-4 COPによる合成処理をしよう　444
COLUMN どうして画像の色が暗くなるの？　450
9-5-5 FFmpegで動画ファイルを生成しよう　467
9-5-6 すべての処理をまとめて実行しよう　471
さつき先生小噺 さつき先生ができるまで　474

SideFXとHoudiniの歴史（Kim Davidson）　480

索引　488

CHAPTER 01 はじめての3DCGを制作しよう

一口に3DCGを制作すると言っても、そこには様々な工程が存在します。本章では、主な工程を整理して、実際に簡単な3DCGを制作してみます。

SECTION 1-1　3DCGができるまで ➡P.14

- 1-1-1 ▌モデリング（形作り）
- 1-1-2 ▌マテリアル設定、テクスチャ制作（質感作り）
- 1-1-3 ▌レイアウト（配置）
- 1-1-4 ▌アニメーション、シミュレーション（動き作り）
- 1-1-5 ▌ライト、カメラ設定
- 1-1-6 ▌レンダリング（完成画像の計算）

SECTION 1-2　Houdiniを使おう ➡P.19

- 1-2-1 ▌ダウンロードとインストール
- 1-2-2 ▌ユーザーインターフェース（UI）
- 1-2-3 ▌Houdiniの基本的な考え方

SECTION 1-3　3DCGを作ろう ➡P.28

- 1-3-1 ▌はじめに：こまめに保存しよう
- 1-3-2 ▌モデリング
- 1-3-3 ▌レイアウト
- 1-3-4 ▌マテリアル設定
- 1-3-5 ▌ライト、カメラ設定
- 1-3-6 ▌レンダリング
- 1-3-7 ▌完成！

01

はじめての３ＤＣＧを制作しよう

本章の作例です。このサンプルファイルは、ダウンロードデータの
「01_TheFirstScene.hip」からご確認いただけます。

CHAPTER 01　はじめての3DCGを制作しよう

さつき先生

突然ですが、==この画像は写真ではなくCGでできています==。本章では、このような画像を3DCGで作ることを目標に進めていきます。

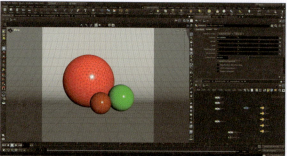

ゆうか

ちょっとハードルが高くないですか……？

一歩ずつ丁寧に手順を追っていけば大丈夫です。そのために私もいるのです！

SECTION 1-1　3DCGができるまで

個人や制作会社によって、またプロジェクトによっても少しずつ異なりますが[注1]、主な工程は次の通りです。

- モデリング（形作り）
- マテリアル設定、テクスチャ制作（質感作り）
- レイアウト（配置）
- アニメーション、シミュレーション（動き作り）
- ライト、カメラ設定
- レンダリング（完成画像の計算）

ただし、必ずしもすべてがこの順番で行われるわけではありません。たとえば、質感作りは形状がないとできませんが、簡単なレイアウトやカメラワークの確認には、最終品質の形状やアニメーションは必要ありません。また、後になって前の工程を少し修正するということもあります。

こういった基本的な工程を確認した後、先ほどの画像の制作工程をたどってみましょう。

[注1] 写実的な3DCGと2Dアニメ風CGの場合では、質感の設定が少し異なるなど、求めるテイストによって多少の差異がある。

1-1-1　モデリング（形作り）

　まずは、**モデリング**という形を作る作業を行います。ポリゴンと呼ばれる多角形の面を張り合わせて目的の形を作る手法は、**ポリゴンモデリング**です。

　ポリゴンモデリング以外にもモデリングの手法は多数あり、**スカルプティング**と呼ばれる手法では、「彫る」という意味通り彫刻をするように造形します。また、比較的新しい手法の**フォトグラメトリ**では、様々な角度から撮影された大量の写真を解析・統合して3Dモデルを作成します。

1-1-2　マテリアル設定、テクスチャ制作（質感作り）

　現実世界には、プラスチック、ガラス、木材、金属など、様々な質感が存在します。これらを模倣するために、ほとんどの3DCGソフトウェアには質感を設定する項目があります。

　マテリアル：直訳で「材料、素材」といった意味があります。3DCGにおいては、ソフトウェア上で作られた質感の設定情報のことです。マテリアルは、一般的に多くの**シェーダ**から構成され、シェーダは、ある状態における色や光の計算方法を指します。

テクスチャ：直訳で「(物の)質感」といった意味があります。3DCGにおいては、マテリアルを設定する際に用いる画像ファイルのことで、小さなキズやそれに伴う細かな凹凸など、モデリングで表現するのがあまり現実的ではない部分などに使用します。

1-1-3 レイアウト（配置）

　ある程度3Dモデルが作れたら、いよいよ配置していきます。ソフトウェアによって操作方法は異なりますが、作業自体は大体同じです。追加や修正をする場合は、前の工程に戻ります。

1-1-4　アニメーション、シミュレーション(動き作り)

　3DCGに動きを付ける手法は多数あり、最も直感的に理解しやすいのは、**モーションキャプチャ**でしょう。体にセンサーを付けるなどして、実際の動きを3D空間上で再現します。手軽な手法に思えますが、実際に高い精度を得るにはそれなりに大規模な設備が必要だったり、エラーや迫力に欠ける部分を修正する必要があります。

　現実に行うことが難しいキャラクターの動きは、**キーフレーム**という概念を用いて、アーティストが手動で設定して動きを付けることも多々あります。

　現実に行うことが難しく、またアーティストが手動で設定することも難しい動きについては、**シミュレーション**が行われることもあります。これは、主にコンピュータの計算によって、爆発や水などの流体、服や毛の揺れ、魔法のような現実では起こりえないことのアニメーションを作る手法です。

　※本章で作る作例は単純な静止画のシーンなので、今回これらの工程はスキップします。

ちなみに、シミュレーションでいろいろな動きを作るのが私の得意分野です。

1-1-5　ライト、カメラ設定

　現実世界と同じように、ライトやカメラも設定する必要があります。ここで重要なのは、==現実的ではない設定もできる==という点です。

　たとえば、通常昼間に屋外を撮影すれば、基本的に光源は太陽しかありませんが、天気や場所によって周辺環境が違ってくるため、受ける光の色や強さも大きく異なります。しかし、カメラから見える範囲のものすべてを詳細にモデリングすることは現実的ではありません。

　そこで3DCGのライトでは、単純な四角形や円形のライトだけでなく、**HDRI**（High Dynamic Range Images）と呼ばれる、光についてより多く、より広い範囲の情報を持った形式で全天球画像を撮影し、それを用いて環境による光の特性を近似します。

カメラにも、同じように様々な設定が可能です。現実世界のカメラにおける様々な設定値は、物理的な問題などから取りうる値に制約がありますが、3DCGにおいては、それらを多少アーティスティックにコントロールする目的で、現実ではあり得ない値に設定する場合があります。つまり、写実的な結果を得たい場合は、ある程度現実世界のカメラの知識が必要だということです。

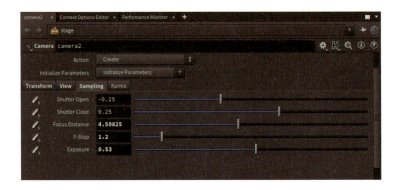

1-1-6 レンダリング（完成画像の計算）

3Dモデルやその質感、ライトやカメラなどを含むシーンの情報をもとに、最終的な画像を計算して出力する工程を、**レンダリング**と呼びます。特に写実的な画像を作成したい場合、レンダリングは現実世界に飛び交う無数の光線をシミュレートすることに近しい工程です。

レンダリングにかかる時間は、尺やシーン、レンダリングの手法、使用するマシンの性能などに大きく依存しますが、長いものだと数時間〜数日かかる場合もあります。レンダリングを行うソフトウェアを、**レンダラ**と呼びます。

SECTION 1-2 Houdiniを使おう

　Houdiniは、カナダのSide Effects Software, Inc.（通称SideFX）が開発する3DCGソフトウェアです。ハリウッド映画をはじめとする世界中の制作現場では、特にその柔軟性と生産性向上への貢献において、高く評価されています。

　本書でHoudiniを扱う大きな理由は、ユーザーに対して3DCGにおける操作を非常にオープンに提供しているためです。後の作例では、非常に細かい話や、それに伴い基礎的な操作が必要な場面が多々ありますが、そういった要求に応えるという点において、Houdiniが非常に優れていると筆者は考えています。

1-2-1 ダウンロードとインストール

　ここでは、Houdiniのダウンロードおよびインストール方法について解説します。

　ダウンロード：必要なファイルをインターネット上から手元のコンピュータにコピーして、保存する

　インストール：保存したファイルを適切な場所に展開、コピーし、コンピュータに備え付けることで利用可能な状態にする

1 Houdiniには、Houdini Apprenticeという、学習用途に使える無料のバージョンがあります。SideFXの日本語公式サイト（https://www.sidefx.com/ja/）から［Get］＞［ダウンロード］と進み、ダウンロードしましょう。

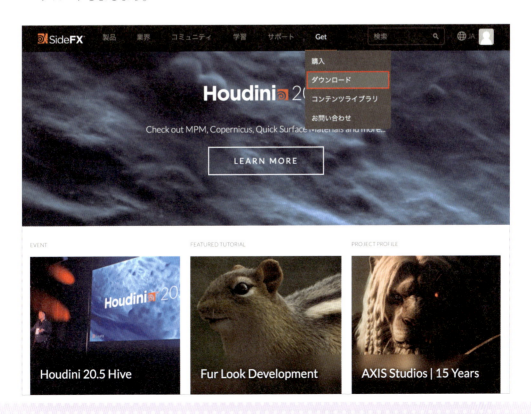

2 ログインしていない場合は、次のような画面に移動します。すでにアカウントを持っている場合は、左の「ログイン」にユーザーネームとパスワードを入力して［ログイン］をクリックします。はじめて利用する場合は、右の「Register」に必要な情報を入力して、アカウントを作成しましょう。

3 正常にログインできると、次のような画面が表示されるので、左の「LAUNCHER」からダウンロードしましょう。Houdini Launcherは、複数のバージョンのHoudiniやほかの3DCGソフトウェアに対するプラグインなどの管理を簡単にしてくれます。右の「OLD INSTALLER」は、従来のインストール方法を実行するものです。

 インストール前に、コンピュータ名やユーザー名に日本語やスペースが入っていないことを確認しましょう。文字は扱いがとても面倒なものなので、どこかで参照しそうな文字列は、とりあえず半角英数字にしておくのが吉です。

4 ファイルがダウンロードできたら、エクスプローラー（Macの場合はFinder）からダウンロードしたフォルダを開きます。右クリックから［Open］をクリックし、「User Account Control」が表示された場合は［Yes］をクリックします。

5 [Next]＞[Install]をクリックします。

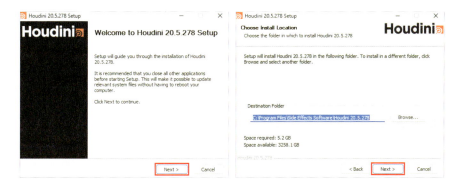

6 インストールが完了したら、スタートメニューからHoudini Launcherを起動しましょう。

7 [Install Houdini]をクリックし、[Production Build]をクリックします。Production Buildは、プロダクションでの利用を想定した安定バージョンです。一方でDaily Buildは、ほぼ毎日なにかしらのバグを修正してリリースされるバージョンです。
また、画像にある「20.5.278」とは、本書の執筆時点でのバージョンです。できるかぎり最新バージョンを使用するようにしましょう。

❽ Preferencesには、様々な環境設定の項目があります。上のHoudini Engine Plug-Insは、Houdiniで行う処理を別のソフトウェアで実行できるようにするプラグインをインストールする項目です。本書では扱いませんが、対応するソフトウェアを持っている場合はチェックを入れてもよいでしょう。

下のInstall Directoryで重要なのは、Automatically Install License ServerというHoudiniを起動するためのライセンスサーバをインストールする項目と、Automatically Install SideFX LabsというSideFX Labsツール(SideFX公式の便利ツール一式)をインストールする項目です。

ほかは、ショートカットやファイルの関連付けの項目なので、特にこだわりがないかぎり、右図のように設定してみましょう。

❾ Houdini本体のインストールが完了したら、Houdini Apprenticeを起動するためのライセンスをインストールしましょう。ライセンスとは、ソフトウェアを使用するための許可証のようなものです。
[Licenses]＞[License Administrator]をクリックしましょう。

❿ License Administratorが起動したら、[File]＞[Activate Apprentice]をクリックします。処理が完了したら、License Administratorを閉じましょう。

⓫ 最後にHoudini Launcherに戻り、画面右または左上の[Launch]をクリックして、Houdiniを起動しましょう。正常に起動できれば、Houdiniのインストールは完了です。

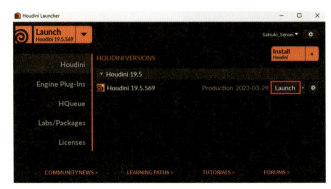

1-2-2 ユーザーインターフェース（UI）

UIとその基本操作を確認しましょう。画像だけでは伝わりにくい部分もあるため、基本操作とHoudiniの概要についてまとめた動画注2を筆者が公開しています。そちらもあわせてご覧ください。

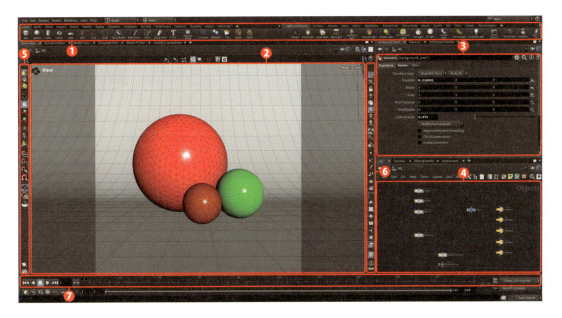

❶ **Shelf**（シェルフ）：様々な機能やプリセットを呼び出せる
❷ **Scene View**（シーンビュー）：処理の結果が表示される
❸ **Parameter editor**（パラメータエディタ）：各ノードに関する値が表示される
❹ **Network editor**（ネットワークエディタ）：ノードを作成したり、ノードによるネットワークを視覚的に管理できる
❺ **Toolbox**（ツールボックス）：移動、回転、選択など、各種操作のためのツールが並ぶ
❻ **Display options**（ディスプレイオプション）：Scene Viewの表示オプションが並ぶ
❼ **Playbar**（プレイバー）：アニメーションを再生したり、キーフレームを設定する

■ Scene View 操作

以下は、Scene View上で使えるカメラ操作のショートカットキーの一覧です。

※ ビューツールに切り替わっている場合、「SpaceまたはAlt（Option）」は必要ありません。

タンブル（回転）	SpaceまたはAlt（Option）＋左クリック
パン（上下左右移動）	SpaceまたはAlt（Option）＋中クリック
ドリー（前後移動）	SpaceまたはAlt（Option）＋右クリック
Home Selected（選択したものをフレームに収める）	Space ＋ G

注2 【ゼロから始めるHoudini】01 - UIとコンセプト
https://www.youtube.com/watch?v=w7EtvfGokZs&list=PLAsWwUHApt3P92c3R1VjJrPJQNIfEijrT&index=3

■ Network editor操作

　以下は、Network editor上で使えるカメラ操作のショートカットキーの一覧です。Scene Viewでの操作と大きな違いはありません。

パン（平行移動）	Space＋左クリック、または中クリック
ドリー（前後移動）	右クリック、またはマウスホイール
Home Selected（選択したものをフレームに収める）	Space＋G

1-2-3　Houdiniの基本的な考え方

　Houdiniにおける基本的な考え方は、<mark>小さな処理を組み合わせて大きな処理を作る</mark>ことです。この考え方で、様々なことの**自動化**が可能になります。

　たとえば、広大な3Dの世界に多くの家や道路を手動で配置するのはとても時間がかかりますが、現実の地理データを利用できれば便利です。地理データから家や道路を分類する処理、分類されたデータをもとに家や道路のバリエーションを作る処理、出来上がった形状を配置する処理など、より解決しやすそうな小さな処理に分割してから組み合わせることで、最終的に意味のある大きな処理を作り出します。

　それでは、この考え方を実現するためにHoudiniにはどのような概念が存在するのか、確認していきましょう。

■ ノード（オペレータ）

　ノードは「節点」などと訳されます。ここでは、点を繋いでできるネットワークの各点を指し、その一つひとつがなにかの処理をします。データを操作する者というニュアンスから、**オペレータ**と呼ぶ場合もあります。

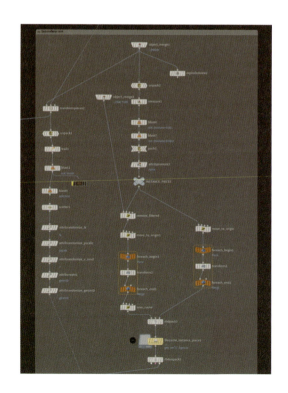

　画像のように、線で繋がれている一つひとつがノードです。一つだけポイントを作るノード、一定のサイズに収まるよう大きさを調整するノード、画像ファイルを書き出すノードなど、Houdiniではほとんどの処理がノードを介して行われます。逆に、ほとんどの処理がノードになっていることで、どんな処理でもほぼ同列に扱うことができ、まったく関係のない処理でも組み合わせて大きな処理を作ることが可能です。

1 ノードは、Network editorでTabキーを押すことで、**TAB Menu**（タブメニュー）から呼び出せます。試しに、`Sphere`（球体）というノードをNetwork editor上に置いてみましょう。[`Geometry`]＞[`Primitive`]＞[`Sphere`]をクリックします。

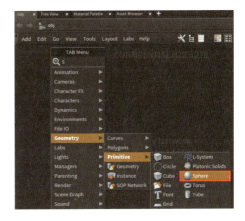

2 Network editorに移動すると、マウスポインタに追従するゴーストが現れるので、適当な場所でクリックします。

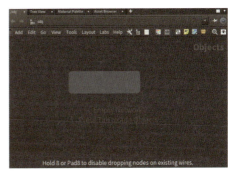

3 「`sphere1`」という名前のノードが、Network editorに出現しました。それと同時に、Scene Viewには球体が現れます。

　ノードの右上に薄く見える「`Geometry`」は、ノードの種類を示しています。Houdiniでは、形状はGeometryという形状データの概念によって管理されています。人間には球体のように見えていますが、コンピュータにとってはただの形状データということです。名前は、クリックして自由に変更できます。

　ノードが必要なくなったら、Deleteキーで削除しましょう。

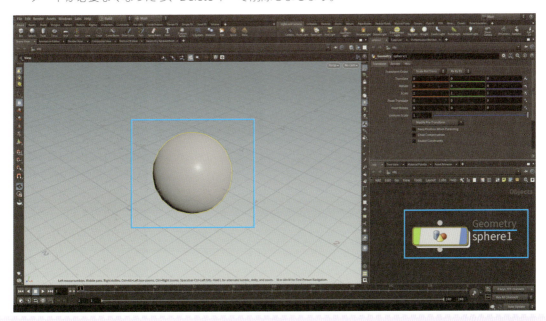

はじめての3DCGを制作しよう　01

■コンテキスト

　Houdiniは3DCG制作に関して数多くの機能を有しており、それらの操作のほとんどをノードで行うので、ノードの種類は膨大なものになります。そこで、Houdiniには**コンテキスト**という概念が存在します。

　工程ごとの**作業場**というイメージで、モデリングを行うコンテキスト、シミュレーションを行うコンテキスト、シーン構築やライティングを行うコンテキストなど、大まかな工程ごとに作業場が分かれています。

　デフォルトでは「`obj`」という名前の、主に3Dオブジェクトなどのシーンに必要な要素を置くコンテキストになっています。[`obj`]を長押しするか、[`Show/hide operator tree`]をクリックしてオペレータツリーを表示した後、任意のオペレータを選択することで、ほかのコンテキストへ移動できます。

　試しに[`mat`]をクリックして、matコンテキストに移動してみましょう。matはmaterialの略で、質感を設定するコンテキストです。

　objとmatコンテキストの違いは、TAB Menuを開いて利用可能なノードを確認すると直感的に理解できます。たとえば、右のmatコンテキストにはShading（陰影付け）に関するノード群がありますが、左のobjにはありません。

COLUMN
コンテキストの通称名

　コンテキストには、それぞれ通称名があります。ノードの右上の薄い文字でもコンテキストの判別はできますが、まったく別のコンテキストに見える場所で、実は同じ仕組みが利用されていることもあります。そこで、Houdiniユーザーの間では混乱しないように、コンテキスト名とそのコンテキストで使えるノードを総称する名前があります。

通称名	元の英語	読み方	右上の表記
COP	Composition Operator	コップ	Compositing
CHOP	Channel Operator	チョップ	Motion FX
DOP	Dynamics Operator	ドップ	Dynamics
LOP	Lighting Operator	ロップ	Solaris
ROP	Rendering Operator	ロップ	Outputs
SOP	Surface Operator	ソップ	Geometry
TOP	Task Operator	トップ	Tasks
VOP	VEX Operator	ボップ	VEX Builder
MAT	Material	マット	VEX Builder
OBJ	Object	オブジェクト	Objects

　ほとんどが「〜OP」と略されています。もしこれらのような単語を見つけたら、コンテキストのことだと考えてよいでしょう。また、コンテキストそのものではなく、ノードが属するコンテキストを明確にするという意図でも、この通称が使われる場合があります。

　また「Lロップ」「Rロップ」と、L, Rを付ける呼び方は、発音が両方「ロップ」になってしまう日本語特有の事情からです。

　たとえば、ROPコンテキストにはOBJコンテキストと同じくGeometryノードがありますが、どちらのものか区別するためにGeometry ROP、Geometry OBJと呼ぶ場合があります。

CHAPTER 01 はじめての3DCGを制作しよう

SECTION 1-3 3DCGを作ろう

ここからがやっと本題です！　まずは手順を整理して、簡単な注意事項を確認しておきましょう。

　今回は、次のような手順で完成を目指します。冒頭で言及した通り、これからたどる手順にはアニメーションがなかったり、順番が多少異なる部分があります。手順ごとに個別のシーンファイルを用意しているので、それを確認しながら進めると理解が深まるでしょう。

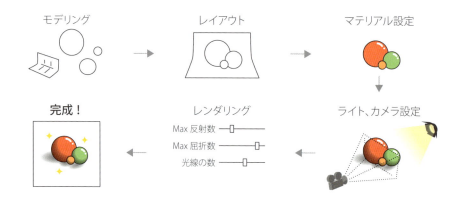

1-3-1　はじめに：こまめに保存しよう

　<mark>シーンの制作において、とても重要な手順がシーンの保存です</mark>。昨今はソフトウェアの進化によって、スマートフォンやタブレット端末のアプリでは自動保存される場合が多いですが、パソコン用のソフトウェアについては手動で保存する場合が多いです。これは、実際の制作現場では多くの人が様々なソフトウェアを使うため、ファイルの場所や関係を自動で管理されると、融通が利かず大変であるためです。

　Houdiniを起動したら、まずはシーンファイルとして保存しましょう。どこに保存しても構いませんが、今回はデスクトップ上に「FirstScene」というフォルダを作成し、その中に「First_Scene.v01.hip」というファイル名で保存しました（ファイル形式は、Houdini Apprenticeが「.hipnc」、Houdini Indieが「.hiplc」になります）。

　保存は、[File]>[Save]またはショートカットキー「Ctrl＋S」で実行できます。ソフトウェアが意図せず強制終了することもあるので、必ずこまめに保存しましょう。

1-3-2 モデリング

シーンを保存できたら、最初の工程であるモデリングを行います。

■球体の作成

先ほど作ったものがある場合は、新たに追加する必要はありません。objコンテキストにいることを確認し、先ほどと同じようにTabキーを押してTAB Menuを表示したら、[`Geometry`]>[`Primitive`]>[`Sphere`]をクリックします。

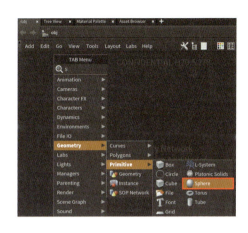

■球体をなめらかにする

1 表示された球体は、画像左の球体のように少し角ばっているように見えるはずです。これは、球体を構成するポリゴンの数が少ないためです。ポリゴンを表示するには、Scene View右上のアイコンから[`Smooth Wire Shaded`]をクリックします。

ここでは、左の球体のシルエットを右の球体のように、よりなめらかにしていきます。

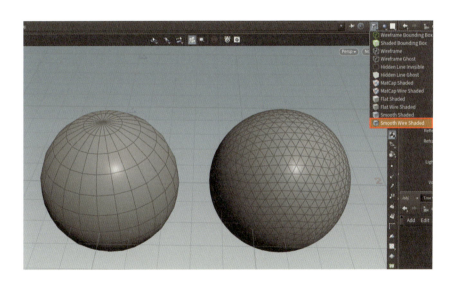

2 objコンテキストは、3Dモデルやカメラ、ライトなど個々のものを置くコンテキストなので、形状を編集するには、編集するためのコンテキストに移動する必要があります。「sphere1」という名前の`Geometry`ノードをダブルクリックすると、そのコンテキストに移動できます。

❸ 内部にある「sphere1」という名前のSphereノードをクリックすると、形状を変更するためのパラメータにアクセスできます。Primitive Type（3Dモデルを構成する要素の種類）を❶［Polygon］、Frequency（頻度）を❷「10」に設定してみましょう。

先ほどの画像の右の球体のように、なめらかなシルエットになっていれば、この手順は終了です。

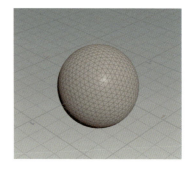

■ 背景の作成

　完成画像では一部しか写っていないのでわかりにくいですが、実はそこそこ大きな背景があります。Scene Viewはプレビューなので、なにもない空間は青くなっていますが、最終的に出力する際は、3DCGの世界も現実世界と同じように、なにもない空間は真っ暗なものとして計算されます。

　3DCGっぽさを少しでも軽減させて、よりリアルに見えるように、球体の反射を通して見た場合を想定して、背景はカメラに映らない部分も含めて大きめに作ります。これは、レフ板（光を反射させて影を少し明るくする撮影道具）のような効果も少し期待できます。

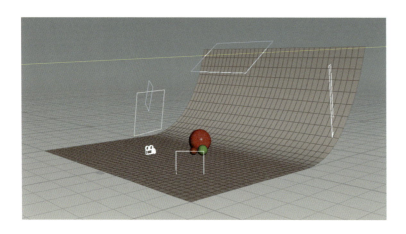

今回のようにシンプルなシーンでは、背景を小さくすると、画像左のように赤い球体の左側の、背景の写り込みがある部分とない部分の境界が目立ちます。また、背景を小さくしたことでうまく背景にのみ光を当てることができず、全体が微妙に沈んで見えます。

1 背景はグリッドに近い形状なので、グリッドをベースに、求める形状に近付けます。まずは、objコンテキストに戻っていることを確認しましょう。

これまでは[Geometry]＞[Primitive]＞[Sphere]とたどってノードを選択していましたが、TAB Menuで検索もできます。「grid」と入力すれば、目的のノードを見つけられるはずです。

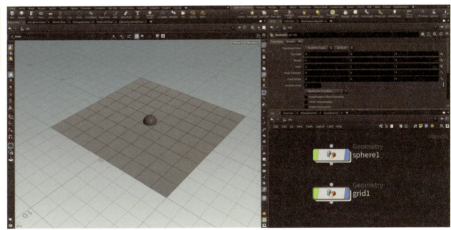

2 「sphere1」という名前のGeometryノード右の青いボタン、**Display**フラグをクリックして、球体を一時的に非表示にしておきましょう。

③ グリッドの形状を編集するには、球体のときと同じように、「grid1」という名前のGeometryノード内に入ります。グリッドの一辺をなだらかに持ち上げたいので、Soft Transformノードを使ってみましょう。Soft Transformノードを置いたら、それを画像のように繋ぎ、Displayフラグをクリックしてオンにします。

これは、Scene Viewにどのノードの処理結果を表示するのか、Houdiniに伝えるためのものです。逆に、このボタンを切り替えれば、いつでも任意のノードの処理結果を確認できるということです。

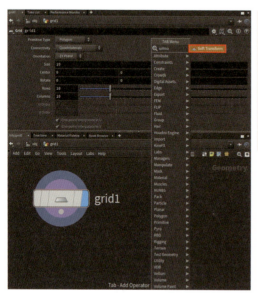

④ グリッド上のポイントを動かして変形できるノードを作成したので、次のように動かすポイントを指定しましょう。

❶ Soft Transformノードのパラメータ上部、Groupの右側の白い矢印をクリック
❷ Scene View上部の選択モードがポイントになっていることを確認
❸ Scene View上で左側の辺上のポイントをすべて選択（Shiftキーを押しながら選択で追加選択、Ctrlキーで選択から除外）
❹ Scene View上でEnterキーを押して確定

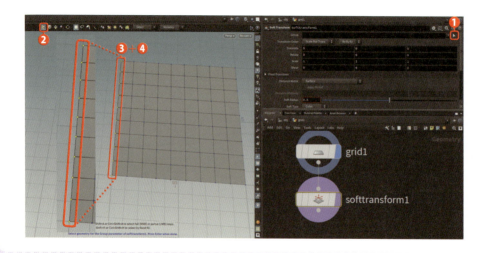

5 正しく選択できれば、次のようになります。`Soft Transform`ノードの`Group`を確認すると「0-9」と入力されています。これは、0番から9番までのポイントをすべて選択してくださいという意味です。ポイントの番号は、Display optionsの❶[`Display point numbers`]をクリックすることで確認できます。ただの文字列による指定なので、先ほどの手順を踏まずに`Group`に直接値を入力しても、まったく同じ結果が得られます。

動かすポイントを指定できたので、あとは自由にポイントを動かしましょう。Toolboxから❷Handlesツールに切り替えれば、画像のように、Scene Viewにハンドルが表示され、移動や回転の操作を行えます。中央の矢印をドラッグすれば移動、周りの円をドラッグすれば回転させられます。同じように、Move（移動）、Rotation（回転）、Scale（拡大縮小）ツールに切り替えることも可能です。

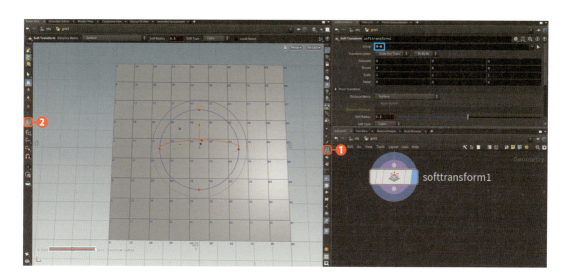

COLUMN
素早くツールを切り替えよう、実行しよう

　3DCGソフトウェアには様々な機能があります。頻繁に切り替える機能については、毎回小さなボタンをクリックしなくてもいいように、**ホットキー**と呼ばれるキーが割り当てられ、素早くキーボードで切り替えられるようになっています。ソフトウェアによっては**ショートカットキー**と呼ぶ場合もあります。

　たとえば、HandlesツールにはEnterが、移動、回転、拡大縮小には、それぞれT、R、Eというキーが割り当てられています。同じ目的のツールでも、ホットキーはソフトウェアによって異なったり、人によってよく使う機能が異なるので、Houdiniでは[`Edit`]＞[`Hotkeys`]からカスタマイズもできます。

はじめての3DCGを制作しよう

6 最終的に、右図のように値を入力し、画像のような見た目になりました。回転の中心が原点の座標{0,0,0}にあると操作しにくいので、Pivot Transformを[0, 0, -5]にしておくと編集しやすいでしょう。

選択したポイントの移動が、ほかのポイントに影響を及ぼす場合の最大半径が、初期設定の0.5では小さいので、Soft Radius（ソフトに影響が及ぶ半径）を「4」にしています。

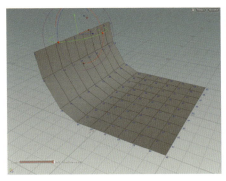

7 最後に、細分化して角ばりを目立たなくしましょう。Subdivideノードを使うと、簡単に細分化できます。

これまでと同じように、TAB Menuから検索して❶画像のように繋いだ後、❷Displayフラグをクリックしてオンにしましょう。❸Depthを「2」にすれば十分細かくなるでしょう。

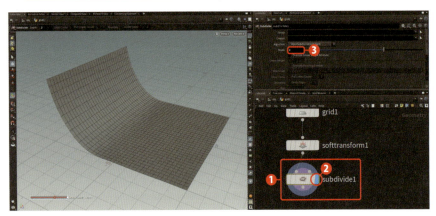

COLUMN
変な操作をしてしまったら

- 間違った操作をしてしまったとき：Ctrl＋Z
- Ctrl＋Zを取り消したいとき：Ctrl＋Shift＋Z
- パラメータをデフォルトに戻したいとき：パラメータ名を右クリックし、[Revert to Defaults]をクリック
- 画面のレイアウトをリセットしたいとき：画面上部から[Build]＞[Reload Current Desktop]をクリック
- そのほかの操作を戻したり、リセットしたいとき：「Reset ○○」「Undo ○○」で検索
- 本書の内容で設定がよくわからなくなったとき：サンプルファイルを活用

1-3-3 レイアウト

次の工程はレイアウトです。objコンテキストに戻り、シーンのレイアウトをしてみましょう。

■3Dモデルを動かす

オブジェクトの移動には、グリッド上のポイントを動かしたのと同じように、Handlesツールや移動、回転、拡大縮小ツールが便利です。

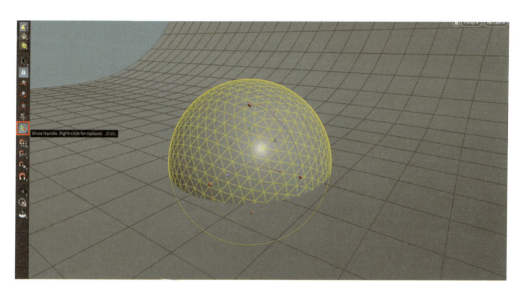

1. 平面の上に配置するために実際に移動させてみると、グリッドと球体が直感に反してすり抜けてしまうため、球体を接地させることが難しいことに気付くはずです。その場合は、Scene View右上の❶[Persp（Perspective、遠近法）]＞[Set View]＞[Front viewport]をクリックして、視点を切り替えてみましょう。

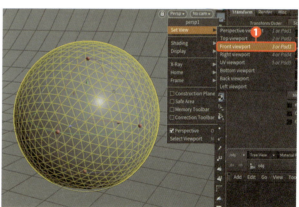

また、元の視点に戻すためには、[Perspective viewport]を選択します。同時に複数の視点がほしい場合は、右上の白いアイコンから❷[Two Views Side by Side]をクリックすることで、Scene Viewを分割して視点を増やせます。元のレイアウトに戻す場合は、Single Viewを選択します。

❷ オブジェクトの座標などの値は、直接入力して厳密に決めることもできます。オブジェクトを選択してパラメータを表示させたら、今回の球体の半径は0.5なので、Translate（位置）の二つ目（y座標）の値を［0.5］にすれば、きれいに載るはずです。

パラメータ上でマウスの中ボタンをドラッグすることで、少しずつ値を変化させることもできます。

▍球体の複製

完成画像には三つの球体があるので、最初に作った球体を複製してみましょう。簡単に複製できるのは、コンピュータの大きな利点の一つです（パラメータは、サンプルファイルからもご確認いただけます）。

sphere1ノードを選択した状態で、［Ctrl＋C］＞［Ctrl＋V］を順番に押します。このショートカットキーは、Houdiniに限らずほとんどのソフトウェアで、なにかを複製する際に用いられます。

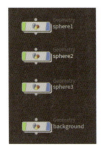 

球体を複製して、画像のようにレイアウトしました。

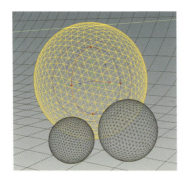

 いい感じの配置が見つからないときは、一旦次に進んでみるとよいでしょう。実際の現場でも、後から配置を変更したりします。

1-3-4 マテリアル設定

続いて、三つの球体それぞれの質感を設定しましょう。マテリアルでは、色を決めるだけでなく、物体の反射の具合や細かいキズ、凹凸など、モデリングが現実的でない小さなものを表現できます。今回はそこまで細かく設定しませんが、興味のある方は、より細かな設定に挑戦してみましょう。

■マテリアルの作成

1. マテリアル作りはモデリングとは別の工程なので、別のコンテキストに移動する必要があります。［obj］から［mat］に移動しましょう。

2. Houdiniではマテリアルもノードなので、これまでと同じようにTAB Menuからアクセスできます。様々なノードがありますが、近年で最も汎用性が高い標準的なマテリアルとして、`MtlX Standard Surface`ノードを出してみましょう。

COLUMN
MaterialXってなに？

MtlXは「MaterialX」の略称です。TAB Menuで検索すると、多くの関連ノードを確認できます。一方で、MtlXと付いていないノードもあるはずです。

MaterialXとは、様々なソフトウェアで使用されるマテリアルの規格を統一すべく誕生した、比較的新しい、オープンなマテリアルの形式です。『スター・ウォーズ』で有名なIndustrial Light & Magicが開発したもので、数々の映画で使用されています[注3]。

つまり、多くのMaterialXノードが存在するのは、SideFXがこの形式を採用したためです。逆にそうでないノードは、MaterialXの登場以前にHoudini上でのみ使うことが想定されていたノードです。

---

3. 今回は複雑な設定は変えずに、色のみを変更します。好きな色に設定してみましょう。RGBを数値で直接入力するか、パラメータ名の横の色をクリックすることで視覚的に変更できます。

[注3] MaterialX Overview (https://materialx.org/docs/api/index.html) より

4 完成画像では球体が三つ、背景が一つなので、あと三つマテリアルが必要です。MtlX Standard Surfaceノードを必要な数だけ用意しましょう。TAB Menuから必要な数だけ用意しても構いませんが、球体を複製したときと同じように、Ctrl＋C、Ctrl＋Vを活用すると簡単です。Houdiniでは、ノードをAlt＋ドラッグでも複製できます。

また、球体と違い、背景はあまりツルツルとした質感にしたくないので、SpecularタブのRoughness（反射の粗さ）の値を「0.8」に上げました。

5 最後に、マテリアルの名前を画像のように変更しました。この名前を利用してオブジェクトと関連付けるので、用途と質感がわかるよう、わかりやすい名前にするのがおすすめです。

■マテリアルを3Dモデルに設定

1 マテリアルは作成できましたが、まだマテリアルをオブジェクトと関連付けていないため、灰色のままです。マテリアルの設定はオブジェクト側から行うので、objコンテキストに戻りましょう。まずは一つの球体に、マテリアルを設定してみましょう。sphere1ノードを選択し、RenderタブのMaterialパラメータでマテリアルを指定します。パラメータ右の[Open floating operator chooser]をクリックすると、直感的に指定することができます。

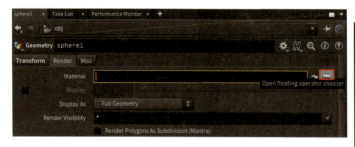 

2 正しく設定できると、画像のように色が着きます。パラメータに入力した文字列を削除すれば、設定も削除できます。逆に、この文字列さえ入力できれば、方法はなんでもいいということです。手動の場合、あまりメリットはありませんが、自動で切り替えたり設定させたい場合は、このような仕様はとても便利です。同じ要領で、ほかのマテリアルも設定しましょう。

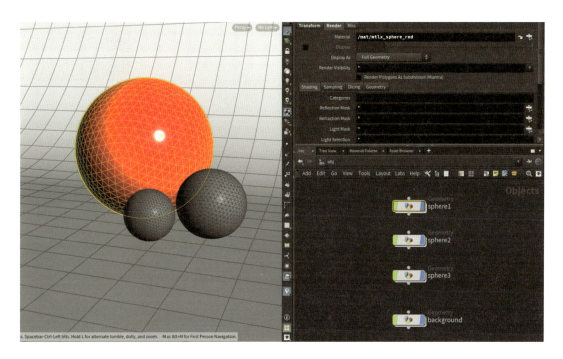

1-3-5 ライト、カメラ設定

カメラとライトを設定しましょう。どちらもobjコンテキストに追加します。

すでにScene Viewでオブジェクトは見えているので、どこかにカメラなどがあるように感じますが、これは最低限見やすくするためにデフォルトのカメラとライトが設定されているだけで、最終的に使用するものではありません。

■カメラを置く

1 カメラも、ほかのノードと同じようにTAB Menuから出すことができますが、デフォルトでは原点に置かれます。このままでは使いにくいので、現在の視点にカメラを作りましょう。

ShelfのLights and Camerasタブの[Camera]を、Ctrlを押しながらクリックします。

現在の視点にカメラが作られると、画像のようにカメラに映る範囲が可視化され、Scene Viewで視点を移動するのと同じ操作で、カメラの位置を動かせます。

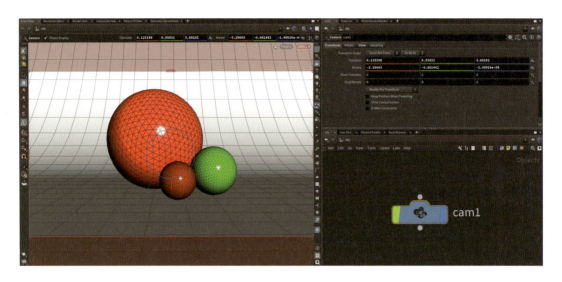

② 今回の作例は正方形の画像なので、cam1ノードの`View`タブの`Resolution`の値を「`720, 720`」にして、出力画像の解像度を変更しました。Scene Viewでも、枠の比率が変化していることが確認できます。

720という数字は、Houdini Apprenticeの最大出力解像度が「1280×720」のためです。これは一般的に、**HD**（High Definition）と呼ばれる解像度です。

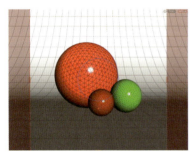 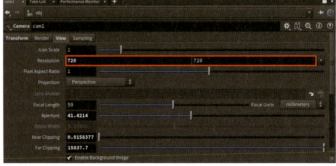

③ ずっとカメラ視点で固定されたままだと意図せず動かしてしまうので、カメラの位置が決まったら、カメラ視点から抜けましょう。

Display optionsの南京錠アイコンをクリックして、ビューをカメラからアンロックします。その後、適当にScene Viewで視点を動かせば、カメラ視点から抜けることができます。

4 objコンテキストで、カメラ視点から抜けて離れた場所から見ると、確かにカメラが作成されていることが確認できます。

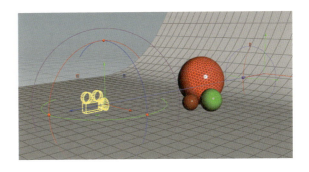

5 もう一度カメラ視点でカメラを操作したい場合は、Scene View右上の[No cam]からカメラを選択し、南京錠アイコンからビューをロックします。カメラ視点からではない移動は、オブジェクトを移動したときと同じ操作です。

また、今回は変更しませんが、大きく見た目に影響するパラメータとして、ViewタブのFocal Length（焦点距離）もあります。現実のカメラ用レンズにも必ず併記されている数値で、画角に大きく影響します。

デフォルトの50mmという値は標準的な数値です。標準的なスマホカメラの画角を同じ基準に換算すると、およそ24〜28mm程度になります。実際に値を変更して、見え方を比べてみましょう。

■ライトを置く

1 ライトもカメラと同じように視点に作成して、そのまま動かすことができます。Scene Viewのプレビューと、次の工程でレンダリングしたものとでは大きく見た目が異なるので、ここでは簡単に配置して、調整は次の工程で行うのがおすすめです。

ShelfのLights and Cameraタブの[Area Light]を、Ctrlを押しながらクリックします。位置が決まったら視点から抜けましょう。Scene Viewを分割して、片方をカメラ視点にしておくと作業しやすいです。

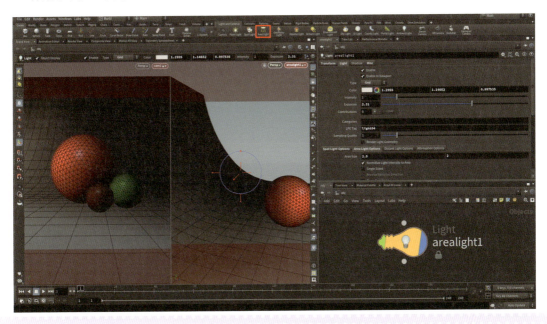

CHAPTER 01 はじめての3DCGを制作しよう

2 再びライト視点に入りたい場合は、[`No cam`]＞[`Look Through Light`]から選択できます。一つのライトで全体をきれいに明るくするのは難しいので、完成画像では五つのエリアライトを配置しています。

ライト視点からではない移動は、オブジェクトを移動したときと同じ操作です。ライトによって雰囲気も見た目も大きく変わってくるので、自分好みの位置や個数を探してみましょう。次の三つのライトを意識するのがポイントです。

キーライト：斜め上からのメインのライト
フィルライト：キーライトからでは影になってしまう部分を照らす、塗りつぶしライト
バックライト：被写体を際立たせるために、斜め後ろからエッジが光るように入れるライト

この画像は、ライトごとにレンダリングしたものです。

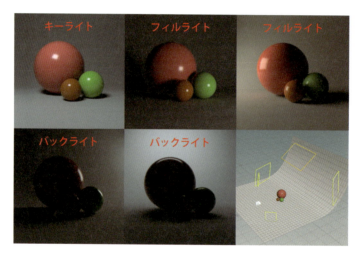

3 最後に、主に変更するパラメータを紹介します。前述の通り、調整は次の工程で行うので、今は簡単に調整する程度で構いません。

`Color`：ライトの色
`Intensity`、`Exposure`：ライトの強さ
`Area Light Options`タブの`Area Size`：ライトの大きさ

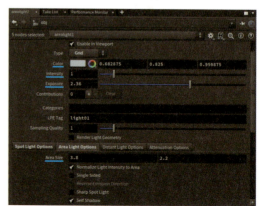

ライトの設定が完了したら、一通りのシーンの設定を終えたことになります。もちろん微調整はしますが、レンダリング設定前にもう一度前の工程を見直して、気になる部分を修正しておくとよいでしょう。

1-3-6 レンダリング

いよいよ最後の工程です。**レンダリング**とは、光線の進む様子をシミュレーションして、結果を画像として保存することです。少々抽象的ですが、自分で実装するわけではないので、なんとなくのイメージが掴めれば十分です。

■ レンダラの作成

レンダラとは、レンダリングを行うソフトウェアや、その仕組みのことです。多くの3DCGソフトウェアが、レンダラを標準搭載しています。Houdiniのレンダラには、**Karma**という名前が付けられています。

❶ Houdiniでは、レンダラも一つのノードです。レンダリングはこれまでとはまた別の工程なので、outコンテキストに移動しましょう。
outコンテキストは、様々なファイルの出力に関するコンテキストです。画像の出力だけでなく、3Dモデルやそのほかのシーンに関わる情報も、このコンテキストから出力します。

❷ TAB Menuで「Karma」と検索してノードを作成したら、`Camera`パラメータ横の❶ `[Open floating operator chooser]`をクリックし、❷先ほど設定したカメラを選択しましょう。ここで設定したカメラが、最終的なレンダリングで使用されます。

CHAPTER 01　はじめての3DCGを制作しよう

3 カメラを設定したら、[Karma Viewport]をクリックして、レンダリングのプレビューを表示してみましょう。

■レンダラの仕組み

　Karmaに限らず、レンダラには非常に多くの設定項目がありますが、その多くが、ある程度仕組みを知らないとまったく意味のわからないものです。ここでは、特に写実的なレンダラの内部でなにが起きているのかを整理しましょう。

　レンダラは、光線（ray：レイ）を飛ばすシミュレーションをしています。ただし、飛ばし方が現実とは少し異なり、カメラ側から光線の進む道を考えるのが一般的です。これは、カメラから見える光線のみを考えるためです。

　「鏡やレンズを通して見ると、この人からはどう見えるでしょう？」という理科の問題のように、視点から考えて線引きするイメージで、鏡だけではなく、もっと複雑な材質かつ複雑な状況で、似たような問題を解いていると考えると直感的かもしれません。

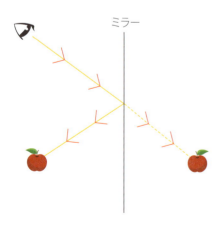

下図は、カメラから照射したレイをビジュアライズしたものです。カメラから500本照射し、ライトに衝突するか無限遠に飛んでしまわないかぎり、最大3回まで反射するように設定しています。

また、すべての物体が鏡のようにきれいに反射するわけではないので、反射する際に少しランダムにずれて、最大3方向に枝分かれしています。

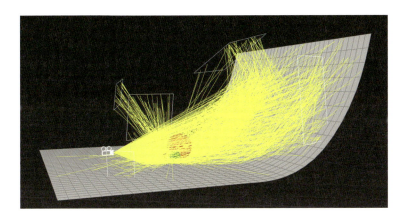

レイが枝分かれしているのは、物体表面で光が拡散する様子を近似しているためです。この枝分かれがほとんど起きなければ、鏡の反射になってしまいます。

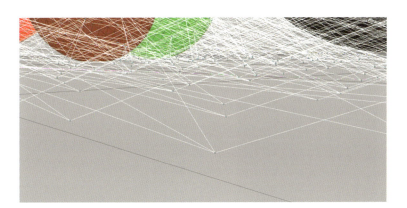

COLUMN
マテリアルがしていたこと

「少しランダムにずれて」という部分が、まさにマテリアルの設定の一部を表しています。MtlX Standard Surfaceノードには、Roughness（粗さ）という名前が付いたパラメータがいくつか存在しますが、どれだけレイの方向にランダムさを与えるかということを意味しています。

ほかにも多くのパラメータがありましたが、それらは基本的に、すべてレンダラでの計算に使われる様々な設定情報です。つまり、レンダラが違えば多かれ少なかれ必要な情報も変わってきますから、MaterialXが様々なレンダラで共通して使えるよう整備されていることは、とても素晴らしいことなのです。

ここで、いくつかのレイが ライトに到達している ことに注目します。一度ライトに到達すると、到達したライトの情報と共にレイを逆にたどることで、ライトからカメラに到達する一本のレイとして考えることができます。つまり、カメラから見える光線とその色を決定できます。

逆に、ライトに到達できなかったレイからは、なにも光を得られないので、表示上は黒ということになります。こうして得られたレイの色の平均を取って一つのピクセルの色が決められるというプロセスを、すべてのピクセルに対して繰り返し行います。

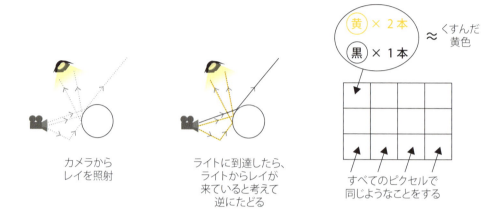

下図は、3回目の反射でライトに到達したレイです。もし最大反射回数を「2」にしていたら、このレイからは色情報を得られません。このようなレイは、ほかにも多くあるでしょうから、計算される画像は少し暗くなるはずです。実際にどのような変化が起きるのかは、次のステップで確認します。

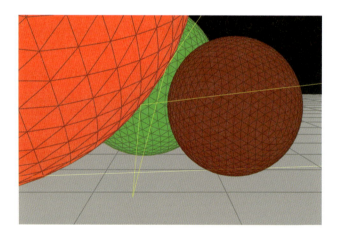

このような 光のシミュレーションは非常に重い ため、Scene View上で行われているような簡易的な計算手法を一部取り入れたレンダラも存在します。また、プロダクションの細かな要求に応えるため、反射光や屈折光など、それぞれ違う状態にあるような光を個別に出力できるようにするなど、様々な機能面で拡張されています。

■ レンダリングの設定

　レンダラの仕組みがわかれば、レンダリングの設定はとても簡単です。今回変更する項目を、Karma Viewportでプレビューを表示し、一つずつ設定していきましょう。

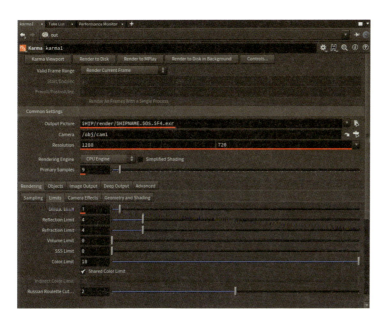

Output Picture：画像の出力場所

　まずは、画像の出力先とファイル名を決めます。右端のボタンからダイアログを開き、次のように設定します。「$HIP」は、現在作業している「First_Scene.v01.hip」が存在している場所（ディレクトリ）を意味しています。もしrenderフォルダがない場合は、右上の[New Folder]をクリックして作成しましょう。

　ファイル名は「FirstScene.v01.png」とします。ここで.pngとすることで、.png形式で出力されます。映像用では.exrなど、より多くの情報を保存できる形式を使いますが、Windowsのデフォルトの画像ビューアでは開けないので、今回は.png形式で保存します。

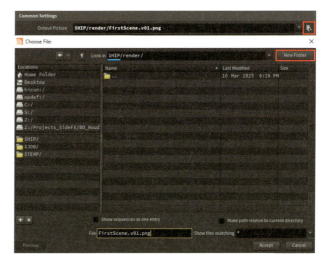

Resolution：出力画像の解像度

　続いて、Resolutionの値を、カメラ側で設定した値と合わせるために「720，720」にしましょう。Houdini Apprenticeの最大解像度は1280×720です。

Primary Samples：1ピクセルあたりのカメラから照射するレイの数

デフォルトの値は9なので、レンダリング開始時に9×720×720=4,665,600本のレイがカメラから照射されることになります。

1ピクセルから複数のレイを照射するのは、計算誤差を小さくするためです。誤差とは具体的に、画像全体のノイズ（ざらつき）として現れます。各ピクセルの色が、本来あるべき色から少しずつずれているということです。つまり、このパラメータは、==計算の重さと画像の品質に直結します==。

次の2枚の画像は、Primary Samplesのみを変更してレンダリングした様子です。左が「1」、右が「64」で、明らかに右はノイズが減っています。代わりに、計算時間が左は1秒未満、右は18秒と大幅に伸びました（筆者の環境）。

今回は64に設定しますが、逆に言えば、多少値が小さくても、大きく画像が破綻するものではないので、マシンの性能に合わせて適切な値を探してみましょう。近年では、AIによるノイズ除去などもあります。

Diffuse Limit：拡散反射の最大反射回数

次の2枚の画像は、Diffuse Limitのみを変更してレンダリングした様子です。左が「0」、右が「4」に設定した結果です。左は反射回数が足りないことで、特に奥まった部分ではレイがライトまで到達できず、暗くなっています。

また、この画像では、Diffuse Limitの値を大きくすることで、床に球体の色がにじみ出る、**カラーブリーディング**と呼ばれる現象が起きていることがわかります。

今回は4以上の値はあまり変化がなかったため、4程度で設定しておきます。

COLUMN
Diffuse／Reflection Limitはなにが違うの？

　Karmaノードには、「Limit」と名前の付くパラメータがいくつかありますが、Diffuse Limit（拡散反射の最大反射回数）とReflection Limit（鏡面反射の最大反射回数）という、2種類の反射が存在します。

　なぜ2種類の反射が存在するのか？　それは、モデル化の都合です。モデル化とは、物事の関係性や仕組みを単純化し、捉えやすくすることです。ここでは、物理現象を単純化したり、数式やレンダラとして実装することを指します。

　それでは、どのような都合があるのか？　主なものは、挙動の近似です。本来であれば原子や光子の挙動を完璧にシミュレーションできればよいのですが、それは現実的ではありません。そのため、光が物体に当たった後どのように跳ね返るかという問題を、2種類の反射に分けて考えています。

　Houdiniで採用されているマテリアルやレンダラの仕組みについて、より詳しく知りたい場合は、「KARMA シェーディング理論」が参考になります注4。

様々な微調整

　ここまでで、画像の完成に必要な作業はすべて完了しました。ライティングやカメラアングル、球体以外のモデルも追加したい場合は、自由に追加して微調整してみましょう。ただし、カメラを変更、追加する際は、KarmaノードのCameraの設定を忘れずに確認しましょう。

　Karmaのプレビューレンダリングを動かしながらライティングを調整すると、とてもわかりやすいです。

完成画像の出力

　すべての設定に満足がいったところで、いよいよ完成画像を出力しましょう！　Karmaノードの[Render to Disk]をクリックすると、レンダリングがはじまります。マシンによっては、10分やそれ以上時間がかかることもあるので、気長に待ちましょう。

　途中、一時的なファイルが生成される場合がありますが、触れないようにしましょう。

注4 https://www.sidefx.com/ja/tutorials/shading-theory-with-karma/

1-3-7 完成！

レンダリングが終わると、指定した場所に完成画像が書き出されます。書き出し後もシーンは引き続き編集可能なので、ぜひ異なるレイアウトやライティングでも練習してみましょう。

 レイアウトを変えたり、いろいろと手直ししてみます！

3DCG以外の作業

3DCGソフトウェアでの作業は完了しましたが、普段目にするプロの作品には、なにかしらの調整や修正がされています。たとえば、実写映像の上に合成したり、3Dのみでも色調整をはじめとした様々な処理が施されています。

次の2枚の画像は、左が元の画像、右が画像編集ソフトウェアで調整したものです。全体的にコントラストを上げ、Karmaだけでは難しい効果として、レンズ側での光の拡散のような効果（グロー）を追加しています。

本章のまとめ

シンプルなシーンではありましたが、ここまでの制作の流れは、どんな作品を作る場合でも大きく変わるものではありません。Houdini以外のソフトウェアを同時に使う場合も、これらの工程のうち、なにをどうカバーするものなのかを考えると、見通しがよくなります。

以降の章の内容でも、これらの工程のうち、どの部分を深く掘り下げているのかを考えてみましょう。

 今回の作例が完成したら、SNSで報告してもらえると、とても嬉しいです！

さつき先生小噺　大規模制作で、作業の分担や管理はどうするの？

　大規模な制作になっても、工程が大きく変わるわけではありません。3Dモデルの制作からはじまり、最終的にはレンダリングすることになります。作業の分担も、基本的には工程ごとに専門の人が担当します。

　一方で、大規模な制作では、3DCG関連以外の工程が発生する場合があります。実写映画では撮影や合成作業が必要ですし、3DCGアニメでも大規模になれば、制作そのものの進行を管理する仕事も発生するでしょう。

　3DCG関連の大きな問題には、膨大なデータの管理があります。大量の3Dモデルやレイアウト情報、修正があった場合のバージョン管理、またキャラクターモデルなど全体を通して同じものを使わなければいけない場合があるなど、考慮すべきことを上げるときりがありません。

　このような問題を解決するために、近年ではUSD（Universal Scene Description）というファイル形式が普及しています。特に海外ではその傾向が顕著で、様々なソフトウェアが独自に持っている3Dシーンの形式を統一し、共有し合うことができます。

　また、多くのUSDファイルが互いに参照し合うことで、面倒だったファイルの更新や共有の多くを自動化できます。ここでのファイルとは、単純なモデルデータだけでなく、ライティングやレンダリング設定など、3Dシーンに必要な情報すべてを指しているため、これまで使用されていた様々な汎用形式より、ずっと強くその普遍性を持っています。

　Houdiniには、USDをより使いやすく直感的に編集できるよう、様々な機能が搭載されており、そのような機能群をSolarisと呼んでいます。Solarisにアクセスするには、画面上部の、デフォルトでは[Build]となっているところから[Solaris]を選択して、デスクトップのレイアウトを切り替えます。

　今回レンダリングでoutコンテキストに置いたKarmaノードも、ダブルクリックで内部を確認するとUSD Renderノードなどを確認でき、Solarisの一部を簡易的に使えるようにしたものであることがわかります。

CHAPTER 02 3DCGの根幹を探ろう

本章では、ジオメトリ（3Dオブジェクトにおいて、特に形状そのものを表現する情報）のデータ構造や、それに付随する情報、処理についての理解を深めていきます。

SECTION 2-1 プロシージャルな考え方 →P.54
- 2-1-1 単純な「手続き」から見てみよう
- 2-1-2 よりよい「手続き」を考えよう
- 2-1-3 押し出す面の指定方法を見直そう

SECTION 2-2 ジオメトリの構造を理解しよう →P.59
- 2-2-1 ジオメトリを構成しよう
- 2-2-2 Houdiniで確認しよう

SECTION 2-3 アトリビュートを理解しよう →P.64
- 2-3-1 アトリビュートを確認しやすくしよう
- 2-3-2 アトリビュートを使おう
- 2-3-3 アトリビュートの使い道を知ろう

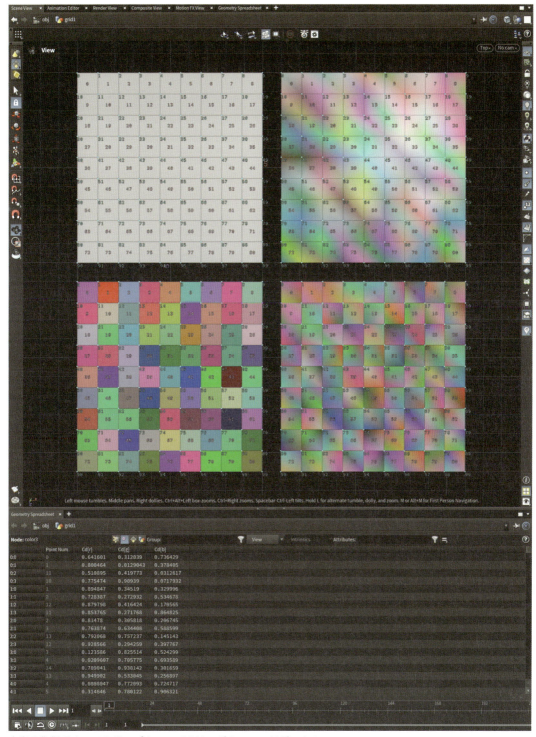

本章の作例です。このサンプルファイルは、ダウンロードデータの
「02_GeometryInDepth.hip」からご確認いただけます。

CHAPTER 02　3DCGの根幹を探ろう

ゆうか　3DCGがどうできていくのかわかりました！　……と思いたいんですが、さつき先生が作っているようなものになる想像がつきません。

さつき先生　私も最初はそうでした。「計算している」ことはわかるけど、なにをどう計算したり設定するのかがわからないんですよね。

そうなんです。どうしたらできるようになりますか？

いきなりすべてを理解するのは難しいですが、その手助けとして、現在の3DCGの根幹となる形状データについて調べてみましょう！

SECTION 2-1　プロシージャルな考え方

　プロシージャル注1とは、手続き的という意味です。ここでの「手続き」とは、ジオメトリデータに対する具体的な処理や操作のことを指します。つまり、単純な結果だけでなく、その処理や操作といった手続きそのものにもフォーカスして制作を進めるということです。Houdiniでは、この考え方を徹底しています。

　プロシージャルな考え方を主としないソフトウェアとして、ZBrushなどがあります。ZBrushでは、粘土をこねるように造形を行う「スカルプト」と呼ばれるスタイルでモデリングを行いますが、形状を変更する一つひとつの操作は、最終的な状態においてあまり関係ありません。

どのソフトウェアや思想が正解という話ではないので注意しましょう。

2-1-1　単純な「手続き」から見てみよう

　手続きにフォーカスするとはどういうことか、具体的な例を見てみましょう。ここでは操作を追う必要はありませんが、サンプルファイルも用意しているので、実際に動いている様子を確認する場合は、こちらを活用してください。

　まずは、最も単純な方法で立方体の上の面を押し出してみようと思います。大抵の3DCGソフトウェアには面を選択して押し出す機能があり、HoudiniではPolyExtrudeノードを使います。

注1　C言語のような手続き型の意味も含む。Houdiniでは、主に手続き型な処理をしていて、Houdini独自のプログラミング言語である「VEX」も手続き型言語。

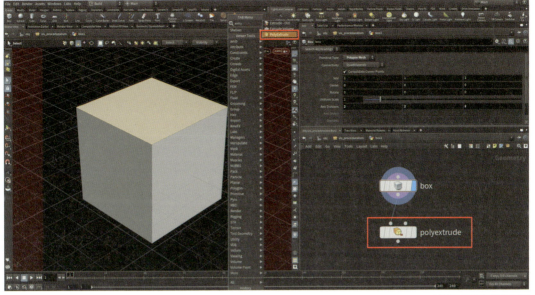

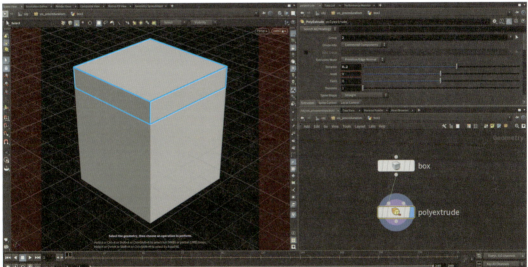

　Houdiniにおける「プロシージャル」は、ノードの連なりとして実現されています。立方体の生成や押し出しといった一連の処理がノードとして残ることで、いつでも自由に好きな地点を変更し、処理を変えることができます。

試しに、boxノードのAxis Divisions（分割数）パラメータの値を、[2, 3, 2]に変更してみます。

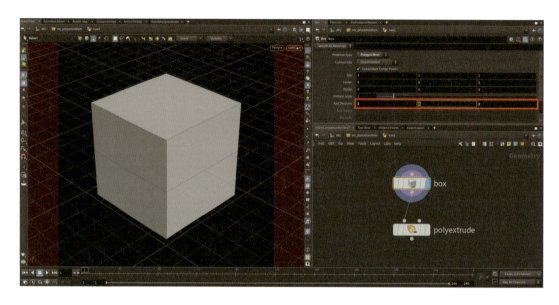

直感的には、引き続き上の面が押し出されることが期待されますが、polyextrudeノードの結果を確認すると、なぜか横の面が押し出されてしまいました。

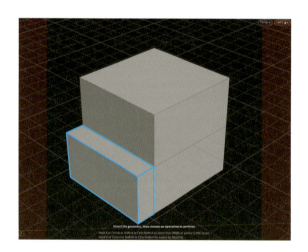

2-1-2 よりよい「手続き」を考えよう

ここまでの手続きは、「手動で面を一つ選択して押し出す」という直感的でわかりやすいものでしたが、簡単に破綻してしまうことがわかりました。もう少し手続きを深く考えることで、この問題を解決していきます。

まずは、現在の処理の問題点から考えてみましょう。結論から言うと、polyextrude ノードが押し出す面の指定方法に問題があります。

polyextrude ノードの Group パラメータが「2」となっていますが、これは面の番号を表していて、押し出す面を面番号で指定しています。この番号を変えてみると、対応した面が押し出されるのが確認できます。

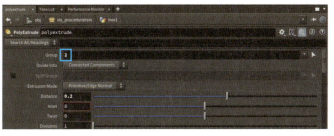
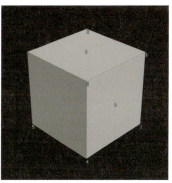

それでは、立方体の分割数を変えたときに、面番号がどう変化するのかも観察してみましょう。

分割数が1の場合、2の面は上の面になっていますが（下図左）、分割数を増やしていくと、2の面の位置も移動し、また、押し出されるべき面の数も増えていってしまいます（下図中央、右）。

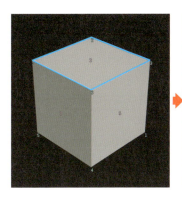
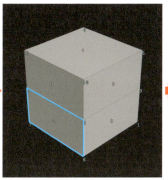
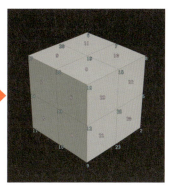

2-1-3 押し出す面の指定方法を見直そう

　番号で直接指定する方法では対応できないことがわかったので、ほかの方法で解決します（少し複雑なので、「こんな解決策があるのか」という意識で下記を確認してみてください）。

　面の向き（normal：法線）の情報から、各面が どれくらい上を向いているのかを数値化 します[注2]。その情報をもとに、一定より上を向いていると判断された面（オレンジ色）で、「extrude」という名前のグループを構成します。さらに、polyextrudeノードのGroupパラメータに「extrude」と入力して、それらを指定します。これで、常に上の面が押し出されるようになりました。

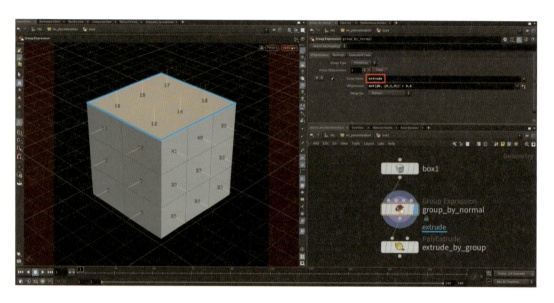

　コードで書くと少しわかりにくいですが、高校で学ぶベクトルの内積の計算を行っています。

 よくわからなかった計算にこんな使い道があるなんて……！

　重要なのは、なにが起きているのかを考えることです。今回のように根本の仕組みや仕様を知ることで、無数に現れる課題に対し、現実的に対処できるようになってきます。

　そこで、ここからはジオメトリの構造や、それに対して行える最も基本的な操作を学んでいきます。ある意味、本書の出発点とも言える内容です。

注2 【アーティスト向け】内積と外積のイメージを10分ずつでつかむ動画【CEDEC2022】
https://www.youtube.com/watch?v=RbUsWNn9ewQ&list=PLAsWwUHApt3Opg3GKZ0C9AdN_DSMHvRFd&index=3

SECTION 2-2 ジオメトリの構造を理解しよう

処理を自分で考えて作るために、どんな操作ができるのかを整理しましょう。できるかぎりシンプルな操作のみを用いて、ジオメトリの構造を学んでいきます。

2-2-1 ジオメトリを構成しよう

3Dオブジェクトの、特に多くの面を張り合わせて作るようなものについて、人間がそれらしく考えるのは簡単ですが、コンピュータ上で厳密に管理するためには、もう少し詳しく考える必要があります。ここでは、簡単な図形である三角形の構成方法の手順を、イメージ図を使って解説していきます。

■ポイントの追加

まずは、右図のように**ポイント**を追加して、面の頂点を指定します。ここでのポイントとは、座標の情報を持つものを指します。コンピュータ上で管理するための名前として、0, 1, 2と番号を振ります（コンピュータでは0からカウントすることが多いです）。

■プリミティブ（ポリゴン）の追加

ポイントを指定できたら、面を追加しましょう。Houdiniでは、面は**プリミティブ**と呼ばれる概念に含まれます。そのため、より厳密には「ポリゴン」というタイプのプリミティブを追加することになります。

面、ポリゴン、プリミティブ……ややこしいですね。

ソフトウェアごとに意味合いが微妙に異なったり、混用されることもあります。下記は、Houdiniにおけるそれぞれの説明です。

面：本書でポリゴンやプリミティブという概念が登場するまで使っていた、いわゆる日本語の意味での直感的な「面」

ポリゴン：直訳では「多角形」。Houdiniでは、3D形状を表現するために使われる多角形であり、プリミティブの一種

プリミティブ：直訳では「原始的」。Houdiniでは3D形状を表現するための様々なデータ構造の総称。ポリゴンはプリミティブの一種。ポリゴン以外のプリミティブとして、Chapter05で登場する「ボリューム」などがある[注3]

[注3] ソフトウェアや文脈によっては、球体や立方体などのごく基本的な幾何形状を指す場合もある。

注意したいこととして、ポリゴンはいつも三角形とは限りません。四角形かもしれませんし、それ以上の多角形かもしれません。つまり、ポリゴンの頂点数は一意的ではないため、その頂点 (vertex) となるポイントを別途追加する必要があります。

　下図では、緑色で示したものがポリゴンの頂点です。ポリゴンは、頂点を正しく追加してはじめて目に見えるようになります。

　逆に、頂点はポリゴンが存在してはじめて存在できる概念です。単純な単語の意味だけを取ると似ていますが、Houdiniにおける「ポイント」と「頂点」は、まったく別の概念であることに注意しましょう。

　頂点にもポイントと同じように、0から順に番号を振ります。それぞれの頂点がどの面に属しているのかを管理したいので、0:0, 0:1, 0:2のように「0:」を付け加え、面0に属していることがわかるようにします。

　最後に、各頂点の座標がどこに位置すべきかを指示するために、「0:0 0」「0:1 1」「0:2 2」としてポイントの番号と関連付けたら完成です。

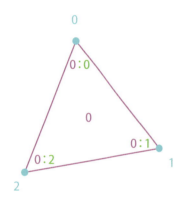

ポイント
0
1
2

プリミティブ
0

頂点
0:0　0
0:1　1
0:2　2

2-2-2 ｜ Houdiniで確認しよう

　ここまでのジオメトリの構成方法を、Houdiniでも実際に確認してみましょう。

　※ほかのソフトウェアでは多少呼び方が異なったり、ユーザーに細かな操作がオープンにされていないこともありますが、本質的には同じ方法で管理されている場合がほとんどです。

■ 空のジオメトリの作成

これまで、objコンテキストでsphereやboxのGeometryノードを出してきましたが、今回は球体や立方体は必要ないので、中になにもない、空のGeometryノードを出してみましょう。

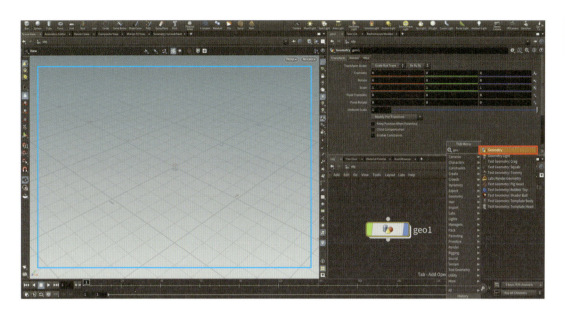

■ ポイントの追加

Addノードを利用してポイントを追加します。「geo1」という名前のGeometryノードをダブルクリックしてノード内に入り、TAB Menuから❶Addノードを追加しましょう。❷Number of Pointsの[+]をクリックして、ポイントを三つ追加します。

すべて原点に追加すると、面を張ったときに視覚的に確認できないので、❸適当に座標を設定します。このとき、Display optionsの❹[Display points]と❺[Display point numbers]をオンにするとわかりやすいです。

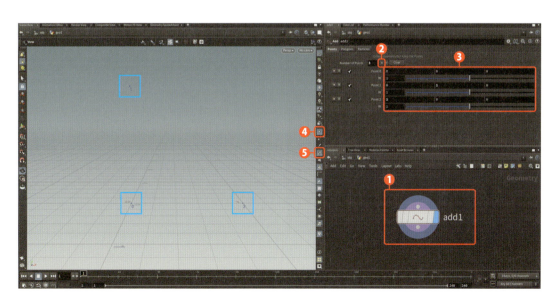

■ プリミティブ（ポリゴン）の追加1

ポリゴンも、❶`Add`ノードを利用して追加できます。`Polygons`タブから、❷`Polygon 0`に「`0 1 2`」（数字の間には半角スペースを入れます）と入力して、ポリゴンに対して頂点の作成を指示します。番号の間には半角スペースが入ります。❸`Closed`にチェックを入れるのも、忘れないようにしましょう。

❹`Display options`の[`Display primitive numbers`]をオンにすることで、ポリゴンの番号を確認できます。

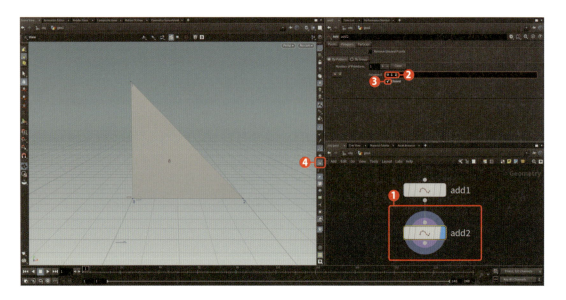

■ Geometry Spreadsheetの確認

❶ 60ページの図の右側の表も、HoudiniのGeometry Spreadsheet（ジオメトリスプレッドシート）で確認できます。これは、Parameter editorのタブ欄の［+］から、[`New Pane Tab Type`]＞[`Inspectors`]＞[`Geometry Spreadsheet`]をクリックすると表示できます。

❷ まずは、Pointsタブを確認してみましょう。0，1，2と縦に三つのポイントが順に並び、横のP[x]，P[y]，P[z]はポイントの座標を表しています（PはPositionの頭文字です）。

❸ 次に、Primitivesタブを確認します。番号0のプリミティブとして追加され、それ自体はポイントのように座標の情報などは特に持っていないことが確認できます。

❹ 最後は、Verticesタブです。番号0のプリミティブには三つの頂点が存在し、それぞれ0，1，2のポイントに関連付けられています。

■ プリミティブ（ポリゴン）の追加2

① ❶ Addノードをもう一つ出して、先ほど構成した三角形の隣に、もう一つ三角形を構成してみましょう。

新しく作る三角形の二つの頂点は、すでにある三角形と同じ座標を持っていてほしいので、❷❸ 新たに一つだけポイントを追加します。追加したポイントの番号は、3になります。

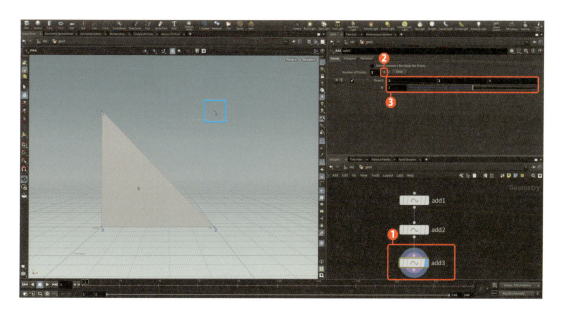

2⃣ 続いて、ポリゴンを張ります。❶Addノードを追加し、先ほどと同じように❷❸Polygon 0 に「1 3 2」と入力して、頂点の作成を指示します。

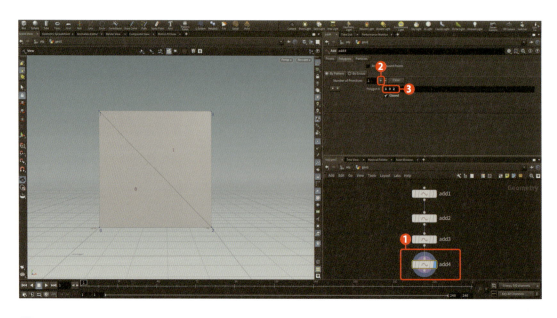

3⃣ 最後に、Geometry Spreadsheetを確認しましょう。Verticesタブで、頂点を三つ持った番号1のプリミティブとしてポリゴンが追加され、その頂点はポイント1, 3, 2に関連付けられていることが確認できます。

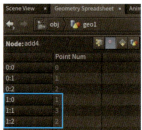

SECTION 2-3 アトリビュートを理解しよう

　ここまでで、ジオメトリが<mark>ポイントやプリミティブ、そして、そこに付随する位置などの様々な情報から構成されている</mark>ことがわかりました。

　また、Geometry Spreadsheetでは、ポイントに付随するP[x],P[y],P[z]という位置を示す情報と、頂点に付随する「Point Num」という名前の、関連付けられているポイントの番号を示す情報を確認できました。これらのほかにも、好きな情報を自由に持たせることができ、それらは様々な用途で使えます。

　そして、このようなジオメトリに付随する情報を、Houdiniでは**アトリビュート**と呼びます。P[x],P[y],P[z]もアトリビュートの一つです。位置の情報は3次元で表されるので、Geometry Spreadsheetでは三つの項目に分割されているように見えますが、実際はPという一塊の情報として考えます。

2-3-1 アトリビュートを確認しやすくしよう

　前述の通り、アトリビュートはGeometry Spreadsheetで確認しますが、毎回切り替えるのは大変です。少し画面の分割をカスタマイズしてみましょう。

1 ❶ Scene ViewをGeometry Spreadsheetに切り替えた後、右上の❷ [`Pane Tab Operations`] から [`Split Pane Top/Bottom`] をクリックします。

2 画面が上下に分割されるので、上をScene Viewに戻したら完了です。

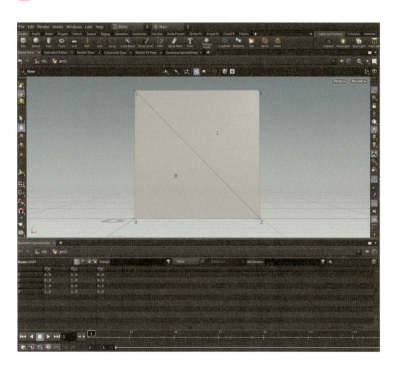

2-3-2 アトリビュートを使おう

　各アトリビュートには様々な使用方法がありますが、ここでは`Attribute Create`、`Attribute Randomize`、`Attribute Delete`というノードを使い、追加と削除、そして編集の方法を学んでいきます。

■追加

まずは、アトリビュートの追加方法です。これには`Attribute Create`ノードを使用します。

1 TAB Menuから`Attribute Create`ノードを追加して、add4ノードの次に繋いでみましょう。Geometry Spreadsheetで`Points`タブを確認すると、`attribute1`という列が追加され、すべて`0.0`となっています。

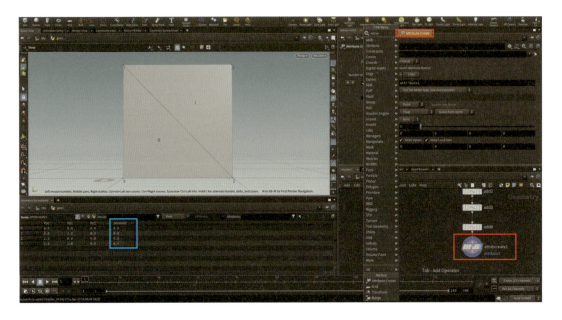

2 アトリビュート名とその初期値は、パラメータの`Name`と`Value`（値）で自由に変更できます。Geometry Spreadsheetでも変更を確認できます。

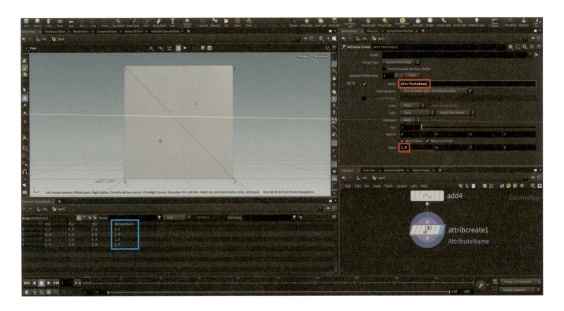

3️⃣ アトリビュートはポイント単位ではなく、プリミティブや頂点単位で持たせることも可能です。これは`Class`から変更できます。

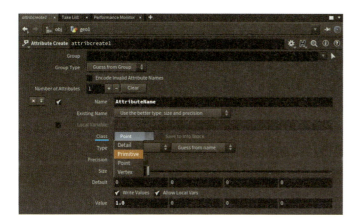

試しに、`Class`を[`Primitive`]に変更すると、先ほどはポイント単位にあったアトリビュートが消え、プリミティブ単位でアトリビュートが追加されているはずです。確認できたら、今回は[`Point`]に戻しておきましょう。

4️⃣ 最後に、アトリビュートの「型」という概念を紹介します。型は`Type`から変更でき、コンピュータ上で値を取り扱う都合上、様々な種類があります。

よく使うのは`Float`（小数）、`Integer`（整数）、`Vector`（3次元ベクトル）、`String`（文字列）の四つです。`Dictionary`（辞書）は、ある値とそれに対応する別の値のペアを複数まとめて保持できる、少し特殊な型です。「○○ `Array`（配列）」は、その型の値を複数保持できる型です。

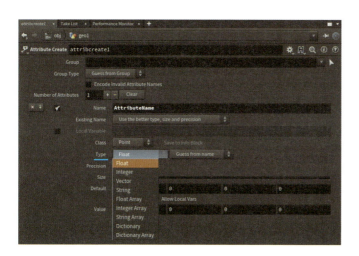

試しに、`Type`を[`Vector`]に変更すると、位置を表すPと同じように、三つの小数がまとめて追加されるはずです。

操作に応じてアトリビュートが自動で追加される場合もありますが、整数型にしたい場面で小数型になってしまうことなどもあるので、こういった明示的に追加する方法が用意されています。

■ 編集

アトリビュートは、後から編集することもできます。多くのアトリビュートを特定の構造でまとめたものがジオメトリだと捉えると、アトリビュートの編集は実に本質的な操作です。

Houdiniには、アトリビュートの編集に関して多くのノードが用意されています。ここでは、`Attribute Randomize`ノードを使います。

1 `Attribute Randomize`ノードを繋ぐと、下図のようになります。Geometry Spreadsheetを確認すると、`Cd`というアトリビュートが自動で追加され、その値がランダムに設定されています。`Cd`（Color Diffuse：拡散色）とは、Houdini内で色として表示することが定められているアトリビュートです。`Attribute Randomize`ノードの`Attribute Name`がデフォルトでは「`Cd`」となっているため、このように表示されました。これは、存在しないアトリビュートが自動で追加された例です。

2 先ほど追加した`Attribute Name`というアトリビュートの値を、ランダムに変更してみましょう。これには、`Attribute Name`を「`Cd`」から「`AttributeName`」に変更します。正しく入力できれば、先ほど`Cd`の列で確認できたランダムな値が、`AttributeName`の列に入力されているはずです（スペースや大文字・小文字が区別されるので注意しましょう）。

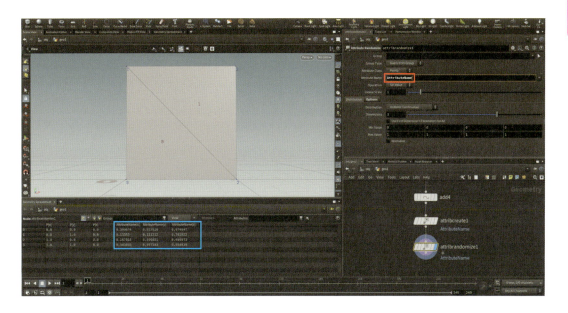

■ 削除

処理を終えて不要になったアトリビュートは、削除されるべきです。削除には、`Attribute Delete`ノードが便利です。

削除したいアトリビュートの名前を、対応する`Class`の欄に入力します。ここでは、`Point Attributes`に「`AttributeName`」と入力します（右端の▽からも選択できます）。複数削除したい場合は、半角スペースで区切って入力しましょう。

> COLUMN
> ## 原始的な操作をもう少し深掘り
>
> ここまでで、面を張り合わせた形状において下記のような操作を紹介しました。面の追加にAddノードを使用したため、それが一つのステップだったように思えますが、より厳密には、さらに三つのステップに分かれています。
>
> - ポイントの追加
> - プリミティブの追加
>   - プリミティブそのものの追加
>   - プリミティブへの頂点の追加
>   - プリミティブの頂点とポイントの紐付け
> - 各Classアトリビュートの追加／編集／削除
>
> なにかを構成するのであれば、基本的に追加のみで十分です。しかし編集や削除となると、下記のような、アトリビュート以外の==情報の編集や削除==が必要です。
>
> - 情報の編集
>   - ポイントの並び替え
>   - プリミティブが必ず持つ隠れた情報(Intrinsic Attribute)の変更
>   - 頂点が紐付いているポイントの変更
>
> - 各Class要素の削除
>   - ポイント
>   - プリミティブ
>   - 頂点

2-3-3 アトリビュートの使い道を知ろう

アトリビュートは「ジオメトリが持つ情報」と抽象化されているため、モデリング、シミュレーション、レンダリングに至るまで、Houdiniのほとんどすべての場面で使用されます。

ここでは、実際の使用例をいくつか紹介します。まずはテスト用に、先ほどまで作業していたノードツリー（一つに繋がったノードのまとまり）の横に、グリッドを追加しましょう。

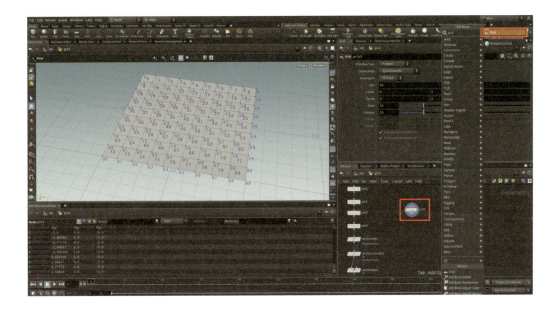

■色

　アトリビュートの編集方法を紹介した際に少し触れましたが、色も一つのアトリビュートとして管理されます。RGB（Red、Green、Blue）の3色を混ぜ合わせて任意の色を表現するので、それぞれの強さを一つの小数として、三つの小数、つまりvector型のアトリビュートとして管理されます。

　色を表すCdアトリビュートは、Houdini側でScene View上に表示する色として自動で認識されるという点で、少し特殊です。Pがポイントの位置として自動で認識されるように、いくつかのアトリビュートには、特定の用途が割り当てられています。

　先ほどは`Attribute Create`ノードを用いてアトリビュートを追加しましたが、Cdアトリビュートを追加するだけなら、`Color`ノードを使ってもよいでしょう。Geometry Spreadsheetを確認すると、Point ClassにCdというアトリビュートが追加され、すべてに**1.0**と入力されています。

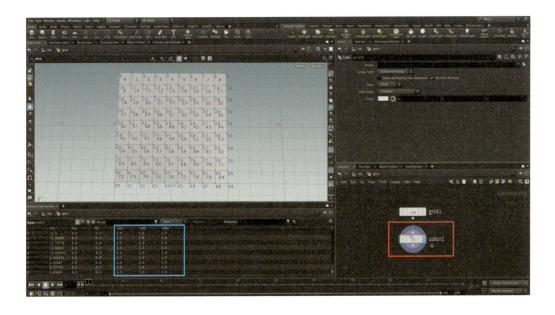

COLUMN
アトリビュートのClassを視覚的に確認しよう

　アトリビュートのClass（ポイント、プリミティブ、頂点、全体）、つまりどのClassにアトリビュートを持たせるかは非常に重要です。たとえば、面ごとの面積をアトリビュートとして保存する場合、基本はPrimitive Classに保存するべきです。

　Cdアトリビュートを指定すると、視覚的にわかりやすくClassの違いを確認できます。`Color Type`を[Random]に変更して、ランダムな色を設定してみましょう。

　下図は`Class`のみを変更して比較したもので、左から`Point`、`Primitive`、`Vertex`です。ポイントや頂点単位でランダムな色を指定した場合、間の色は補間されて表示されます。この結果は、先ほど`Attribute Create`ノードと`Attribute Randomize`ノードを用いたものと本質的に同じで、どちらもCdアトリビュートを適当なClassに設定しただけです。

　このように、よく行う操作については、簡単に操作ができるようにしたり、ネットワークをわかりやすくする目的で、`Color`ノードのように別のノードとしてまとめられていることが多々あります。

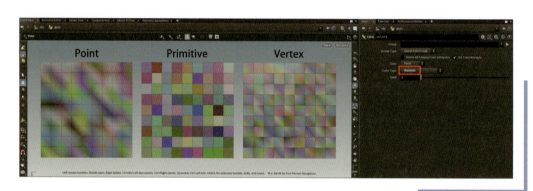

面の押し出しの深さ

面を押し出すときは`PolyExtrude`ノードが便利ですが、実は各面の押し出し量を、アトリビュートを用いてコントロールできます。

1 まずは❶`Attribute Create`ノードを用いて、アトリビュートを追加しましょう。押し出しは面単位の処理として考えられるので、❷`Class`を[`Primitive`]、❸`Name`をわかりやすいように「`extrude_amount`」とします。

2 ❶`Attribute Randomize`ノードを用いて、extrude_amountアトリビュートをランダマイズしましょう。ランダマイズしたいアトリビュートはPrimitive Classにあるので、❷`Attribute Class`を[`Primitives`]、❸`Attribute Name`を「`extrude_amount`」にします。Geometry Spreadsheetを確認すると、正しくランダマイズされている様子が確認できます。

3 必要なアトリビュートが準備できたら、❶PolyExtrudeノードを使って面を押し出しましょう。❷Divide Into（分割方法）を［Individual Elements（個々の要素）］に、❸Distance（距離）を「1」に変更します。

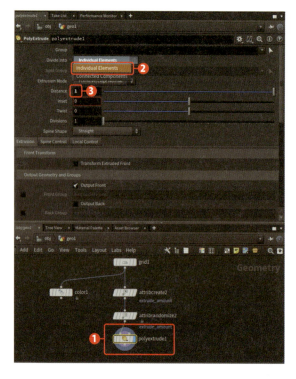

4 さらに、押し出しの距離に対して、アトリビュートをなんらかの形で用いて、個々の押し出し量をランダムに変更しましょう。PolyExtrudeノードには、そのようなコントロールを行うためのパラメータが用意されています。

Local ControlタブのDistance Scaleに、アトリビュートを指定します。デフォルトではグレーアウトして入力できないので、左のチェックボックスからコントロールを有効にします。ここで表示されるドキュメントには、「ここに指定したアトリビュートがDistance Scaleに対して乗算される」とあるので、ここに「extrude_amount」と入力します。

正しく指定できると、押し出し量がランダムに変化します。

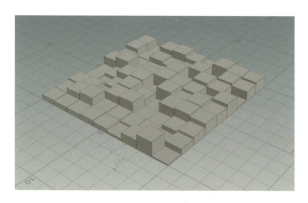

5 Attribute RandomizeノードのOptionsタブからGlobal Seedの値を変更し、ランダム加減を変更すると、アトリビュートを用いて押し出し量をコントロールできていることが確認できます。

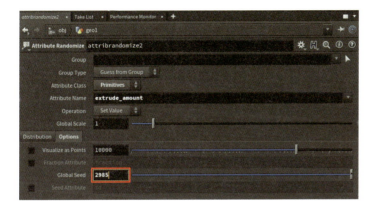

本章のまとめ

　本章では、ジオメトリの構造とアトリビュートについて学びました。非常に基礎的な内容だったので実感がわきにくいかもしれませんが、三角形を構成した手順を繰り返せば、理論上どんな形状でも作成できます。大きな数の掛け算の、九九で解く方法を学んだようなものです。

　逆に、どのような面を張り合わせた形状であっても、構成手順の連鎖として再現できます。これは、大きな数の割り算を、九九で解くことができるようなものです。

　また、なにか形状に破綻やエラーがある場合でも、ジオメトリのデータ構造を知っているので、具体的な操作をピンポイントで考えることができるはずです。これは、大きな数の掛け算と割り算を応用して、小数を含む計算も九九で解くことができるのに近いです。実際はこのように原始的な方法でなくても、高機能なノードが多く用意されていますが、本質的にはすべてこのようなイメージとして捉えられます。

 少しだけ「計算」の意味がわかったような気がします！

 イメージを掴めたら、次はその「計算」を使い、次章でなにか一つ作ってみましょう。本質的にはなにをしているのかを考えることを、忘れないでくださいね。

| さつき先生小噺 | 問題解決！　浮いてしまうボール？ |

　下図は、筆者が過去に直面した問題です。物理シミュレーションを用いて、お椀の中にボールを敷き詰めようとしている状況です。しかし、なぜか見えない蓋のようなものに衝突して、ボールが中に入らず横に流れてしまいます。「なにをどうしたらそうなるのか」と思うかもしれませんが、実は多くの方が、一度は経験する状況です。

　この問題は、本章で学んだ考え方を少し応用することで、原因を考えたり調べたりすることができます。具体的な解決手順を一つ紹介します。

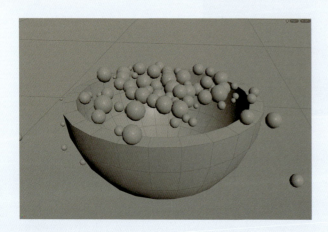

■原因を考えよう

　本章では、問題解決のためにジオメトリのデータ構造を学びました。同じように、RBD（Rigid Body Dynamics：剛体シミュレーション）を行うもの（ソルバ）が扱うデータがどのようなものかも考えてみましょう。

　「剛体シミュレーション 形状データ」などと検索してみると、どうやら「凸形状」「凸包」などの言葉が関係していることに気付くはずです。そこで、次は、凸形状や凸包がどんなものかを調べます。翻訳アプリを使って英語でも調べてみると、より答えを探しやすくなります。

　「凸である」ことの数学的な定義は少し難しいかもしれませんが、まずは雰囲気だけ理解して、より厳密に考える必要が出てきたときに、また調べてみるとよいでしょう。CGの問題は図形と関連していることも多いので、雰囲気だけ理解するのであれば、動画や画像検索を使うのも一つの手です。実際、凸形状について調べてみると、なんとなく上図のような問題が起きそうな感じがしますね。

■実際に確認しよう

　剛体シミュレーションは「元の形状とは少し違う凸形状を用いてシミュレーションしているのが原因かもしれない」というところまで調べたとします。次は、この仮説を実際に確認する方法を考えます。もう少し具体的に言うと、Houdiniの剛体シミュレーションにおける、内部の形状データの可視化ということです。

　Houdiniは英語圏で開発されているので、英語で検索すると日本語よりずっと多くの情報が見つかります。「Visualize internal geometry data in Houdini RBD」と検索してみると、検索結果上位に`RBD Visualization`や`RBD Packed Object`といったノードの公式ドキュメントが表示されました。

　※「Houdini RBD」の代わりに、使っているノード名を具体的に指定すると、さらに見つかりやすくなるかもしれません。

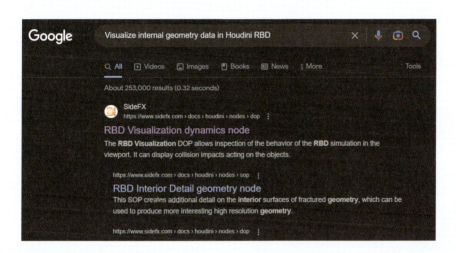

　各ノードには多くのパラメータが存在するので、さらにドキュメントの中で「visualize」「visualization」といった単語を検索してみましょう。

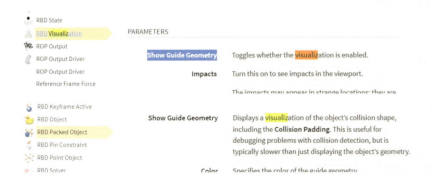

　一通り確認すると、どうやら「`Show Guide Geometry`（ガイドジオメトリを表示）」というパラメータが点在していることに気付きます。名前からして、かなりそれっぽいですね。

実際にパラメータの説明を読んでみましょう。SideFXのWebページは、URLのsidefx.comの後に「/ja」を挿入すると日本語で表示されます。

調べたことをもとに、Houdiniで実際に操作してみると、内部の形状データを可視化することに成功しました。内部の形状データを確認すると、中にボールが入らない理由は一目瞭然です。ちなみに、このような形状は「Convex Hull（凸包）」と呼ばれています。

ここまで、かなりテンポよく進んでいますが、実際は何度も失敗して調べ直すことがほとんどです。筆者がはじめてこの問題に直面したときは、ここまでで数時間かかりました。根気よく一つずつ可能性を消して、原因を絞り込むことが大切です。

■ 解決策を考えよう

原因がわかったところで、解決策を考えましょう。内部の形状データの表現方法を変更すればうまくいくはずです。原因から推測すると、このような衝突の問題は様々な形状で発生しそうなので、使っているノードにそれを回避するような機能があると考え、まずはそれを調べてみます。

調べる手順は先ほどとほとんど同じです。英語で調べ、それっぽい内容を見つけたらひたすら試します。結論から言うと、オブジェクトの管理をしてくれるノードに、形状の表現方法を変更するGeometry Representation(ジオメトリ表現)というパラメータが存在していたので、[Convex Hull(凸包)]から[Concave(凹状)]に変更します。結果は下図のように、期待通りの衝突判定が行われました。

■ 結論から考察しよう

結論としては、形状データの表現方法の問題でした。原因と解決方法がわかったら、そこから考察していくと次に繋がります。

 長いこと調べたのに、たった一つこの話だけで終わらせたらもったいないですよね？

今回気になるのは、「なぜわざわざエラーが出るような表現方法が採用されているのか」という点です。選択肢が存在するということは、きちんと使い分ける需要があるからなのですが、その理由がわからなければ、どう使い分ければよいのかもわかりません。ここでは簡単な理由を紹介しますが、一度自分で調べてみてもよいでしょう。有名な話なので、日本語でも十分調べられます。

簡単な理由としては、計算を高速化するためです。実は先ほど見つけたRBD Packed Objectノードのドキュメントにも、「Convex Hull表現の方が通常ではパフォーマンスがいい」と書かれています。さらにその理由を調べてみると、「凸である」という性質をうまく利用した高速な衝突判定法[注4]が存在し、それらが採用されているからなどの理由を見つけることができます。

小規模なシミュレーションでは大差がなくても、大規模になるほどその差は顕著になります。そのため、実際の制作現場では、凸でない形状をいくつかの凸形状の組み合わせによって近似する「Convex Decomposition」と呼ばれる手法と、後から動きの情報のみを抽出して転写する手法を組み合わせる方法がよく利用されます。

注4 Bullet 2.83 Physics SDK Manual
https://github.com/bulletphysics/bullet3/blob/master/docs/Bullet_User_Manual.pdf
この資料のP16に、使用されているアルゴリズム名が書かれている。

CHAPTER 03 独自の処理を実装しよう

本章では、CHAPTER02で学んだことをもとに、独自の処理を実装してジェネラティブアート[注1]を完成させます。

SECTION 3-1 実装方法を考えよう →P.82

3-1-1 ▌必要な操作をまとめよう
3-1-2 ▌実装方針をまとめよう

SECTION 3-2 Houdiniで実装しよう →P.85

3-2-1 ▌原点にポイントを追加しよう
3-2-2 ▌原点周りを回転するポイントを追加しよう
3-2-3 ▌追加したポイントを移動しよう
3-2-4 ▌ループさせよう
3-2-5 ▌線を追加しよう
3-2-6 ▌様々なパターンを生成しよう
3-2-7 ▌アートとして完成させるには

注1 アルゴリズムや数学的手法などを取り入れて作られるアート。コンピュータを用いて作られるものとされることも多いが、スピログラフのようにアナログなものまで含めると、より面白い発想が生まれるかも。

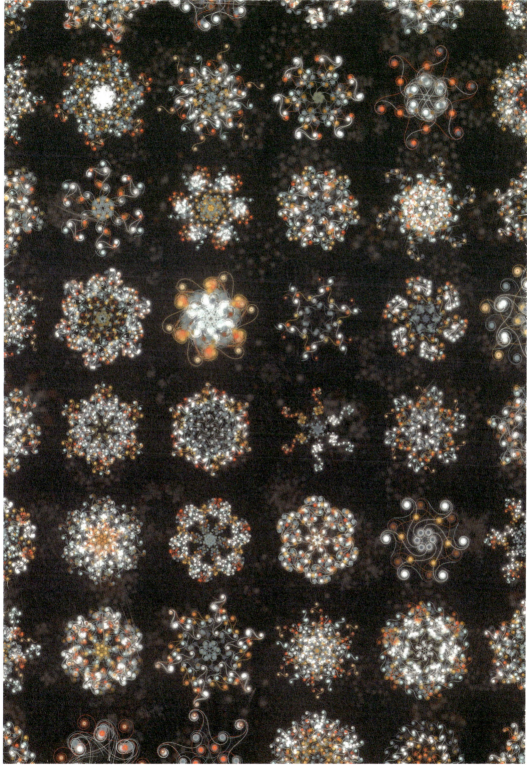

本章の作例です。このサンプルファイルは、ダウンロードデータの
「03_Precision_Nodes.hip」からご確認いただけます。

03

独自の処理を実装しよう

CHAPTER 03　独自の処理を実装しよう

ゆうか
独自の処理を実装……ですか？

さつき先生
つまり、自分が思い描いたことをコンピュータにやらせようということです。

やらせたい「処理」なんて思いつきませんし、「実装」って具体的にどうすればいいんですか？

今回は、こんな感じの模様を作ってみます。複雑そうですが、「処理」は意外とシンプルなんですよ。「実装」も、Houdiniには便利なノードが揃っているので、複雑な数式は1行ほどしか打ち込まない予定です。

 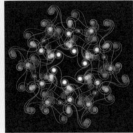 

少しやる気が出てきました！

SECTION 3-1　実装方法を考えよう

　イメージ図を見ながら、どんな処理を実装するのか整理しましょう。ポイントを追加するごとに、一定の割合で曲がり方がきつくなるイメージです。この操作を10万回ほど繰り返します。
　いきなりθ（シータ）という記号が登場したので難しく感じるかもしれませんが、θは回転の具合を決める角度です。実際に処理を行うときは、1, 0.8, 2.5などの具体的な値を入れて計算させます。
　イメージ図では、わかりやすいようにθの値を大きくしていますが、小さくすればより緩やかに曲がっていくことになります注2。直接自分の手で図形を描いてみてもよいでしょう。

注2　高速道路の出入り口や競馬場で似たような性質の曲線を見ることができる。

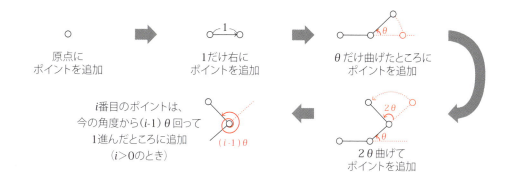

イメージ図のような手順を自分や誰かに実行してもらうことは、それほど難しいことではありません。しかし、コンピュータに（Houdini上で）実行してもらうには、人間に指示するように曖昧ではいけません。まだ「右」や「曲げる」など曖昧な言葉が多いので、もう少し具体的な操作を考えてみましょう。

3-1-1 必要な操作をまとめよう

必要な操作を簡単にまとめると、次のようになります。

- ポイントの追加
- ポイントの回転
- 線の追加

この三つができれば、今考えている処理を実現できます。ポイントの追加は「2-2-2 Houdiniで確認しよう」で確認したので、残りの二つについて、もう少し深く考えてみましょう。

■ポイントの回転

先ほどから「ポイントの回転」という言葉を使っていますが、コンピュータにとっては、まだ少し不親切です。なぜなら、回転はどこを中心とするかによって結果が変わってしまうためです。

しっかりと回転について考えるなら、任意の場所を中心とした回転を考える必要があります。もちろんそれを計算することも可能ですが、今回は常に原点を中心とした回転だけで済むように、下図のように工夫します。

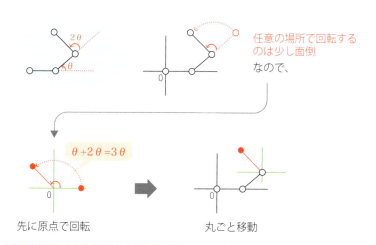

このようにすると、原点周りの回転のみを考えればいいので、ややこしい要素が一つ減ります。その代わり、移動の処理が増えたように見えますが、工夫しない場合でも一旦回転前の状態を考えるため、なにかしらの移動が必要です。そのため、処理が増えたわけではなく、処理の順番が替わっただけとも考えられます。

このように、回転や移動などの様々な処理は、順番を替えたり原点を基準に操作を行うと、見通しがよくなることがあります。実際の制作現場でも、原点から離れた場所の作業をする際に、作業したい領域が原点付近に来るよう、シーン内のオブジェクトをすべて移動してから作業することなどがあります。

■線の追加

線の追加はとても簡単です。CHAPTER02でポリゴンを張った際に利用した`Add`ノードですが、`Closed`のチェックを外せば、閉じていないポリゴン、つまり線になります。

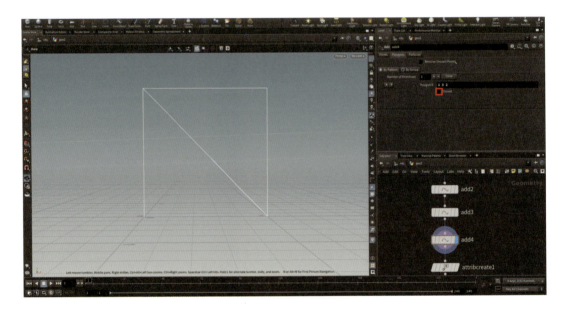

3-1-2 実装方針をまとめよう

最初のイメージ図より、ずいぶん具体的になりました。座標や座標系の方向、θの式が少しややこしいですが、これまでの手順をきれいにまとめると、このようになります。

- N：繰り返しの回数（最終的なポイントの数。最終的には10万程度の値に設定）
- i：今追加するポイントの番号（今存在するポイントの総数）
- θ：回転の具合を決める角度

- 原点{0, 0, 0}にポイントを追加
- 以下を(*N*-1)回繰り返す
  - 座標{1, 0, 0}にポイントを追加
  - 原点を中心に($θ$ +2$θ$ +...+(i-1)$θ$)だけ、Z軸正の方向(正面)から見て反時計回りに回転
  - 一つ前のポイントがある位置が基準となるように、今回転させたポイントを移動
- すべてのポイントに対して線を追加(閉じていないポリゴンの追加)

必要に応じて本書の少し前を読み返したり、Houdiniを起動して確かめてみましょう。

SECTION 3-2 Houdiniで実装しよう

① 新しいシーンで作業を開始します。別のシーンを開いている場合は、[File] > [New]をクリックして新しいシーンにしましょう。新しいシーンができたら、任意の場所に保存しておきましょう。

② TAB Menuから`Geometry`ノードを追加して、空のジオメトリを作成します。

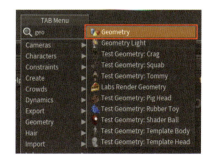

3-2-1 原点にポイントを追加しよう

今回実装する処理の一つ目のステップとして、原点にポイントを追加します。

① geo1ノード内に入り、`Add`ノードを追加しましょう。

❷ `Points`タブの`Number of Points`の[+]をクリックして、原点にポイントを一つ追加します。

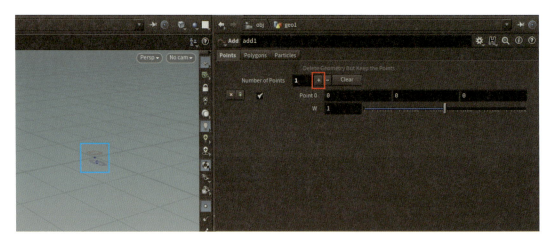

❸ Geometry Spreadsheetを見ると、確かに追加されていることがわかります。

3-2-2 原点周りを回転するポイントを追加しよう

　先ほどまとめた手順には、決めた回数分繰り返す「ループ」と呼ばれる処理が必要ですが、先にループの中身にあたる処理を作ります。

❶ まずは、原点に追加したのと同じ要領で`Add`ノードを利用して、座標{1,0,0}にポイントを一つ追加します。`Point 0`の左の値だけ「1」にしましょう。

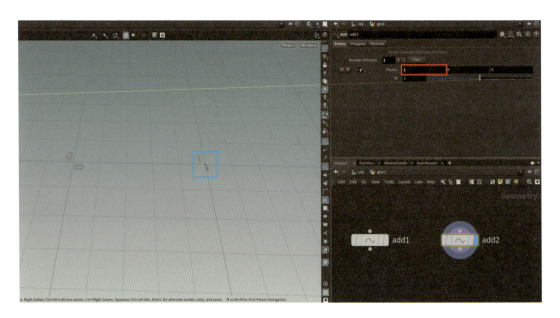

❷ 回転には、Transformノードを使うと便利です。❶ Transformノードを下図のように繋ぎます。Z軸周りの回転を確認したいので、Scene View右上の❷ [Persp]＞[Set View]＞[Front viewport]をクリックし、視点を切り替えて見やすくします。

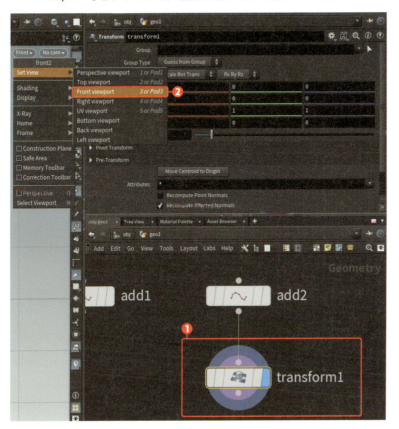

❸ Z軸の回転を表す、Rotateの右の値を変更してみましょう。マウスの中ボタンをドラッグすれば、連続的に値を変更できます。Z軸正の方向から見ると、角度が＋に動くことに対して、反時計回りで回転しているのが確認できます。

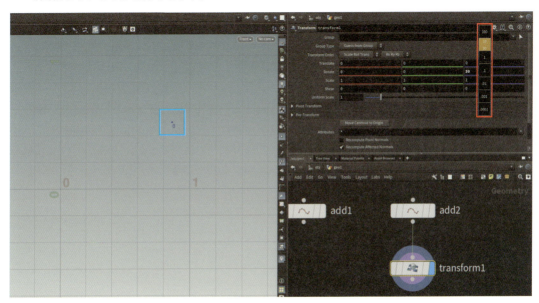

COLUMN
右手座標系と左手座標系

　3DCGにおける回転は、視点が変わると方向も変わったように見えてしまうので、とてもややこしいですが、**座標系**を基準に定められています。座標系とは、座標を表す単位や軸の取り決めのことです。

　Houdiniの回転は、それぞれの軸の＋方向から見たとき、**反時計回りが＋方向、時計回りが－方向の回転**になっています。この取り決めは、ソフトウェアによってはZ軸が縦方向だったりと違う場合があります。つまり、異なるソフトウェア間でデータをやりとりするときは、適切に変換する必要があるということです。

　下図は、Houdiniの座標軸の方向（それぞれの軸が＋になる方向）を示しています。赤がX軸、緑がY軸、青がZ軸です。これは、右手の親指、人差し指、中指が直交するように構えたとき、親指側から順にX, Y, Z軸と重なるので、**右手座標系**と呼ばれています。

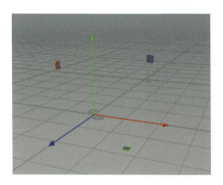

　一方で、Z軸正の方向をHoudiniと逆にすると、左手の指にそれぞれの軸が重なるので、**左手座標系**になります。Z軸だけでなく、X, Y軸の方向も考えると全部で$2^3=8$通りあるように思えますが、実はどれも右手・左手座標系のどちらかになるため、この二つで十分です。気になる方は、実際に図に書いて確認してみましょう。

　またX, Y, Z軸を、それぞれ横、縦、奥行に限定する必要もありません。すべての入れ替えを考えると6通りありますが、やはりどれも右手・左手座標系のどちらかになります。すべてのパターンを考慮すると48通りもありますが、通常、正面から見て右がX軸正の方向となるのが一般的です。

　この取り決めに従うと、3DCGにおける座標系には、**「右手・左手座標系のどちらか」「縦の軸はなにか」「その方向はどちらか」**の三つの情報があれば十分で、Houdiniの座標系は「Y Up (Right-handed)」と表せます。この概念は、outコンテキストで利用できる`Filmbox FBX`ノードなどで確認できます。

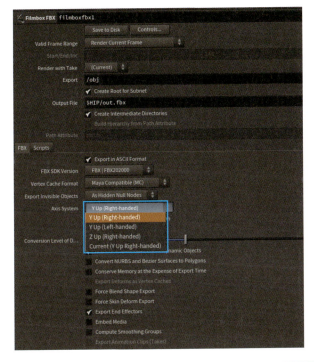

Y Up（Right-handed）	Houdini、Maya、Substance 3D Painter、Minecraft
Z Up（Right-handed）	Blender、3ds Max
Y Up（Left-handed）	Cinema 4D、ZBrush、Unity
Z Up（Left-handed）	Unreal Engine

3-2-3 追加したポイントを移動しよう

言葉で考えようとすると少しややこしいですが、「3-1-1 必要な操作をまとめよう」の図の通り、全体を別の基準点まで移動させるということです。実は、これを実現できるノードが存在します。

❶ `Copy to Points`ノードを追加しましょう。このノードにはインプット（入力）が二つあり、左は`Geometry to Copy`（コピーされるジオメトリ）、右は`Target Points to Copy to`（コピー先のポイント）です。

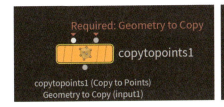

2 名前の通り、コピー先の各ポイントにジオメトリを複製できるノードですが、コピー先を一つにすれば、ただの移動と変わりありません。つまり、左のインプットにはtransform1ノードを、右のインプットにはadd1ノードを繋ぎます（インプットがクロスしているので注意しましょう）。

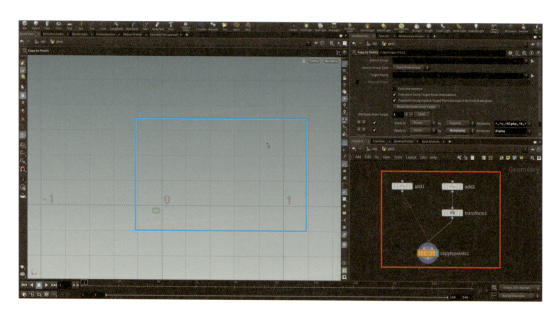

3 一見なにも変化がないように思えますが、それはadd1ノード側のポイントが原点にあるためです。add1ノードで複数のポイントを追加したり、ポイントを移動してみるとわかりやすいです。

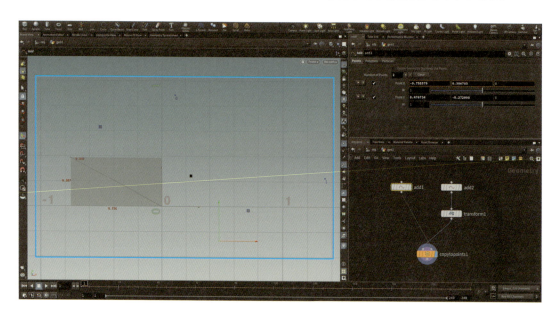

3-2-4 ループさせよう

ポイントの追加まで完成したので、あとはこれをうまく繰り返し処理していきます。手動で実験したあと、新しいノードを使って膨大な回数の繰り返しを行いましょう。

■ ネットワークの整理

まずはネットワークを整理して、ループすべき処理を明確にしましょう。

❶ 元のポイントと新たに追加したポイントを、`Merge`ノードを使ってひとまとめにします。

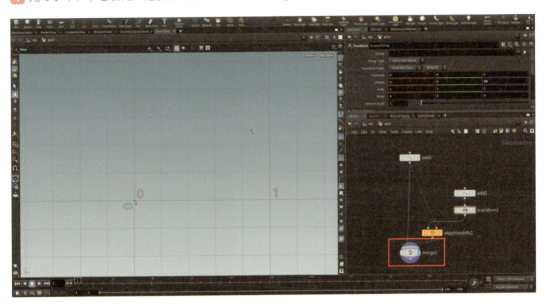

❷ 処理の区切りをわかりやすくするために、`Null`ノードを挟みます。これは、目印やネットワークの整理に使われる、特になにもしないノードです。ノード名をクリックして、「INPUT」や「OUTPUT」など、わかりやすい名前に変更しておくとよいでしょう（`Null`ノードの名前を変更するときは、大文字にすると探しやすくて便利です）。

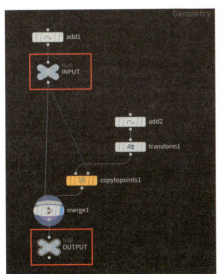

3 右図のようにINPUTノードからOUTPUTノードまでを選択した状態で、Network editor右上の[Create network box]からネットワークボックスを作成することで、遠目で見たときにも処理のまとまりがわかりやすくなります。

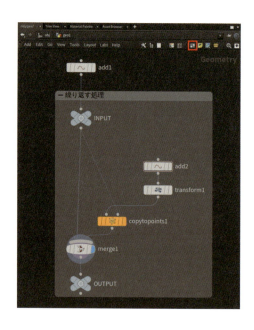

処理の複製

1 処理を繰り返す最も直感的な方法は、処理自体を複製することです。今回繰り返す処理は、常に、最後に追加したポイントを基準として新たなポイントを追加するので、処理を直列に繋ぎます。

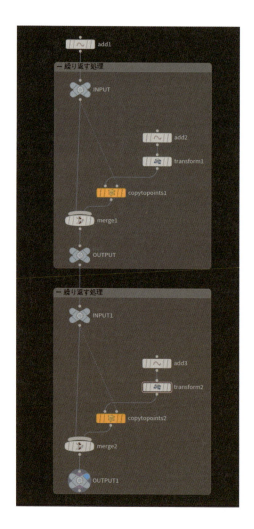

2回繰り返した結果をScene Viewで確認すると、なにかがおかしいようです。ポイントは一つずつ増えてほしいので、全部で三つになっているはずですが、Geometry Spreadsheetを確認すると、ポイントは四つあります。

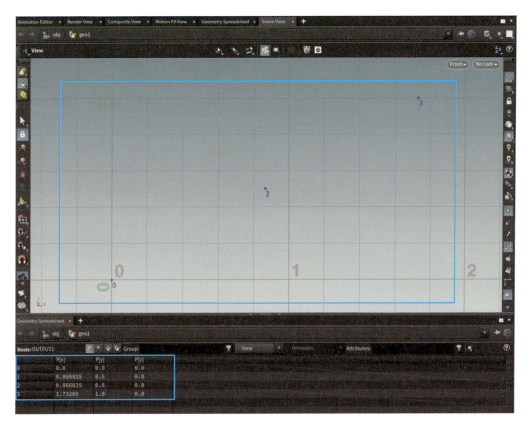

2 transform2ノードのRotateの値を変えてみると、どうやらポイントが二つに複製されているようです（本来なら3のポイントだけが複製されてほしいところ、2のポイントも追加されています）。

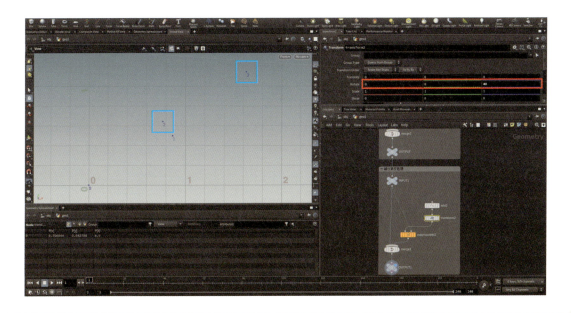

この問題を修正しましょう。二つに複製されているということは、`Copy to Points`ノード周りに問題があります。

ここで、`Target Points to Copy to`に入力されているのはINPUT1ノードです。これは一つ前のOUTPUTノードで、ポイントが二つあるはずです。

この二つが、そのままコピー先のポイントとして入力されていることが原因でしょう。「3-1-2 実装方針をまとめよう」の、「一つ前のポイント」という部分がうまく実現できていないということです。

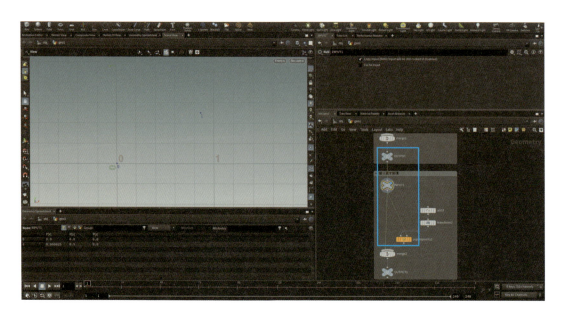

■「一つ前のポイント」を選り分ける

CHAPTER01で学んだように、ポイントにはすべて番号が付いているので、「一つ前のポイント」を選り分けることができます。

実は、ここまでの手順を正しく追えていれば、追加したポイントには最も大きな番号が割り振られるようになっています。つまり、最も大きな番号のポイントと、それ以外を選り分ければよいのです。

1️⃣ もし、ポイントの番号がこれまでの図と一致していない場合は、Mergeノードを確認してみましょう。Mergeノードに繋ぐ順番が違うと、ポイントの番号が変わってしまいます。

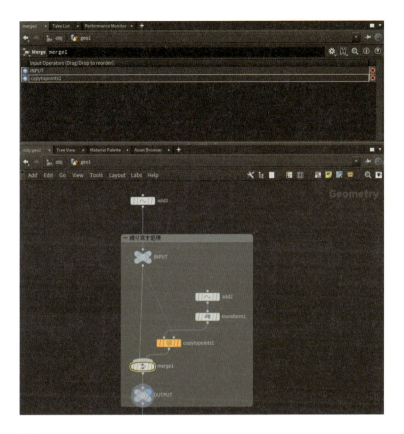

2️⃣ ルールに従ってポイントを選り分けるには、Blastノードが便利です。ポイントの番号やグループ名を用いて、ジオメトリの一部を選択して削除できます。
「一つ前のポイント」以外を削除するために、まずは下図のように繋ぎます。

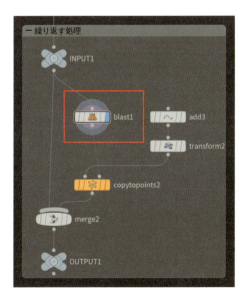

3 いきなり「一つ前のポイント」を設定するのは難しいので、手動で設定してみましょう。
blast1ノードの❶Groupに「1（コピー先にしたいポイントの番号）」と入力し、❷Group Typeを[Points]にすると、左下のポイントだけが残ります。これは、Blastノードが選択したポイントを削除したためです。

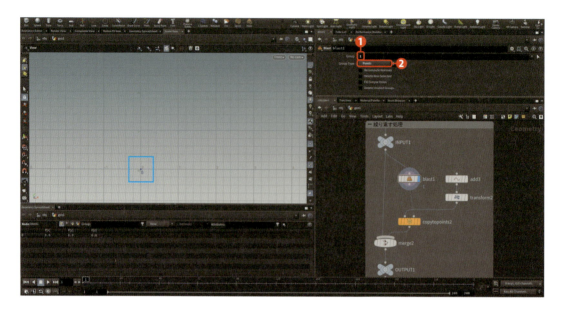

4 逆に、今回は選択したポイント以外をすべて削除したいので、Delete Non Selectedにチェックを入れます。

5 OUTPUT1ノードを確認すると、正しくポイントが追加されているはずです。

6 さらに処理を繰り返すときは、同じようにネットワークボックスを丸ごと複製して、直列に繋げます。ただし、BlastノードのGroupは手動で書き換える必要があります。

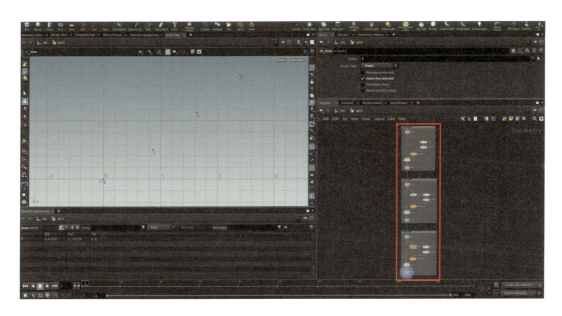

■「一つ前のポイントの番号」を数式で表す

「一つ前のポイントの番号」というような日本語での指示はできないので、これを式に置き換えます。現状、追加するポイントには最も大きな番号が振られるようになっているので、一つ前のポイントの番号は「現在のポイントの総数-1」になります（ポイントの番号は0からカウントされているので、一番大きな番号は-1して辻褄を合わせます）。

「現在のポイントの総数」は、「npoints(0)」と入力することで取得できます。npointsは「number of points（ポイントの数）」のことで、0は「この式が打ち込まれているノードの最初のインプット」という意味です。

複数のインプットがあるノードでは、1,2,3などを入れれば、それぞれのインプットに対応したジオメトリのポイントの総数を取得できます。それぞれのBlastノードのGroupに、「`npoints(0) - 1`」と入力してみましょう。

「`（バッククォート。日本語キーボードではShiftキー＋@）」で囲うのは、その部分が通常の文字列ではなく、なんらかの式であることを示すためのルールです。

これで、値の修正をしなくとも、ただコピーするだけで自動でポイントが追加されていく仕組みが完成しました。

CHAPTER 03　独自の処理を実装しよう

　ただ、現状では10万回繰り返そうとしたらネットワークボックスを10万個複製しなくてはなりません。不可能ではないですが、同じ処理を繰り返せる特別なノードがあります。

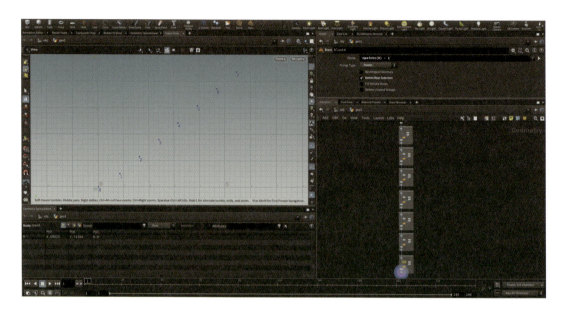

■ 複製せずにループ

　TAB Menuで「for」と検索すると、「For-○○」という結果がいくつも表示されます。種類が多いのは、「繰り返し」にも様々な繰り返し方があるためです。

❶ 今回のような「処理の結果を再び入力に返しながら何度も処理をさせるループ」は、**フィードバックループ**と呼ばれています。**For-Loop with Feedback**ノードを使いましょう。

 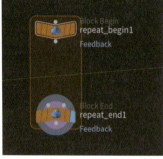

2️⃣ 繰り返したい処理を、repeat_begin1ノードとrepeat_end1ノードの間に挟んでみましょう。複製したネットワークボックスは削除します。`Copy to Points`ノードのワイヤーが重なっていたので、重ならないようにノードを整理しておくと見やすいでしょう。

また、先ほどは1回目の繰り返しに`Blast`ノードがありませんでしたが、ポイントが一つだけの場合はなにも削除されないので、問題ありません。

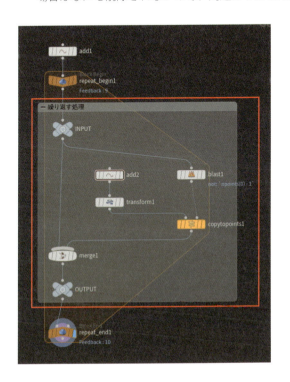

3️⃣ ループの回数は、repeat_end1ノードの`Iterations`から変更できます。

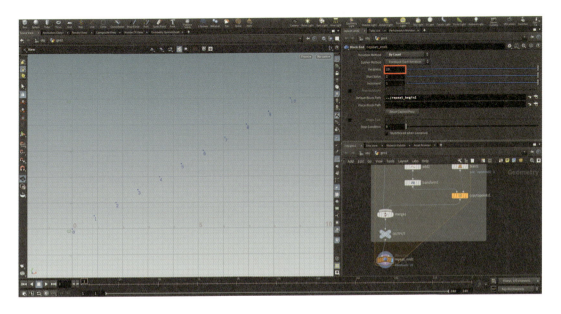

COLUMN
様々な「繰り返し」

「処理の繰り返し」という言葉だけだと、下図のように並列に繋ぐ方法も考えられます。しかし、このようなループは各イテレーション（1回分の処理）間に依存関係がない（あるイテレーションが別のあるイテレーションの結果を待つ必要がない）ので、一つ前のイテレーションの結果を、次のイテレーションで利用するという、ここまで行ってきた処理とは本質的に異なります。

このような処理になる例として、同じ処理でも少しずつパラメータを変えて、いくつものバリエーションを生成する場合などがあります注3。

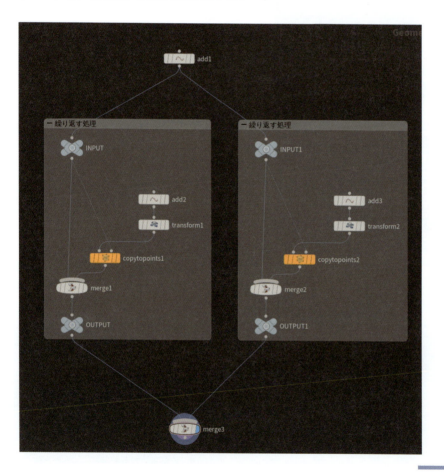

注3 【ゼロから始めるHoudini】11 - 様々なループ処理
https://www.youtube.com/watch?v=lWdu6zsfqlk

■ 回転角度の計算

最後に、各イテレーションの回転における角度を計算しましょう。回転はTransformノードで制御していますが、現在は30°で固定のため、ポイントが直線上に並んでいます。これを修正しましょう。

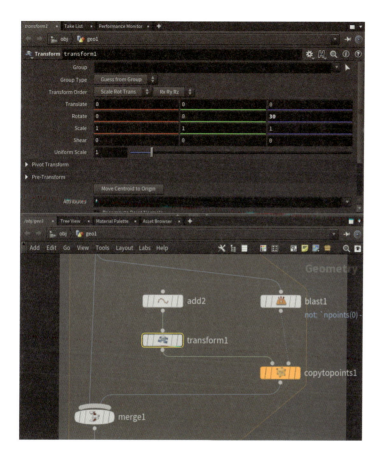

「3-1-2 実装方針をまとめよう」にあったように、i個目のポイントの角度は$\theta + 2\theta + \dots + (i-1)\theta$です。このままでは式が長く計算しにくいので、もう少し整理しましょう。

$$\begin{aligned}\theta + 2\theta + \dots + (i-1)\theta &= \theta(1 + 2 + \dots + (i-1)) \\ &= \theta\left(\frac{(1+(i-1))(i-1)}{2}\right) \\ &= \theta\left(\frac{i(i-1)}{2}\right)\end{aligned}$$

オレンジ部分への式変形は、1 以上 n 以下の整数の和が $\frac{(1+n)n}{2}$ であることを用いました。n を $i-1$ に置き換えると、() の中身が得られます。高校数学で習う等差数列の和の公式ですが、下図のように長方形を半分にしたものだと考えれば、無理に覚える必要もありません。

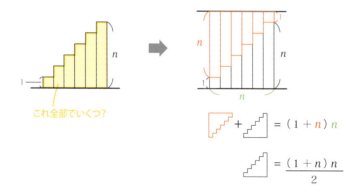

長い式がコンパクトになったので、得られた式をうまくTransformノードのRotateに入力していきます。実は、BlastノードのGroupに「\`npoints(0) - 1\`」と入力したのと同じように式を入力できます。

パラメータ名をクリックすれば、実際の式と、その計算結果の表示を切り替えられます。

※BlastのGroupには、グループ名などの文字列が入る可能性があったので「\`」で式を囲みましたが、Rotateは数値以外が入ることを想定されていないので「\`」は必要ありません。

次に、式の i にあたる値を取得します。この値には、同じくnpointsを用います。ただし、Transformノードのインプットはポイントが常に一つなので、Transformノードの一つ目のインプットとして、npoints(0)ではうまくいきません。

1 ポイントの総数を求めるには、「npoints("../INPUT")」と入力して、INPUTノードを参照します。試しに、RotateのZ軸の値に入力してみましょう。

結果を見ると、各繰り返しで角度が1, 2, 3…と大きくなっていくため、少しずつ上に曲がっていく様子が確認できます。

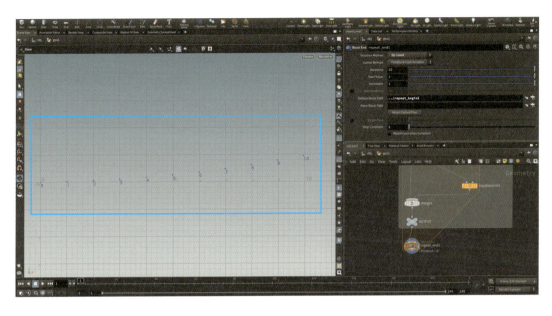

2 角度が一定の割合で変化していくという性質は円そのもので、repeat_end1ノードのIterationsに「359」と入力すると、きれいな円を描くことができます。

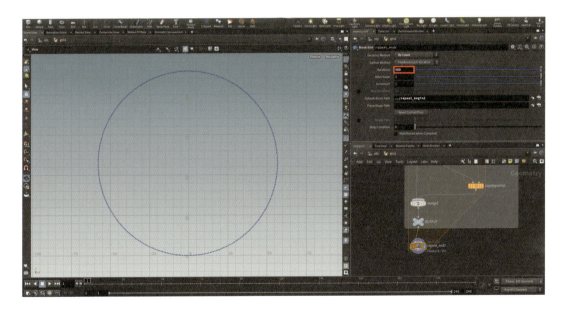

CHAPTER 03 独自の処理を実装しよう

COLUMN
相対参照と絶対参照

　「`../INPUT`」と入力する参照方法は、**相対参照**と呼ばれています。相対参照とは、現在の場所から見て対象がどこに位置するのかを指定する方法です。

　Houdiniのノードが階層構造で管理されていることを思い出してみましょう。INPUTノードとtransform1ノードは、geo1ノード内にあります。同じようにgeo1ノードはobjコンテキストの中に、objコンテキストは実際には確認できませんが、大本となるようなものの中に入っていると考えられます。

　transform1ノードからINPUTノードを参照する場合、transform1ノードに対してINPUTノードが位置する場所は、下図左の赤い矢印のように、一つ上に戻ってから下に進むと考えられます。相対参照では、このように対象を指し示します。

　一般的に、同時に二つ以上のものの直下に位置するということはないので、上に戻る操作を「`../`」で表し、下に進むときは進む先を「`INPUT`」のように指定します。冗長ですが、「`../../geo1/INPUT`」や「`../../../obj/geo1/INPUT/../INPUT`」などの入力でも正しく参照できます。

　一方で**絶対参照**とは、現在の場所とは関係なく直接指定する方法で、下図右のように、上から直接場所を決定していきます。たとえばtransform1ノードからINPUTノードを参照する場合、どこにtransform1ノードが存在していたとしても、入力方法は変わりません。

　つまり、相対参照では二つの位置関係が同じなら、どのように移動しても構いません。絶対参照では二つの位置関係に制限はありませんが、参照先が移動するときは、必ず参照元を正す必要があります。

❸ あとは $\theta\left(\frac{i(i-1)}{2}\right)$ を入力するだけです。i を「`npoints("../INPUT")`」、θ は自由に決めていい値のため、試しに「`3.1543`」に置き換えてみると、入力すべき式は次のようになります。

```
3.1543 * (npoints("../INPUT") * (npoints("../INPUT") - 1) / 2)
```

少しずつ曲がり方がきつくなりながら、ポイントが追加されていれば完成です。

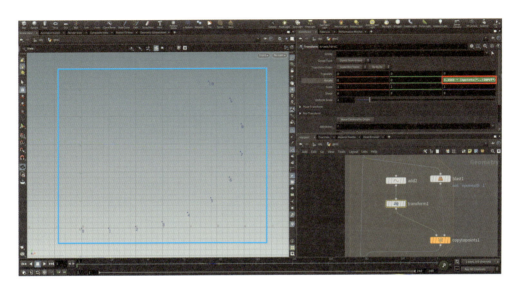

3-2-5 線を追加しよう

ポイントだけでは面白くないので、線も追加してみましょう。線の追加は、「3-1-1 必要な操作をまとめよう」で紹介しました。

❶ `Add` ノードを追加して下図のように繋ぎ、`Polygons` タブ内の `By Pattern` タブの ❷ `Polygon 0` に「`*`」と入力すれば完成です。「`*`」は「すべてのポイント」を意味しています。

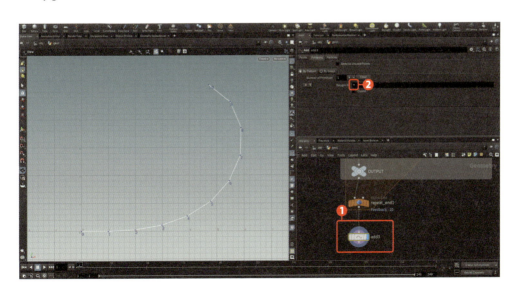

3-2-6 様々なパターンを生成しよう

❶ 値を変えて試せるパラメータは、先ほど**3.1543**と入力したθの値と、repeat_end1ノードの`Iterations`です。まずは`Iterations`に「10000」と入力してみましょう。

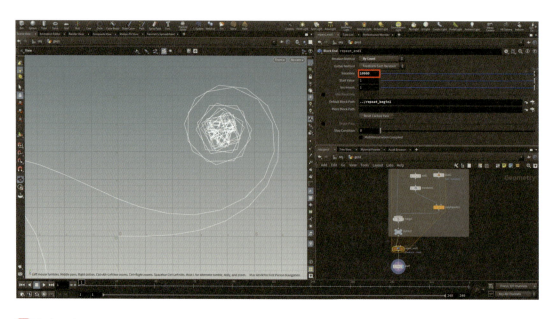

❷ 非常に大きな図形になるので、`Match Size`ノードを使って自動で指定のサイズに収めましょう。❶ノードを追加し、❷`Scale to Fit`にチェックを入れると、デフォルトでは縦横のサイズが1になるように自動で調整してくれます。サイズを変更する場合は、❸`Target Size`の値を変更しましょう。

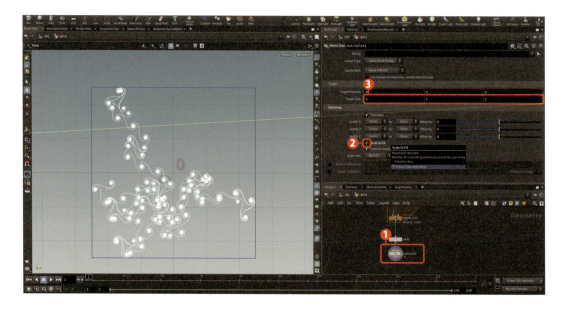

θはぜひ自分の手元で変更してみましょう。非常に小さなθの違いでも、まったく違うパターンが生成されるはずです。自分なりの面白いパターンを探索してみましょう。

3-2-7 アートとして完成させるには

予想できないパターンが生成されるだけでも十分面白いですが、「アート」にするために、もう少し手を加えてみましょう。

ここまでは厳密なルールに基づいて処理を作ってきましたが、ここからは比較的自由です。ジェネラティブアートは、ルールに基づいて実装すれば誰でも簡単に作れると誤解されがちですが、「アート」になるためには次で紹介するような「面白く見せるための工夫」が不可欠だと、筆者は考えています。

今回はHoudini上でできることしか紹介しませんが、別途画像編集ソフトなどを利用してもいいですし、ここで紹介する方法はあくまで一例です。

自分なりの面白い手法を考えて、自由に加工してみましょう！

■ 色を着ける

単色だけでは味気ないので、色を着けてみましょう。今回はポイントの番号をもとに、徐々に色が変化するように設定していきます。

まずは、ポイントの番号を0～1の値のアトリビュートとして保存しましょう。0～1にすることで、ポイントの総数によらず値の範囲が一定になり扱いやすいです（逆にアトリビュートとして保存しないと、いろいろと扱いにくいです）。

① ❶`Attribute Create`ノードを追加し、❷`Name`に「`normalized_point_number`」、❸`Value`に「`$PT / ($NPT - 1)`」と入力します。

ここでの`normalized`とは、値の最小値と最大値を、それぞれ0,1に変換することを指しています。また、**`$PT`はポイントの番号**、**`$NPT`はポイントの総数**を表しています。これは`Attribute Create`ノードのドキュメントの、ローカル変数の項に説明があります[注4]。

ローカル変数とは、そのノードのみで利用可能な値のことです。**ローカル変数は「`$`」を先頭に付けて参照**します。`$NPT`は「`npoints(0)`」としても構いません。

[注4] Attribute Create 2.0 geometry node
https://www.sidefx.com/ja/docs/houdini/nodes/sop/attribcreate.html

❷ アトリビュートが作成できたら、❶Colorノードを追加して色を着けていきます。❷Color Typeを[Ramp from Attribute]にして、❸Attributeに「normalized_point_number」を入力します。

Attribute Rampの左部分が0(Rangeの左の値)、右が1(Rangeの右の値)に対応しています。

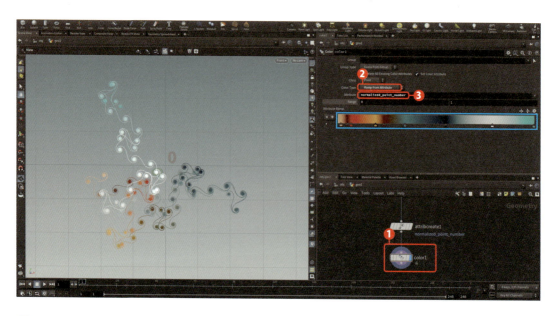

❸ Attribute Rampを自由に変更してみましょう。任意の場所をクリックすることで、新たにコントロールポイントを追加できます。

さらに、ダブルクリックで色の変更が、下にドラッグで削除ができます。

また、右上のボタンを利用すると、左右の反転や補色、プリセットの呼び出しなども簡単に行えます。

4 現状のままだとアートが少々見えにくいので、背景を黒にしましょう。Display optionsの[Open display options]をクリックします。

5 BackgroundタブのColor Schemeを[Dark]にします。変更が完了したら、ウィンドウは閉じて構いません。

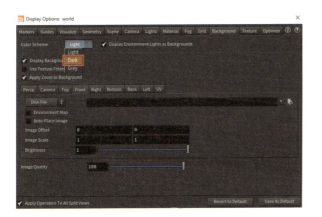

6 Display optionsの[Display reference plane/ortho grid]をクリックし、背景のグリッドも消しておきましょう。

これで色がわかりやすくなりました。自由に色を変更して、自分なりの「いい色」を探してみましょう。

■ 規則的な複製

簡単に複製できるのは、コンピュータの強味の一つです。また、一定の規則を持たせて複製することで、ある種のパターンが生まれ、より面白く見えることがあります。

Houdiniでの規則的な複製は、`Copy and Transform`ノードを使えばとても簡単です。❶ノードを追加したら、❷`Total Number`を「6」、❸`Rotate`の右の値を[60]にすると、下図のような結果になります。

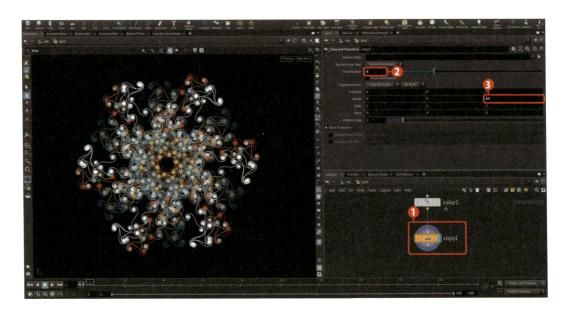

■ 大量に自動生成

θの値を変えることで、様々なパターンを生成できることがわかったと思います。ここまでは値を手動で変更する方法を紹介しましたが、ランダムな値が自動で入るようにすれば、様々なパターンを自動生成できます。

ランダムな値の生成には、RAND関数が便利です。適当な値を入力すると、0〜1の範囲でランダムな値を返してくれます。0〜nまでの範囲でランダムな値がほしければ、この結果をn倍します。

「3.1543」の部分を、「`rand($F) * 3`」に置き換えてみましょう。ここでの`$F`は、現在のフレーム番号を指します。フレーム番号が勝手に入力されるということは、毎フレーム`rand($F) * 3`の値が、0〜3の範囲でランダムに変化するということです。

実際に、Playbarのタイムラインを動かしてみると、フレームごとにまったく異なるパターンが生成されています。

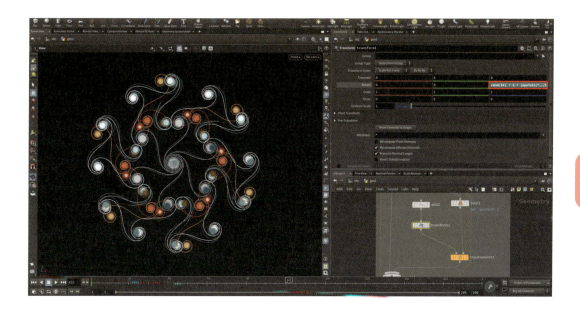

本章のまとめ

　本章では、独自の処理を考え、それを日本語からコンピュータ上で扱えるように少しずつ言い換えて、一つのジェネラティブアートを完成させました。

　今回のように独自の処理を実装し、大量のバリエーションを自動生成する仕組みは、大規模なゲーム開発の現場で必須のスキルです。なぜなら、複雑で細かい要求に答えなければいけない場面で、既存の仕組みをそのまま利用するだけでは、その仕組みが想定する範囲以上のことに対処できないためです。

　既存の仕組みを利用しながらも、その仕組みを理解して細かく独自の処理を挟んだり、それでもダメなら新しく仕組みを作ることもあります。

 様々なプロダクションの方から話を聞くかぎり、大変需要があるスキルのように思います。

　特に、HoudiniをHoudiniらしく使うためにはとても重要です。少しずつ慣れていきましょう。

さつき先生小噺　コンピュータの計算能力と高速化

　本章の作例では、同じ処理を1万回繰り返しました。この程度では、そこまで時間はかかりませんが、10倍の10万回にすると、そこそこ時間がかかります。
　また、今回は1回あたりの処理が比較的単純ですが、それが複雑になった場合は、さらに処理に時間がかかるでしょう。そもそも、コンピュータはどのくらいの速度で計算ができるのでしょうか？

■現代のコンピュータの計算能力

　現代の一般的な家庭用コンピュータでは、1秒あたりおよそ数十億回の命令を実行できます。この「命令」とは、「ある場所の小さなデータを一つ読み出す」「ある場所に小さなデータを一つ保存する」など、一つだけで考えたときに実用的とは言い難いものばかりで、組み合わせてなにか意味のあることを行うためには、10命令ほどが必要です。
　つまり、なにか意味のある計算の場合、1秒あたり数億回の計算ができるものとして考えるのが一般的です。

■ランダウの記号（O記法）：計算量を見積もる方法

　現実的な計算回数がわかったら、次は行いたい計算の計算量を見積もります。例として、「掛け算の九九の表を合計するといくつになるか？」という有名な問題で考えてみましょう。この問題を、表のように掛け算の億億に拡張すると、すべてのマスの合計はいくつになるでしょうか？

×	1	2	…	10^8
1	1	2	…	1×10^8
2	2	4	…	2×10^8
⋮	⋮	⋮	⋱	⋮
10^8	$10^8 \times 1$	$10^8 \times 2$	…	10^{16}

　すべて地道に足し合わせようとすると、1行あたり約10^8（1億）回の足し算と掛け算が必要で、1秒で1行計算できるとしても、それを1億行計算するには1億秒（約3年）かかります。
　しかし、一般的に「掛け算NN」として考えると、計算回数は大体N^2回程度になり、ざっくりと今回の計算回数を見積もると、$10^8 \times 10^8 = 10^{16}$回になります。
　このように「計算回数は大体このくらい」ということを表す便利な記法として、ランダウのO記法[5]があります。今回の計算回数は、正確にはN^2回のほかに細かいデータのやり取りや、「最初の一つは足し算しないんじゃない？」など細かいことを考えることもできますが、全体で見たときには微々たるものとして、思い切って削ぎ落した表記をします。

注5　O記法の定義：$f(N), g(N)$を非負整数全体のなす集合上で定義された関数とする。「$f(N)=O(g(N))$である」とは、
「あるN_0, C（N_0は0以上の整数、Cは正の実数）が存在し、$N>N_0$ならば$\left|\frac{f(N)}{g(N)}\right| \leq C$」が成り立つことである。

これがO記法のイメージで、今回の例では「$O(N^2)$」と表記します。「計算回数が大体N^2回に比例する」とイメージしてもよいでしょう。

O記法をもとに、「どのくらいまでなら1秒以内で実行が終わるの？」といった質問にも、$O(N^2)$程度の計算が必要で、1秒あたり約10^8回しか計算ができないので、$N=10^4$、つまり1万回くらいまでであれば大丈夫だろうと考えることができます。

ちなみに、この問題は以下のような1～Nまでの合計を2乗して面積を求める問題だと捉えると、$\left(\frac{N(N+1)}{2}\right)^2$という答えを一発で求めることができます。この場合、Nによらず計算回数は一定なので「$O(1)$」と表記します。

このような計算量の問題は、Houdiniだけにとどまらず、コンピュータで幅広く使えるものです。わかりやすく解説されている書籍もあるので、より詳しく知りたい方はぜひ読んでみてください[注6]。

処理の無駄を削るには

「1秒あたり数億回」の計算ができると紹介しましたが、本章のジェネラティブアートでは、10万回程度の計算に1秒以上の時間がかかります。1回あたりの処理が単純な計算でないとしても、いくらなんでも遅いと感じた方もいるでしょう。

処理が遅い原因は、無駄なデータのやり取りが多いことです。今回の処理はいくつかのノードを用いて実装しましたが、ノード間でのデータの受け渡しや、そもそも様々な機能を組み合わせて使えるノードという形で、一律に提供するための高度な一般化のために、ユーザーにはどうしようもない「無駄」が発生しています。

人間の手で配置できるようなノード数では気にならないレベルかもしれませんが、コンピュータの力でそれを何十万回も繰り返すとなると、話は別です。これは半分仕方のないことでもありますが、開発者はこの問題を予期しており、Houdiniには様々な改善方法があります。本書では、その代表的な例を次章以降で取り扱います。

[注6] 米田優峻,『問題解決のための「アルゴリズム×数学」が基礎からしっかり身につく本』, 技術評論社, 2021
大槻兼資,『問題解決力を鍛える！アルゴリズムとデータ構造』, 講談社, 2020

CHAPTER 04 シミュレーションってなに？

本章では、簡単な作例を通して、シミュレーションの基礎となる概念を学びます。この概念は、以降の章でも登場する重要なものです。

SECTION 4-1　シミュレーションについて考えよう ➡P.116
- 4-1-1 ┃ボールの軌道をシミュレーションしよう
- 4-1-2 ┃シミュレーションの意味を理解しよう

SECTION 4-2　未来の予測は簡単ではない ➡P.118
- 4-2-1 ┃少し先の未来を考えよう
- 4-2-2 ┃フィードバックループとシミュレーション

SECTION 4-3　Solverノードを使ってみよう ➡P.121
- 4-3-1 ┃Solverノードを追加してみよう
- 4-3-2 ┃「初期状態」を準備しよう
- 4-3-3 ┃次の状態を計算しよう
- 4-3-4 ┃結果を確認しよう
- 4-3-5 ┃シミュレーションとSolverノードについてのまとめ

SECTION 4-4　Solverノードで面白い動きを作ろう ➡P.127
- 4-4-1 ┃今回作るもの
- 4-4-2 ┃ステップ1：初期状態の準備をしよう
- 4-4-3 ┃ステップ2：次の状態を計算する処理を作ろう
- 4-4-4 ┃ステップ3：シミュレーションを調整しよう
- 4-4-5 ┃おまけ：アニメーションとして保存しよう

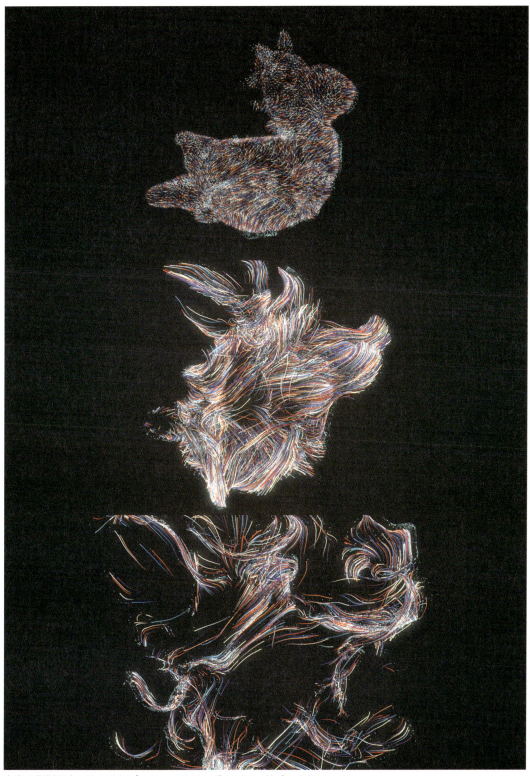

本章の作例です。このサンプルファイルは、ダウンロードデータの
「04_Simulation.hip」からご確認いただけます（本文中の図の一部も、
インタラクティブに操作できる形で含まれています）。

04 シミュレーションってなに？

CHAPTER 04 シミュレーションってなに？

ゆうか

Houdiniといえばシミュレーションですよね。そろそろやってみたいです！
先生もシミュレーションの人ですよね？

さつき先生

大体あっているので細かい話はいいとして、そもそも「シミュレーション」とは一体、なにを指しているんでしょうか？

なにと言われても、破壊とか爆発でしょうか……？

それらもシミュレーションのうちですが、もっと広い意味で捉えておくと、いろいろなことに応用が利きます。今回は、より簡単な例でHoudiniにおけるシミュレーションを確認しましょう！

SECTION 4-1 シミュレーションについて考えよう

　Houdiniでのシミュレーションに入る前に、まずは具体例や言葉の意味から、シミュレーションとは一体なんなのか、考えてみましょう。

4-1-1　ボールの軌道をシミュレーションしよう

　筆者の幼馴染が、小学生のときにボールを60m先まで投げていたので、それを例に考えてみましょう。ボールを60m先まで飛ばすには、どのくらいの角度と速度で投げればよいでしょうか。

　プロ野球では150km/hなどの数字を目にしますが、今回の場合は、斜め45°にきれいに投げるとして、90km/sほどの速度があれば可能です。グラフにすると、このようにきれいな放物線になります。

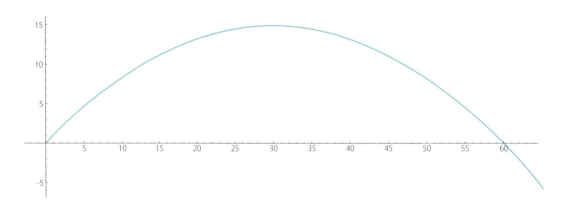

$$x(t) = v_x t$$

これは高校物理で扱うように、$y(t) = v_y t - \frac{1}{2}gt^2$ のように計算できます。一見難しそうですが、きちんと整理してみましょう。

v_x と v_y は、それぞれ横方向、縦方向の初速度です。ちょうど60m地点に落下するように値を設定しようとすると、今回はどちらも、$17.112 (\approx \frac{24.2}{\sqrt{2}}) m/s$ ほどの値になります。g は重力加速度というもので、地球の場合は約 $9.80665 m/s^2$ が標準として定められています。

つまり、この式では t 以外すべて定数だということです。==t は時間（秒）で、任意の時間を指定すれば、その時間の x, y 座標がわかります==。

> 難しい......けど、軌道が予測できるということは、なんとなく理解しました。

ここで注目してほしいのは、面倒な計算ではなく、「任意の時間を指定すれば、その時間の x, y 座標がわかる」という部分です。より直感的に言い換えるなら、どんなに遠くの未来も一発で正確に予測できるということです。

ここで、とんでもない突風が吹いたり、鳥が空中でボールをくわえて持って行ってしまう場合もあるかもしれませんが、これらの予測や定式化は難しいため、一旦無視して考えます。重要そうな部分だけを抜き出し、現象をいい感じに説明するというイメージです。

4-1-2 シミュレーションの意味を理解しよう

■広い意味の「シミュレーション」

「シミュレーション（simulation）」とは、==現実にある条件の再現や、そのための実験を行うこと==です。似たような単語に「similar（似ている）」や「simultaneous（同時の）」などがありますが、どれも「なにかが二つ以上存在している」という意味合いが感じられますね。

まずは、この意味を念頭に置き、Houdiniではどのような意味で用いられているのかを考えてみましょう。

■Houdiniにおける「シミュレーション」

広い意味から考えると、==なにを模倣して、どのように再現や実験を行うのか==が大切です。順番に確認していきましょう。

模倣しているものとして思いつくのは、**物理現象**でしょう。Houdiniにおけるシミュレーションのイメージとしてよくある、破片や煙、水の動きは、現実の物理現象をなんらかの形で模倣したものです。そして、これらの模倣のために行われている再現や実験には、先ほどよりもずっと複雑な数式やアルゴリズムが使われています。

ここで重要なのは、模倣は==現実に100%忠実ではない==ということです。様々な計算の都合で削ぎ落とされた情報が存在します。もちろん、リアルに見せるためにほとんど影響がない程度ですが、ときには直感に反する動きをする（壁を貫通したり、ないはずのものに衝突する）場合があります。

CHAPTER 04 シミュレーションってなに？

SECTION 4-2 未来の予測は簡単ではない

「4-1-1　ボールの軌道をシミュレーションしよう」で紹介した式は、任意の初期状態と時間を入れれば答えがすぐにわかるという意味で、比較的単純な式でした。一方で、そのように単純な式は、<mark>全体から見ればごく一部</mark>にすぎません。高校物理で習う様々な式は、たまたま「いい感じに解ける（厳密な値を求められる）式」なのです。

4-2-1 少し先の未来を考えよう

ちょっと待ってください。水や煙みたいな流体は、リアルなシミュレーションができますよね？

うまく式変形して、厳密な答えを求めようとした場合は極めて難しい問題なんですが、<mark>近い値は、頑張れば求められたりする</mark>んですよね。

「いい感じに解けない式」も、諦めるしかないわけではありません。厳密な値は求められなくても、厳密な値に近い値（近似値）を求めることは、可能な場合があります。多少の誤差があっても、特定の初期条件（ボールの例なら初期位置と初速度）を与えて、コンピュータの力で数値的に計算するということです。

一般に、いきなり遠い未来を厳密に予測するのは難しいですが、「少し先の未来」だけを考えれば計算しやすくなることがあります。いろいろな方程式で見られる、$\frac{d}{dt}, \frac{\delta}{\delta t}$という記号が、小さな時間変化を表しているためという理解でもよいですが、ここではもう少し直感的に考えてみます。

ボールの軌道のグラフの原点部分を拡大して、投げてからほんの少し時間が経ったときの様子を確認してみましょう。

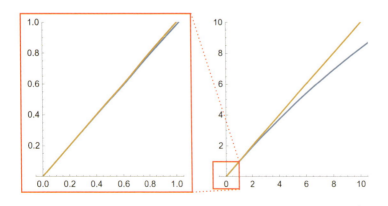

左はかなり拡大し、右は多少引きで見た様子です。二つを見比べると、<mark>左はほぼ直線に重なっている</mark>ように見えます。右上部分は少しずれているように見えますが、さらに拡大すれば、限りなく一致するはずです。

少し先の未来を考えるということは、現在の状態から少し、ボールを進めるということです。本来なら直線ではなく、微妙に重力の影響を受けて速度は下に向いていくので、結果としてボールも下向きに曲がっていくはずなのですが、十分に近い未来の状態を予測するのであれば、速度は変化しない、つまり移動はシンプルな直線だと考えて進めても問題ないでしょう。直線であれば、曲線を考えるよりもずっと簡単に済みます。

　このように、十分に短い時間では、あるものが変化せず、一定であると考えることで、様々な要素をより単純に考えられることがあります。

「少し」って具体的にどれくらいの時間なんですか？

正直ケースバイケースです……。

　時間の刻み幅（タイムステップ）を大きくとるということは、時間を速く進めることを意味するので、より速くシミュレーションできることになります。

　一方で、そもそもコツコツ積み上げることで未来を予測しようとしているので、どこかにその限界があります。シミュレーションが破綻しないような条件を考える術もありますが、映像用のCGエフェクトの世界では、実際に試してみることがほとんどです。

　下図は、Houdiniでボールの軌道をシミュレーションした様子です。白が厳密な軌道で、ほかの色は上から順に、タイムステップが1.0, 0.5, 0.1秒の軌道です。どれもそれらしい軌道を描いていますが、タイムステップが大きくなるほど、ずれも大きくなっています（タイムステップを変化させて様子を観察できるサンプルファイルが、ダウンロードデータにあります）。

　さすがに赤い軌道は不自然に見えますが、青い軌道は十分にそれらしいと言えます。映像用に、毎秒24フレームでシミュレーションしようとすれば、タイムステップは$\frac{1}{24}$秒以下なので、たとえば現実的な大きさと速度の破片などが飛ぶような状況では、十分だろうと考えられます。

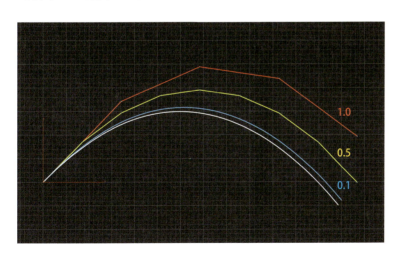

4-2-2 フィードバックループとシミュレーション

重要なのは、「最初の状態を決めて、少しずつ時間を進めながら、コツコツ計算を積み重ねていく」ということです。CHAPTER03で扱った作例を思い出してみましょう。ポイントを追加し、フィードバックループを使って線を引いていった作例と、今回のボールの軌道をシミュレーションした図は、どこか似ていますね。

フィードバックループとは、「処理の結果を再び入力に返しながら何度も処理をさせるループ」でした。CHAPTER03では、「ポイントを一つ追加したジオメトリ」を何度も入力に戻しながら、「新たにポイントを一つ追加」という操作を何度も繰り返しました。

このように「状態を少しずつ更新するような処理」は、フィードバックループととても相性がいいです。もう少し直感的な言い方にすると、少し前の状態から、今の状態を繰り返し計算するループ処理です。計算された「今の状態」を少し先の時間での「少し前の状態」として再び入力し、次の状態を繰り返し計算する、という操作を何度も行うことで、複雑な物理現象を表現できます。

実は、Houdiniにおけるシミュレーションといえば、ほとんどがフィードバックループを用いた物理シミュレーションを指します。「計算（処理）」部分を作り変えることで、破壊などに代表される剛体シミュレーションや、煙、水などの流体、布の動きや地形の浸食など、様々なシミュレーションを行えます。また、CHAPTER03のように、少し移動して回転させる方法を、もう少し物理に則した移動方法にすれば、ボールの軌道もシミュレーションできます。

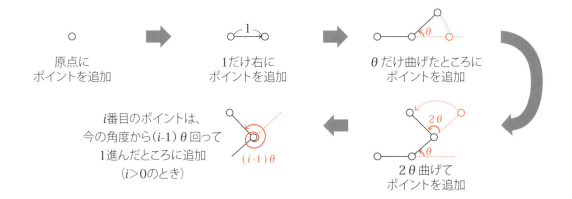

SECTION 4-3 Solverノードを使ってみよう

　Solverノードは、シミュレーションと相性のいい形態の、フィードバックループを内包します。solveは「解く」という意味なので、直訳では「解く者」という意味です。

　本質的には、1フレーム前の状態を簡単に参照できる状態になっており、タイムラインを進めるだけで、自動でフレームごとに計算してくれます。Houdiniを操作しながら確認してみましょう。

4-3-1 Solverノードを追加してみよう

❶ [File]＞[New]をクリックし、新しいシーンで作業します。[Save]から任意の場所に保存しておくのも、忘れないようにしましょう。

❷ objコンテキストにいることを確認して、TAB MenuからGeometryノードを追加します。

❸ ダブルクリックでgeo1ノード内に入ったら、Solverノードを追加します。

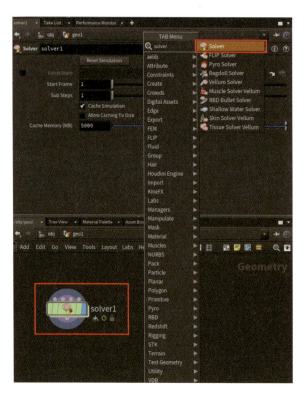

❹ さらにsolver1ノードをダブルクリックして、中に入ります。左側には、「Prev_Frame」という名前の、紫のDOP Importノードと、「OUT」という名前のOutputノードがあります。

Prev_Frameとは「Previous Frame（前のフレーム）」の略で、名前の通り、一つ前のフレームの状態を保持しているノードです。

Outputノードは、Solverノード内の処理の結果として、出力が強制されます。ほかのノードのDisplayフラグがオンになっていたとしても、OutputノードのDisplayフラグをオンにしたときの計算結果が出力されます。

Prev_Frameノードに、なにか処理をしてOUTノードに繋ぐだけで、フレームを進めれば勝手に計算を行ってくれます。

5 上の階層に戻るには、戻りたい階層をクリックするか、Uキーを押します。

COLUMN
最初のフレーム、どうするか問題

最初のフレームに、「前のフレーム」はないように思えるかもしれませんが、デフォルトでは、Solverノードの一番左に入力されたジオメトリが、最初のフレームにおける「前のフレーム」として計算されます。

「初期状態」を1フレーム目にしたい場合は、Solverノード内の❶dという階層に入ります。「s」という名前のSOP Solverノードがあるため、このノードの❷Solve Objects on Creation Frameのチェックを外すと、最初のフレームだけは処理されず、結果として求めている挙動が実現できます。

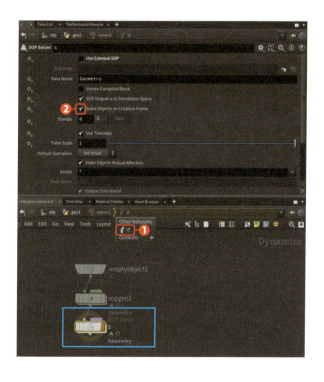

4-3-2 「初期状態」を準備しよう

1 最初のフレームの計算に使う「初期状態」を準備しましょう。今回はTest Geometry: Rubber Toyノードを追加します。

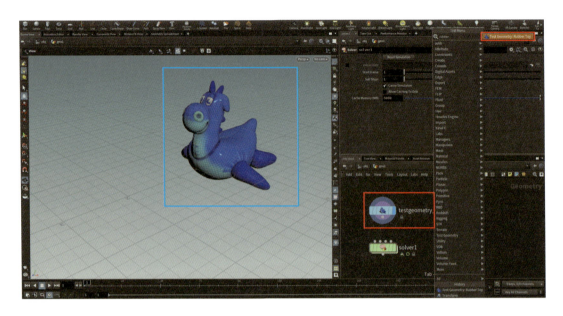

 UI上では「Rubber Toy (ゴム人形)」とされていますが、私が聞いた話だと、この子の通称名は「ロベルト」らしいですよ。

2 testgeometry_rubbertoy1ノードを、solver1ノードの一番左に繋ぎ、初期状態としましょう。

4-3-3 次の状態を計算しよう

1 最も単純な処理として、少し先の時間では、少し前に進ませるようにします。solver1ノード内に入り、右図のようにTransformノードを繋ぎます。

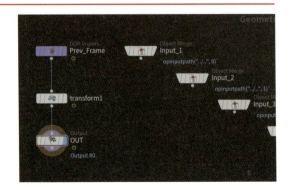

2 **T r a n s l a t e**のZ軸方向（右）の値を[2]にします。

4-3-4 結果を確認しよう

上の階層に戻り、solver1ノードのDisplayフラグがオンになっていることを確認しましょう。

下図は、タイムラインを動かして、1, 3, 5フレーム目の結果を確認した様子です。

solver1ノード内のtransform1ノードによる、Z軸+方向に2ずつ移動するという処理が、最初の状態だけでなく、常に1フレーム前の状態に対して適用されることで、ロベルトが前に進んでいく動きになっていることが確認できます。

タイムラインを見ると、進めた分だけ青くなっています。これは、一度計算した情報を再計算しなくていいように、キャッシュ（保存）していることを表しています。

パラメータを変更したりすると、今キャッシュされている情報が正しい結果ではない可能性があるとして、オレンジ色になります。

このような場合や、Solverノード内の変更が反映されないなどの問題がある場合は、[Reset Simulation]をクリックしましょう。

4-3-5 シミュレーションとSolverノードについてのまとめ

HoudiniでのシミュレーションといえIば、ほとんどがフィードバックループを用いた処理です。いきなり遠くの未来を考えるのは難しくても、少しずつ時間を進めて考えることで、近い値を計算できます。

Solverノードは、シミュレーションと相性のいい形に整えられたフィードバックループを行うノードです。前のフレームからその次のフレームを求める処理を、Solverノード内に作ります。

最も重要なポイントは、初期状態を用意して、処理を繰り返し適用することです。「フィードバックループ」という概念で考えると、本質的にはCHAPTER03とそれほど変わりありません。

CHAPTER03の作例は、少しずつハンドルを切りながら進んだときの軌跡のシミュレーションとも捉えられます。

SECTION 4-4 Solverノードで面白い動きを作ろう

　ここまでで、もしかすると想像していたシミュレーションではなかったと感じる方もいるかもしれません。しかし、逆に「100%リアルではないなら、割と適当に好きなことをしてもいいんじゃないか」「複雑な物理現象がフィードバックループでできているなら、簡単なものでもフィードバックループを通したら複雑に面白くなるんじゃないか」という発想が生まれてきます。

4-4-1　今回作るもの

　オブジェクトが拡散するアニメーションを作ってみましょう。実際の動画は、ダウンロードデータにあるサンプルファイルをご確認ください。

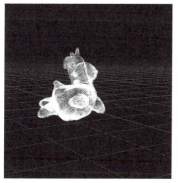  

　完成までのステップは、大きく三つに分かれています。これらは今回の例に限らず、Houdini上で行うほぼすべてのシミュレーションに共通する手順です。今自分がなにをしているのか、なにをしたいのかを整理しながら進めましょう。

ステップ1：初期状態の準備
ステップ2：次の状態を計算する処理を作る
ステップ3：調整する

4-4-2　ステップ1：初期状態の準備をしよう

　初期状態として必要なのは、適当なポイントです。今回はロベルト上に散布していますが、ほかの形状に散布すれば、当然結果も変わります。これは、ステップ3で調整できる要素と考えてもよいでしょう。

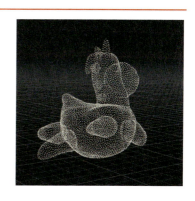

CHAPTER 04 シミュレーションってなに？

❶ objコンテキストに戻り、新しく`Geometry`ノードを追加しましょう。わかりやすく「ParticleTrails（粒子の軌跡）」という名前に変更しておきます。

❷ `ParticleTrails`ノード内に入ります。先ほど作ったジオメトリが半透明で表示されている場合は、Scene View右上のアイコンから[`Hide Other Objects`]をクリックして非表示にできます。

3 Test Geometry: Rubber Toyノードを追加します（別の形状でも構いません）。

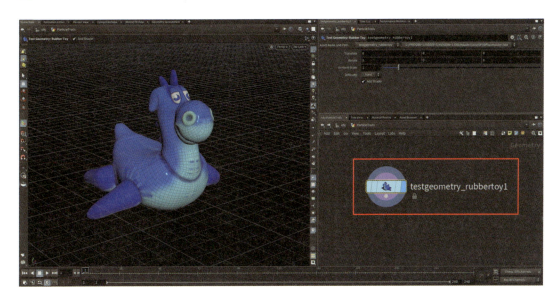

4 Scatterノードを使用して、表面にポイントを散布します。Force Total Countで、散布するポイントの数を変更できますが、まずはデフォルトの「1000」からはじめてみましょう。これで、ステップ1は終了です。

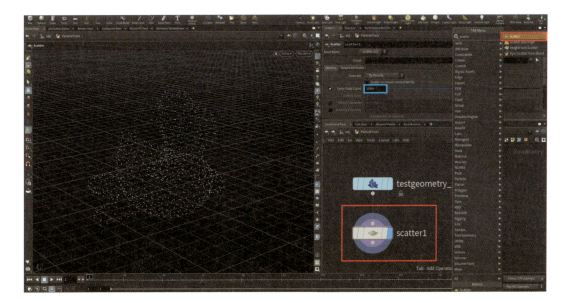

4-4-3 | ステップ2：次の状態を計算する処理を作ろう

　ステップ2は、シミュレーションの核となる重要な工程です。いきなり作りはじめる前に、今回の作例では、さらに三つのステップに分解して考えます。

　ステップ2-1：ポイントが次に進む方向を決定する
　ステップ2-2：決めた方向にポイントを移動する
　ステップ2-3：フィードバックループとして設定する

■ステップ2-1：ポイントが次に進む方向を決定する

　Solverノード内で作業する前に、試しに外側で処理を作ってみましょう。進む方向の決め方は基本的に自由ですが、一方向や完全にランダムな方向では、あまり面白くありません。ある程度パターンがありながらも、なんとなくランダムな方向に空気が流れるような雰囲気があるとよいです。
　このような「ランダムすぎないランダム感」という絶妙な要求に答えてくれる概念として、**ノイズ**というものがあります。

 おばあちゃん家の窓ガラスみたい！　紙やすりや水垢っぽいものもありますね。

　どれも、なんとなくランダムでありながらも、一定のパターンや雰囲気のようなものを感じます。実際の生成方法は他種多様ですが、特に有名ないくつかのノイズについて、具体的な実装と作例がわかりやすく解説されている書籍[注1]もあります。
　ノイズは、地形生成や物体の傷、汚れなど、今回のようにランダムでありながらも、なんとなくパターンを感じさせたいものの表現において、広く使用されます。
　ここではノイズを用いて、各ポイントが次に進む方向を決定しましょう。進む方向は、3次元ベクトル（三つの小数）として表すことができるので、==ノイズを用いて各ポイントに3次元vector型のアトリビュートを書き込む==という作業になります。

注1　巴山 竜来,『リアルタイムグラフィックスの数学』,技術評論社,2022

1 ノイズでアトリビュートを設定するという操作はよく行うため、専用のノードが用意されています。TAB Menuから、vector型用にある程度設定された`Attribute Noise Vector`ノードを追加しましょう。

2 重要な事柄を確認していきます。まず、`Attribute Names`が「v」となっていますが、これは「velocity（速度）」の略です。名前は本質的な情報ではありませんが、Houdiniで速度を表すアトリビュートには、vと入れる慣習があります。
今回設定したい情報は、速度と本質的にほぼ同じ情報のため、ここでもvとしておきましょう。

―――― COLUMN ――――
パラメータが多すぎて見つからない！

パラメータ右上の❶虫眼鏡アイコンをオンにすると、❷パラメータ名を検索できます。

vは速度を表すアトリビュートとして使う慣習から、Display optionsの[`Display point trails`]をオンにすると、Scene View上で簡単にビジュアライズできます。

また、Geometry Spreadsheetにはvの欄が追加されており、実際の値を確認できます。

3 `Noise Value`では、ノイズが生成する値の範囲と、その適用に関する簡単な設定ができます。毎フレームの速度は完全に上書きして設定したいため、`Operation`を[`Set`]にしておきましょう。

4 次に、ノイズの種類やそのスケールを設定します。こちらも動きを確認しながら調整してもいいですが、先に`Noise Type`を[`Perlin Flow`]に変更します（これは筆者の好みですが、「`Flow`」とある通り、流れのような印象が得られるためです）。これで、なんとなく流れるよな向きの速度が設定できました。

■ ステップ2-2：決めた方向にポイントを移動する

続いて、これらのポイントを実際に移動させましょう。速度の情報が決まっていれば、次にどの位置にいるべきかを、下記の式で計算できます。

$$(次の状態での位置) = (現在の位置) + \frac{1}{24}(現在の速度)$$

$\frac{1}{24}$ を掛けているのは、Houdiniの初期設定では1秒あたり24フレーム、つまり1フレームあたり $\frac{1}{24}$ 秒であるためです。

1 アトリビュートを用いて独自の計算をするには、`Attribute VOP`ノードを使うのが便利です。今回はポイント単位に処理をするため、TAB Menuから`Point VOP`ノードを追加します。

CHAPTER 04 シミュレーションってなに？

Primitive VOPノードなど、似たような選択肢がいくつかありましたが、Run Over（実行単位）の初期値が違うだけで、どれもAttribute VOPノードです。

VOPはCHAPTER01のコラム「コンテキストの通称名」でも紹介しましたが、VEX Operatorの略で、ノードベースでプログラミングができるように作られたコンテキストです（VEXはVector EXpression（Houdini独自のプログラミング言語）の略）。

2 pointvop1ノード内に入ると、これまでと少し違う雰囲気のノードが二つ並んでいます。左は計算に使うアトリビュートを取得するためのノードで、右は出力用です。今回は、左のPとvを用いて計算した後、これを「次の状態での位置」として、右のPに入力します。

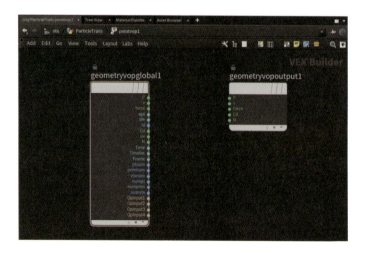

3 今回の式は、「今の位置」の情報に、「今の速度」を追加する形になるので、このようにAddノードで位置と速度を足し合わせ、その計算結果を出力します。

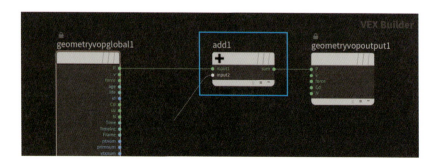

4 速度はそのまま足し合わせるのではなく、$\frac{1}{24}$倍してから足し合わせたいので、`Multiply`ノードで定数を掛けます。

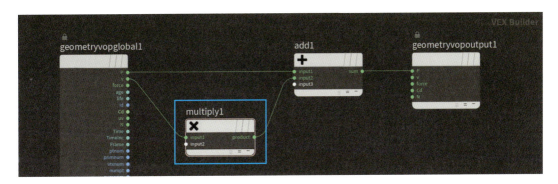

5 $\frac{1}{24}$は定数なので、`Constant`ノードを使って`Multiply`ノードのinput2に繋げましょう。Network editor上には、「`0.0416667`」と表示されていますが、パラメータの`1 Float Default`の値は「`1/24`」と直接式を打ち込んでいます。

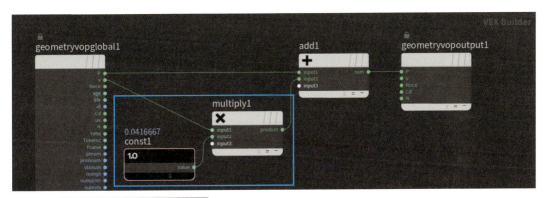

6 最後に、`Attribute VOP`ノードの名前を「move_points」にします。小さな動きなので、Scene Viewではわかりにくいかもしれませんが、設定した速度の方向に少しだけ動いています。

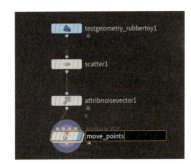

CHAPTER 04　シミュレーションってなに？

■ステップ2-3：フィードバックループとして設定する

① 速度の設定と位置をアップデートできたので、フィードバックループの中に入れましょう。まずはSolverノードを追加します。

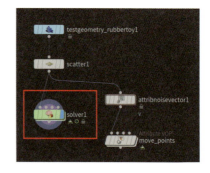

② Attribute Noise VectorノードとAttribute VOPノードの二つをCtrl＋Cでコピーして、Solverノード内にCtrl＋Vでペーストします。

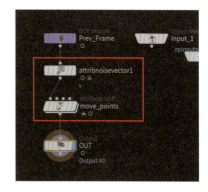

③ 下図の通りノードを繋いだら、上の階層に戻りPlaybarで再生してみましょう。

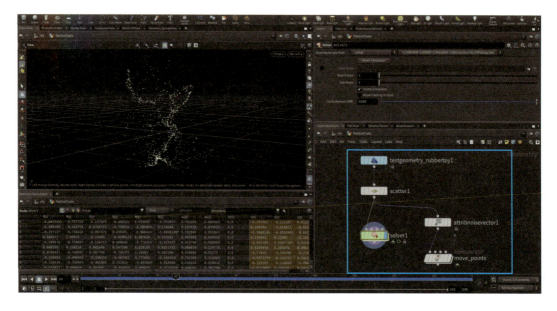

④ Houdiniはフレームレート（デフォルトでは毎秒24フレーム）を無視して、できるかぎり速く再生しようとするため、すぐ下の時計アイコン［Real Time Toggle］をオンにしておきます。うまく設定できていれば、想定通りの動きになっているはずです。

4-4-4 ステップ3：シミュレーションを調整しよう

ステップ3も、さらに二つのステップに分解して考えます。

ステップ3-1：初期状態やシミュレーションそのもののパラメータの調整（シミュレーション前の調整）
ステップ3-2：シミュレーションされた結果を加工するなどの調整（シミュレーション後の調整）

■ステップ3-1：シミュレーション前の調整

大きく見た目に影響する要素の一つは、ノイズに関するパラメータです。ここでは、現在のランダム感が気に入らない場合に、簡単に変更できるパラメータをいくつか紹介します。

簡単なパラメータは、ある程度上部にまとめられています。たとえば、現在の設定では少し動きが遅いような気がするので、`Amplitude`（ノイズの強さ）の値を「2」に変更すれば、大体2倍くらいの速度で動くようになります。

また、`Element Size`ではパターンの全体的なサイズ感の変更を、`Offset`ではパターン全体を移動させることができます。つまり、`Offset`に大きな値を入れると、まったく異なるパターンになります。

パラメータ名を右クリックして、[`Revert to Defaults`]をクリックすれば、いつでも元に戻せるので、これら以外にもいろいろと試して、自分の好きなパターンを見つけてみましょう。

ノイズを調整して外形が決まったら、`Scatter`ノードの`Force Total Count`からポイントの数を変更してもよいでしょう。今回は、最終的に「10000」に設定しました。

CHAPTER 04 シミュレーションってなに？

■ステップ3-2：シミュレーション後の調整

シミュレーション後、つまりSolverノードから後に、さらになにか加工をして、より面白い見た目を目指してみましょう。

1 今回は、各ポイントの軌跡を線として表示してみます。ポイントの軌跡を作るには、❶ Particle Trailノードが便利です。
Shapeタブの、❷ Frame Durationの値を大きくすると軌跡が長くなりますが、デフォルトでは直線になってしまいます。

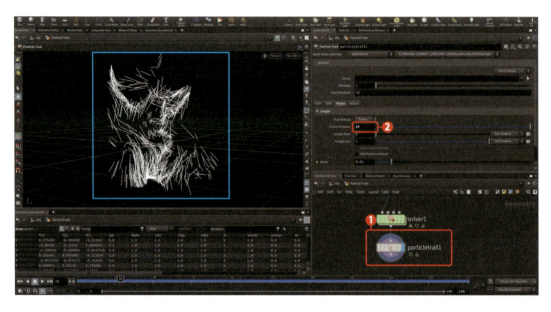

2 曲線に見えるようにするには、Substepsの値を十分に大きくします。

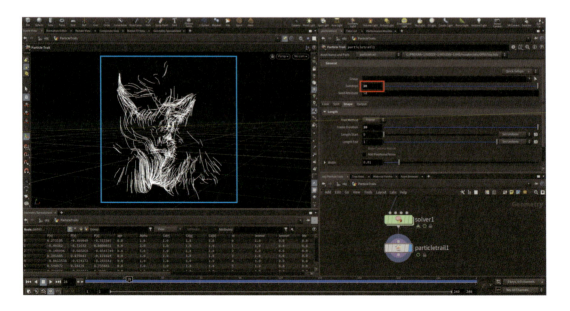

3 Lookタブからは、色などを変更できます。115ページの作例のように色を着けたい場合は、自由に変更してみましょう（ここではデフォルトの状態で進めます）。

4-4-5 おまけ：アニメーションとして保存しよう

SNSなどに投稿できるように、プレビューを保存してみましょう。2種類の方法を紹介します。

1 まずは、CHAPTER01のときと同じようにカメラを置きます。`Focal Length`など、見た目に関わる部分を設定して、カッコよく見える位置を探しましょう。

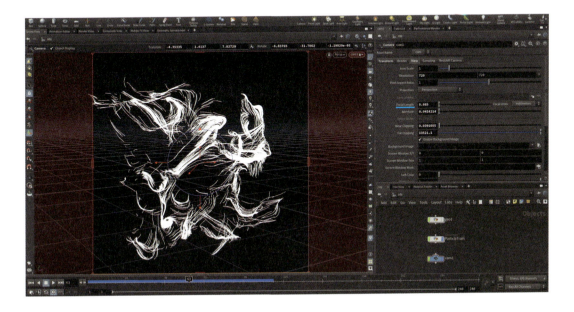

2 カメラを置いたら、メモ帳アイコンを長押しして、[Flipbook with New Settings]をクリックします。

3 Render Flipbookウィンドウの、Frame Range/Incを指定します。左の$RFSTARTと、中央の$RFENDは、それぞれ開始、終了フレームに自動で置き換わります（明示的に値を指定することもできます）。

右の値はフレームの増加量で、1であれば、1フレームずつレンダリングするということです。2にすると、1, 3, 5...と1フレームおきにレンダリングします。

240フレームでは少し長いので、中央の値を「120」にします。

4 最後は解像度です。明示的に指定もできますが、Scene View上での解像度をそのまま利用するときは、Resolutionのチェックを外します。

5 設定できたら[Start]をクリックしましょう。MPlayが起動して、すべてのレンダリングが完了したら、ディスクにレンダリング結果を保存します。動画と連番画像で少し操作が異なるので、順に紹介します。

■動画の書き出し

1 [File] > [Export] > [FFmpeg]をクリックします。

2 FFmpegウィンドウの、❶Output Fileに「$HIP/preview/ParticleTrails/ParticleTrails.mp4」と入力して、設定が完了したら❷[Save]をクリックし、.mp4ファイルを保存しましょう。

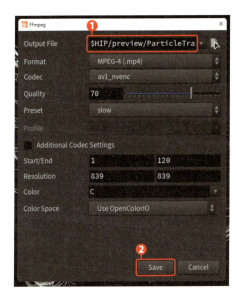

■ 連番画像の書き出し

　CG業界では、後の合成作業のために、動画ファイルではなく連番画像として動画を書き出すことが多々あります。SNSなどに動画として投稿するには、別途動画編集ソフトやファイル変換ソフトを使用して、.mp4などの形式に変換する必要があります。

1 [File]>[Save Sequence As]をクリックして、連番画像を保存します。

❷ `Filename`の❶一番右のアイコンをクリックし、保存先とファイル名を指定します。「`$HIP`」は、現在作業している.hipファイルが存在するディレクトリで、「`$F4`」はフレーム番号の4桁揃え（31フレーム目の場合、0031になる）を表しています。

設定が完了したら、❷[`Accept`]をクリックしましょう。

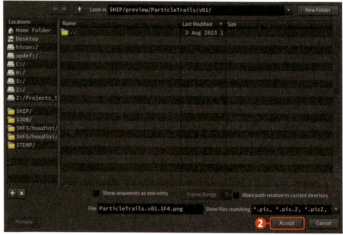

❸ 正しく設定できていることを確認して、[`Save`]をクリックすれば完了です。

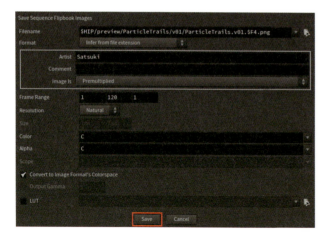

本章のまとめ

　本章では、Houdiniにおけるシミュレーションの基礎として、フィードバックループを学びました。広い意味でのシミュレーションは、この限りではありませんが、少なくともHoudiniの中でのシミュレーションは、ほとんどがフィードバックループを用いた、なんらかの処理を意味します。

　ただ同じ処理を繰り返すというシンプルなものですが、今後様々な場面で登場する、重要な概念です。もしこの先の章でつずいたときは、本章を読み返してみてください。

さつき先生小噺 | 大規模なシミュレーションに必要なマシン性能は？

動かない……フリーズした？（スッ……（音もなくHoudiniがクラッシュ））

（あぁ、あるあるだなぁ……）

コンテンツライブラリ（https://www.sidefx.com/ja/contentlibrary/）で面白そうな作例をダウンロードして遊ぼうと思ったんですが、重くて作業になりません……。

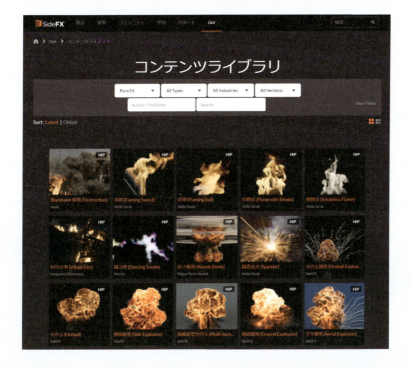

そのパソコン、性能はどんな感じですか？　ちょうどいい機会なので、パソコンの中身についてお勉強しましょう。

CHAPTER 04 シミュレーションってなに？

■ **パソコンの中身はこんな風になっている**

　配置が多少異なることなどはありますが、マシン（パソコン）はおおよそ、このようなパーツから構成されています。

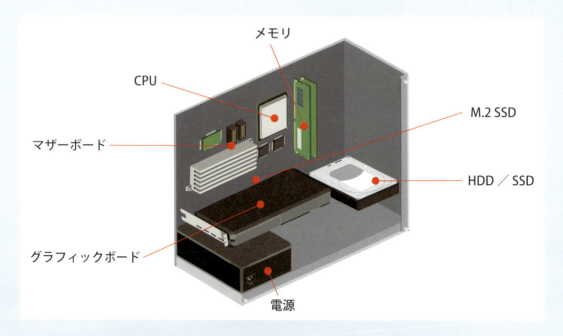

❶ マザーボード：いろいろなパーツを取り付けてマシンを動かすためのメイン基板
❷ CPU（Central Processing Unit：中央演算処理装置）：メインの計算をするパーツ。最近のCPUは数GHzという周波数で動き、1秒間に数十億回の命令を処理できる
❸ メモリ：一時的なデータの保存場所。電源が切れるとすべて失われるが、その代わり読み書きが高速
❹ HDD／SSD／M.2 SSD：長期的なデータの保存場所。電源が切れてもデータが残る。メモリに比べて容量が大きいため、メモリに入り切らないデータが一時的に保存されることもある
❺ グラフィックボード：GPU（Graphics Processing Unit）や、それ専用のメモリと冷却機構などをまとめたパーツ。グラフィックに関わる処理（大量の画素を並列に、高速に計算するなど）が得意で、3DCGにおいてとても重要
❻ 電源：すべてのパーツに必要な電気を供給する。パーツが高性能になるほど消費電力が高い傾向にあり、しっかり計算して選ぶのが大切

　しばらくフリーズしてからクラッシュする原因としてよくあるのは、メモリの容量不足です。あふれた分をHDDやSSDに逃がしてくれることもありますが、毎回メモリとデータを入れ替える必要があったり、なにかと不安定になりがちです。

Windowsの場合、**タスクマネージャー**を起動すれば、メモリの容量のほかに、CPUやGPUなどの情報も確認できます。

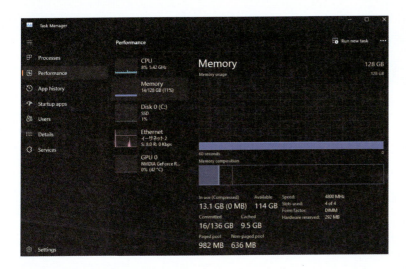

　筆者は制作会社に伺った際に、32GBのノートパソコンで、自宅のマシンで作業していた重いHoudiniファイルを開いてクラッシュさせたことが何度かあります。

　そのため、ある程度の規模があるものを扱う場合64GBは必須で、できればそれ以上の容量があるとよいでしょう。とはいえ性能がいいほど値も張るので、容量が足りなくなってきた段階で、必要な部分を強化してもいいかもしれません。

■制作現場のマシン性能はどのくらい？

　ハイエンドな3DCGコンテンツを制作する会社には、一般的に手に入るもののうち最高クラスのCPUやグラフィックボードで、メモリも最低128GB、最大256GBあるマシンがいくつも置いてあります。

　また、大人数で同時に作業するために、データの保存場所は、複数のマシンからアクセスできる別の場所にあったりします。具体的な計算処理に関しても、一台のマシンでは時間がかかりすぎてしまうため、複数のマシンで分散処理できるようになっていたり、計算専用サーバーがあります。

■マシン性能を意識しながら作業しよう

　いくら現代のマシンが高性能だからといって、闇雲に負荷を上げるようなことをすれば、当然性能が足りなくなります。たとえ大きく映るものでも、十分きれいに見えていれば、それ以上作り込む必要はないのです。

Houdiniで具体的になにを意識すればいいのか、次章からは、もう少し負荷の高い作例に挑戦してみましょう！

CHAPTER 05 成長する構造物を作ろう

本章では、サンゴ風の成長アニメーションを作ります。ここからは、少しずつ実践的な内容にシフトしていきます。見た目の面白さだけでなく、その制作過程も意識してみましょう。

SECTION 5-1 サンゴ風の成長アニメーションを作ろう ➡P.148

- 5-1-1 成長を表現するアルゴリズム
- 5-1-2 成長を表現するアルゴリズムのまとめ

SECTION 5-2 Houdiniで実装しよう ➡P.150

- 5-2-1 最初の形状を作成しよう
- 5-2-2 曲率を計算しよう
- 5-2-3 ポイントを法線方向に移動しよう
- 5-2-4 処理を繰り返そう
- 5-2-5 エラーを修正しよう
- 5-2-6 処理が重い原因を考えよう

SECTION 5-3 ボリュームとは ➡P.164

- 5-3-1 2次元から考えてみよう
- 5-3-2 3次元になったらどうなるの？
- 5-3-3 3次元形状を表現するボリューム（SDF）
- 5-3-4 ボリュームについてのまとめ

SECTION 5-4 ボリュームで問題を解決しよう ➡P.169

- 5-4-1 ネットワークを整理しよう
- 5-4-2 ポリゴンメッシュをSDFボリュームに変換しよう
- 5-4-3 すべてをボリュームで処理しよう
- 5-4-4 ボリュームによる問題解決のまとめ

SECTION 5-5 ボリュームで実装し直そう ➡P.175

- 5-5-1 前処理をしよう
- 5-5-2 メインの処理を実装しよう
- 5-5-3 ここまでの結果を確認しよう
- 5-5-4 曲率で成長量をコントロールしよう

SECTION 5-6 アーティスティックなコントロール ➡P.188

- 5-6-1 一様すぎる成長を改善しよう
- 5-6-2 空間全体での「流れ」を作ろう
- 5-6-3 小さな改良と修正をしよう
- 5-6-4 今後の発展とまとめ

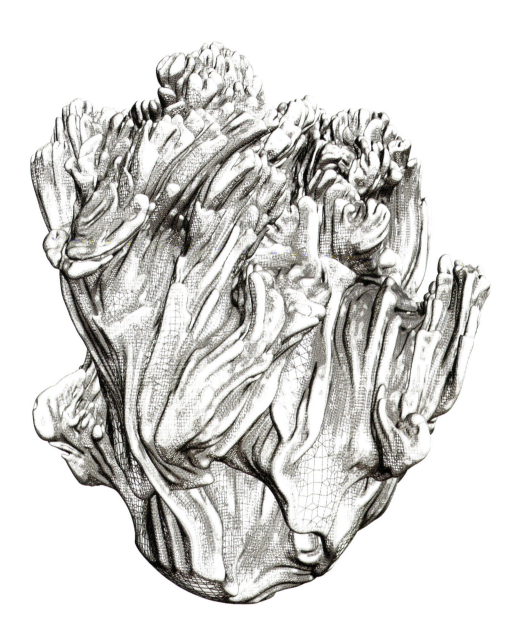

05

成長する構造物を作ろう

本章の作例です。このサンプルファイルは、ダウンロードデータの
「05_CoralGrowth.hip」からご確認いただけます。

CHAPTER 05　成長する構造物を作ろう

さつき先生

今回は、有機的な構造が成長する様子をシミュレーションしようと思います。

ゆうか

やっと作例が本格的になってきましたね！

その分設定も複雑になるので、調整の余地が多くあります。これをベースに試行錯誤して、自分だけの「面白い形」を探してみましょう！

SECTION 5-1　サンゴ風の成長アニメーションを作ろう

まずは、主に動きと見た目に関する資料を集めてみましょう。以降の章で、今回作ったものをレンダリングして作品として完成させるために、配色や構図などの資料（リファレンス）も集めるとよいでしょう。

ゼロからなにかを作るタイプの方もいるかもしれませんが、大抵の場合は資料を集めます。特に複数人での作業では、イメージの共有という意味でも大切です。動きや雰囲気、イメージに近いものなどの見た目だけではなく、手法なども集めてみましょう。

普通にサンゴを見ても動いているようには見えませんが、長い時間で見ると、サンゴは成長しています。「Time Lapse of Coral Growth（サンゴの成長のタイムラプス）」などと検索すると、面白い動画注1を見つけられます。

5-1-1　成長を表現するアルゴリズム

構造物の成長を表現するアルゴリズムは多種多様ですが、ここではどの部分が、今どのくらい成長しているのかを考えます。

物体の表面上について、成長している部分を決定し、その部分だけ膨れさせるなどの形状を変更する手順を繰り返すことで、徐々に成長する様子を表現します。

たとえば、凸である場所は今成長していることに、平らであるか凹である場所は成長していないことにすると、このようなイメージで物体が成長していくことになります。

凸である場所だけ成長する　→　少し成長する　→　どんどん面白い形になっていく

注1　15 Months of Coral Growth in 30 seconds
https://youtu.be/bF6C57aTDEo?si=en5i_-v6gPfl0K06
a unified approach to grown structures
https://youtu.be/9HI8FerKr6Q?si=BArp87TXsMflbT6S

「成長」「膨れさせる」「凸である場所」と私がイメージするのは簡単ですが、パソコンにそれらを処理させるには、なにをすればいいんですか？

それはとってもいい疑問です。なんとなく日本語になっている部分を、もう少し明確にしましょう。

■「成長・膨れさせる」とは

「成長」や「膨れさせる」というのは、「少しだけ大きくする」という方向性の結果を得られればいいということです。大きくする方法でシンプルなのは、面やポイントを法線方向に少しずらすことです。

「少しずらす」という操作は、ポイントの座標を表すベクトルに、法線を表すベクトルを適当にスケールして足せばよいです。どちらもHoudiniではすぐに利用できる値なので、実現できそうです。

■「凸である場所」とは

「どのくらい凸、凹であるか」という指標は、数学的には曲率（curvature）と呼ばれています。凸と凹を、どちらも一律に曲率として扱う場合は、凸である場所を正、凹である場所を負の曲率とします。

Houdiniでは、Measureノードなどいくつかのノードを使って計算できます。ノードによっては、curvatureという一つのアトリビュートではなく、convexity（凸性）、concavity（凹性）と二つに分けて出力されることもあります。より厳密な定義や性質について解説された動画[注2]もあるので、参考にしてください。

5-1-2 成長を表現するアルゴリズムのまとめ

最初のイメージをHoudiniで実装するために、もう少し具体的な言葉にすると、次のようになります。

- 最初の形状を用意する
- 以下をフィードバックループを用いて繰り返す
  - 各ポイントごとに、どのくらい成長させるのか、つまりポイントを法線方向にどのくらい移動するのかを決める
  - 決めた情報をもとに、各ポイントを実際に動かす
  - 次のイテレーションのために、必要であれば少し形を整えるなどの調整をする
- シミュレーションの結果として、必要であれば少し形を整えるなどの調整をする

各イテレーション後、そしてシミュレーション後に、調整する工程を挟みました。これは、CHAPTER04でシミュレーション後にパーティクルの軌跡を作ったことに相当します。

今はまだどんな処理をするべきか決まっていませんが、問題が起きたり最終出力として納得がいかない場合に、また考えましょう。

注2 Curvature intuition
https://youtu.be/ugtUGhBSeE0?si=2F3-KPrrzjsF7NQE

CHAPTER 05 成長する構造物を作ろう

SECTION 5-2 Houdiniで実装しよう

具体的な方法やノードを確認し、考えを一つずつ実装していきましょう。

5-2-1 最初の形状を作成しよう

❶ まずは、新しいプロジェクトに入って適当な場所に保存したら、objコンテキストでSphere（Create）ノードを作成します。

これは、Sphereノードを内包したGeometryノードを作成してくれるショートカットのようなものです。これまで行っていた、Geometryノードを作った後、その中に入ってSphereノードを作る作業にあたります。

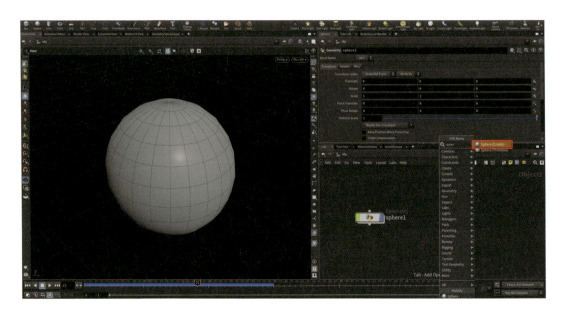

❷ GeometryノードはわかりやすいNAMEに変更しておきます（ここでは「CoralGrowth」にしました）。

3 名前を変更したらSphereノード内に入り、パラメータを変更します。❶Primitive Type を[Polygon]、❷Frequencyを「10」に設定します。

4 後で曲率を計算しますが、球体はすべての表面上において曲率が一定なので、ランダムな塊を削除して、穴の開いたような形状を用意しましょう。
TAB Menuから❶Attribute Noise Floatノードを選択して、浮動小数型のアトリビュートのためにある程度設定された、Attribute Noiseノードを追加します。
❷Attribute Namesを「noise」、❸Attribute Classを[Primitive]に設定します。
❹右のアイコンをクリックしてアトリビュートを視覚化すると、次のようになります。寒色部分は値が小さく、暖色部分は値が大きいことを表しています。

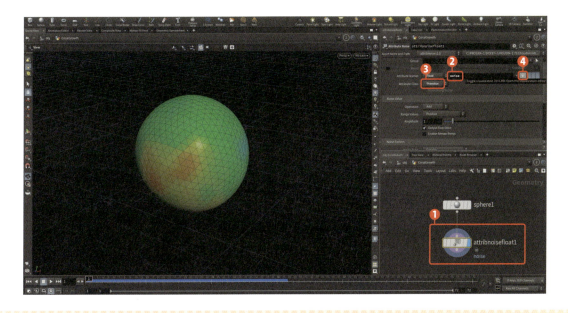

5 `Noise Pattern`パラメータを調整し、次のようにしました。また、ある程度の塊感を残しつつ、複雑すぎないようにするために、`Fractal`パラメータの`Max Octaves`を「0」にしました（これらは後で調整してもよいでしょう）。

一般にノイズは、複雑さを出すために、スケールを段階的に変更したものを重ねますが、`Fractal`は主に、それらをコントロールするためのパラメータをまとめたものです。

`Max Octaves`は追加で重ねるノイズの枚数、`Lacunarity`は重ねるノイズのスケール比、`Roughness`は減衰比を表します。つまり、==`Max Octaves`を「0」にする代わりに`Roughness`を「0」にしても、まったく同じ結果が得られます==。

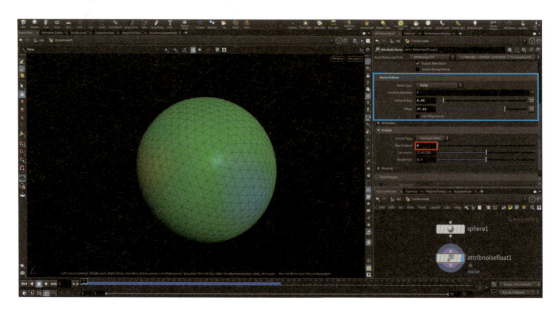

6 `Blast`ノードで、noiseアトリビュートの値が低い面のみを削除して、穴を開けます。

❶`Blast`ノードを追加し、❷`Group`に「@noise<0.55」と入力、❸`Group Type`は[`Primitives`]にします（0.55という値は、見た目でなんとなく決めたものです）。

7 今後noiseアトリビュートは使わないので、**Attribute Delete**ノードの**Primitive Attributes**に「**noise**」と入力し、削除しておきましょう。直接入力しなくても、パラメータ右の▽から選択できます。複数アトリビュートを削除する場合は、スペースで区切って入力します。Geometry Spreadsheetを確認すると、Primitivesタブからnoiseアトリビュートが削除されています。

今回は削除しなくても意図した見た目になりますが、システムが複雑になると、うっかり以前の関係ない値を使ってしまったりと不都合が起こりうるので、==必要なくなったら削除する習慣をつける==とよいでしょう。

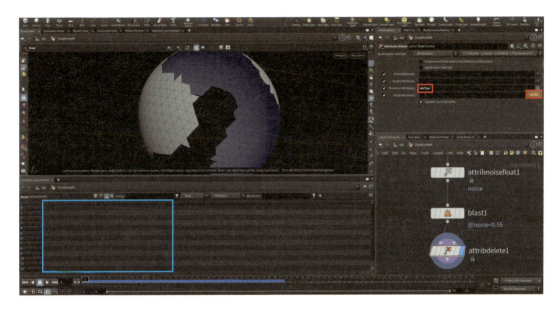

8 このままでは厚みがなく、曲率の計算が難しいので、厚みを持たせるなど形を整えましょう。まずは**Subdivide**ノードを使用して、少し高解像度にします（パラメータは特に変更しません）。

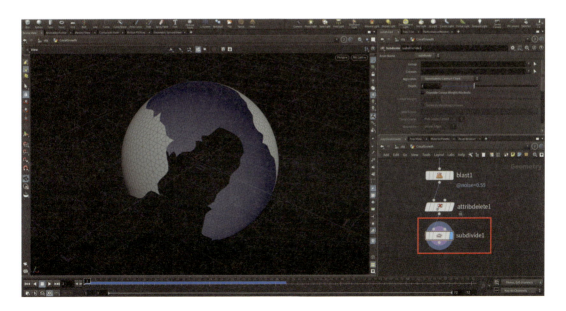

CHAPTER 05 成長する構造物を作ろう

9 ❶ `PolyExtrude`ノードで面に厚みを持たせます。❷ `Distance`を「`0.1`」に変更し、❸ `Extrusion`タブの`Output Geometry and Groups`パラメータの`Output Back`にチェックを入れます。

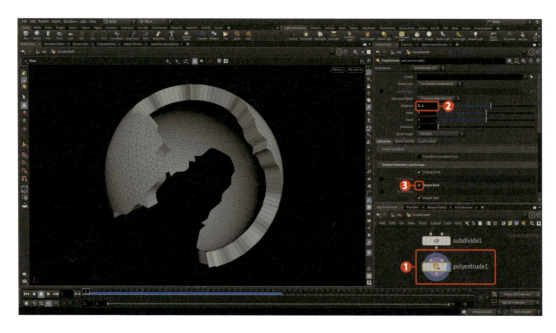

10 押し出しによってできた側面と、元の面との間の角が立ちすぎているので、もう一度`Subdivide`ノードを追加します。しかし、今度は少し角が丸くなりすぎてしまいました。どのように解決すればよいでしょうか？

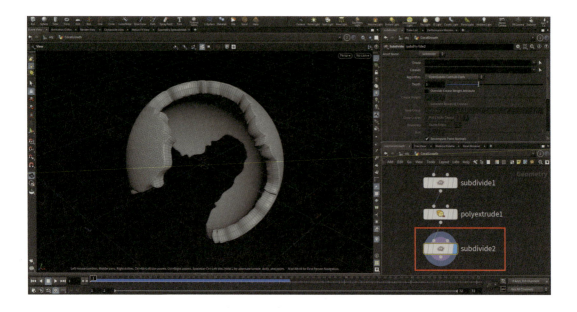

実は、一般によく用いられている細分化のアルゴリズムは、たとえ見た目の形が同じでも、それが持つ余分なエッジによって結果が異なります。
たとえば、右図は元の分割が異なる立方体それぞれに、同じ設定の`Subdivide`ノードを適用した様子です。

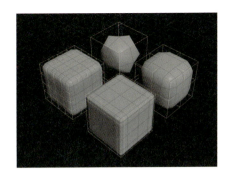

手前の一つだけを抜き出して細分化の様子を観察すると、その性質がわかりやすいです。元の分割を増やしすぎることなく、うまく元の形状に近い状態を保てています。==元々細分化されている部分ほど、元の形状を保ちやすい==です。

元々平らな部分は、分割しても基本的に平らなので、その部分は無駄に分割しすぎる必要はありませんが、角は細分化すると基本的になめらかになってしまうため、その部分だけ先に簡単な細分化をしているということです。このような目的で追加されるエッジは、**サポートエッジ**などと呼ばれています。

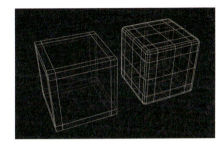

11 この細分化アルゴリズムの性質を利用して、もう少し角を立たせましょう。側面がもう少し分割されればよいので、`PolyExtrude`ノードに戻り、`Divisions`の値を「10」に上げてみると、ずいぶん角が際立ちました。

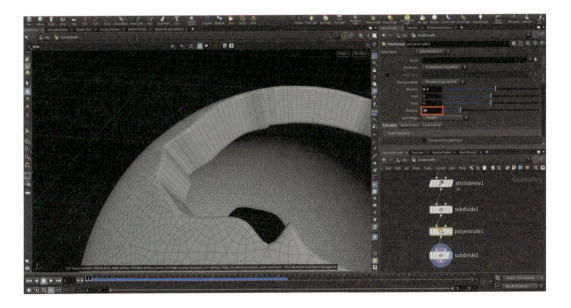

⓬ あまり角が際立ちすぎても、逆に今度は側面が平らになりすぎてしまうので、一旦「2」にしておきます。

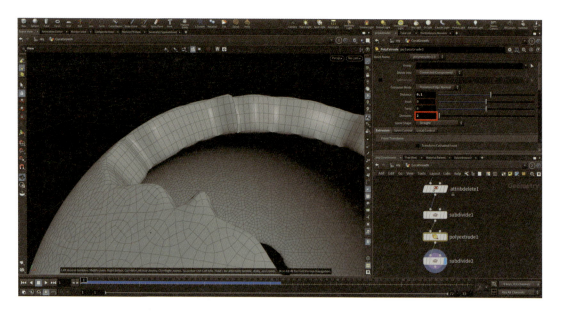

⓭ ❶`Normal`ノードを使って、念のため法線も明示的に計算させます。この後、ポイント単位で法線情報を扱うので、❷`Add Normals to`は[`Points`]に変更しておきます。

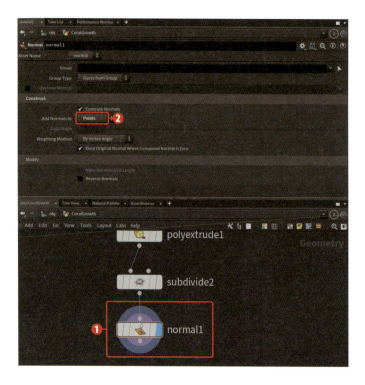

Normalノードの使用前と後を比較した様子です。小さなエラーのようなものが軽減されたように見えます。

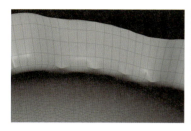 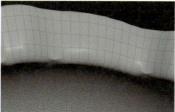

14 パターンが単調すぎる割に分割が細かすぎるので、最初のSphereノードを少し調整しておきます。❶Radiusを[1，1，1]、❷Frequencyを「8」にしました。

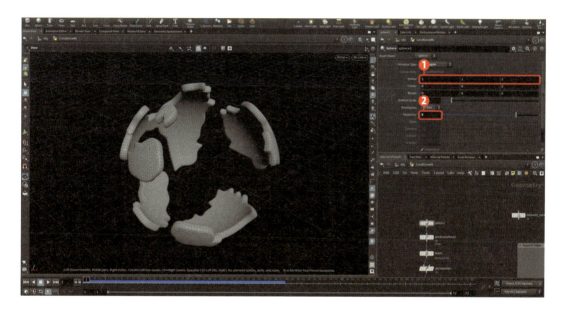

15 これで完成です。わかりやすいようにNullノードを置いて、名前を付けておきましょう（ここでは「INITIAL_STATE」にしました）。

　これまでより少し長い作業でしたが、これで最初の形状が完成しました。今回は簡単なモデリングの練習もかねて球体から作成しましたが、ほかの形状でも構いません。作例が完成した後で、いろいろと試してみましょう。

5-2-2 曲率を計算しよう

曲率の計算には、❶Labs Measure Curvatureノードを使います。convexityとconcavityを別々に計算してくれますが、今回はconvexityのみを利用します（後で動きを見ながら調整するので、今は特に変更しません）。

赤い部分が凸である場所、緑色の部分が凹である場所として検出されています。色による視覚化が不要な場合は、❷Visualize Outputのチェックを外しましょう。

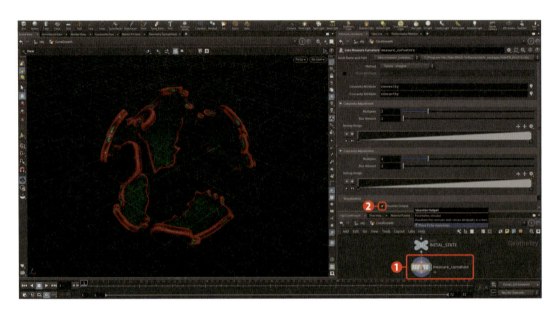

5-2-3 ポイントを法線方向に移動しよう

ポイントの移動には、Point VOPノードを使用します。「曲率をベースに、ポイントを法線方向に移動する」という独自の処理を行いたいので、自分でその処理を作ってみましょう。

❶ TAB Menuから[Point VOP]を選択し、Attribute VOPノードを追加します。ダブルクリックで中に入りましょう。

❷ 曲率をベースにはしていませんが、法線方向にポイントを移動するだけであれば、Displace Along Normalノードが便利です。追加して、次のように繋いでみましょう。

元のポイントの位置に対して、その法線をDisplace Along Normalノードに入力し、Displacement Amountの値を変更すると、それに応じて変位させた座標と、変位した状態での法線の二つを出力します。

これらを最終結果として、Geometry VOP Outputノードに入力しています。

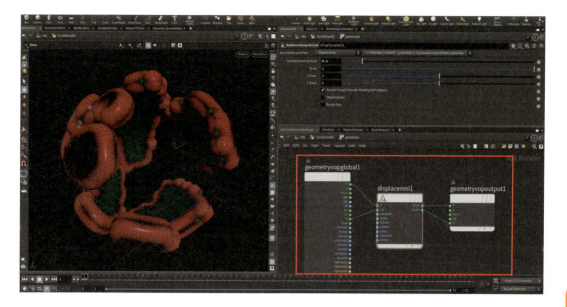

3 すべてのポイントを、一様な距離ではなく、より凸である場所を大きく変位させるようにしましょう。Displace Along NormalノードのScaleに、先ほど計算したconvexityアトリビュートを入力します。

4 ❶Bindノードを使って、convexityアトリビュートを取得しましょう。Bindノードの❷Nameに、「convexity」と入力します。convexityは浮動小数型のアトリビュートなので、Typeはそのままで構いません。

下図のように、displacenml1ノードのscaleに繋ぐと、凸である場所（赤い部分）だけが変位されたことがわかります。

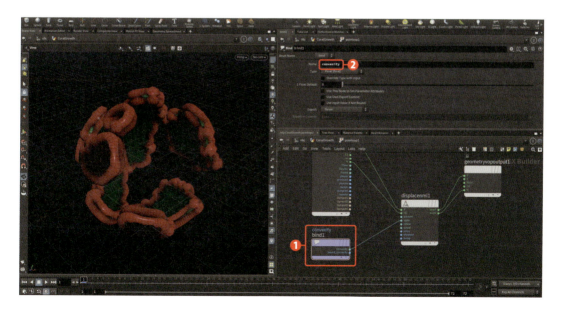

5-2-4 処理を繰り返そう

ポイントを少しだけ移動する処理が完成したので、フィードバックループでこの処理を繰り返し適用しましょう。

1. Nullノードの後の二つを、Solverノード内にコピーします。

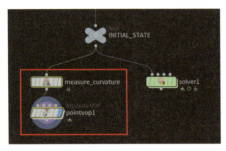

2. 上の階層に戻ってから再生してみると、フィードバックループによって正しく処理されていることは確認できますが、成長した部分が引き伸ばされて、破綻してしまっています。次はこれを改善しましょう。

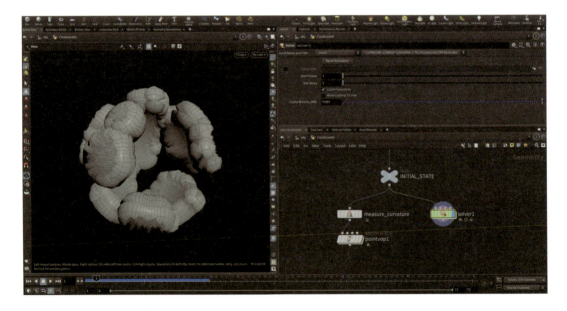

5-2-5 エラーを修正しよう

破綻してしまう原因は、形状の変化に合わせてトポロジ（面の繋がり方、張られ方）が変化していないことです。常にトポロジが同じなので、成長に合わせて一部分が引き伸ばされたり、めり込んだりして、形状が破綻していきます。

❶ 形状に合わせてうまく面を張り替える処理は、`Remesh`ノードで行えます。`Solver`ノード内の、❶ pointvop1ノードとOUTノードの間に繋いでみましょう。デフォルトでは少し面が大きすぎるので、❷ `Target Size`を「0.05」に変更します。

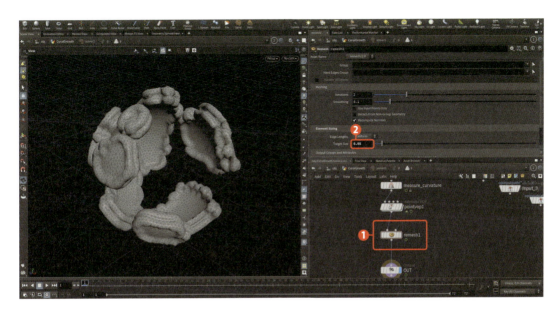

❷ 見た目にはほとんど変化がありませんが、念のためここでも、`Normal`ノードでポイント単位の法線を再計算させておきます。

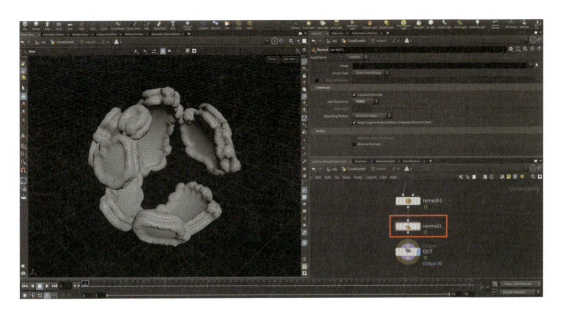

5-2-6 処理が重い原因を考えよう

ここで、数フレーム進めてみると、非常に処理が重いはずです。筆者の環境では、5フレーム目までを計算するのに20秒ほどかかりました。

 計算を途中で止めたいときは、Escキーを押しましょう！

これまでは処理が軽すぎてほとんど見えませんでしたが、実は画面左下に、現在処理しているノードと、その進捗が表示されています。

ここを見ると、明らかにRemeshノードの処理が重いことがわかります。また、フレームが進むごとに、処理がどんどん重くなっていることも実感できるはずです。

 なんだか妙にぐちゃぐちゃになっていますね……だから処理が重くなるんですか？

今回は、おそらくポリゴンが増えすぎているのが問題です。下図は、1フレーム目と5フレーム目をワイヤーフレームで見比べた様子です。

初期状態では23,000ポリゴンほどでしたが、5フレーム目では1,700,000ポリゴンほどに増えています。細い線で塗りつぶしているくらいには面が増えているので、いくらなんでも増えすぎです。

次は、こうなった原因を考えてみます。慣れないうちは難しいと思いますが、これができるようになると検索も質問もしやすくなるので、少しずつ慣れていきましょう。

今回の場合、「めり込みへの対処ができていない」というのが、一番シンプルな答えです。めり込んでいる様子と、めり込むことでどんな不都合があるのか、実際に確認しましょう。

下図は2フレーム目の様子ですが、すでに一部めり込んでいる部分があります。

さらに下図は、`Clip`ノードを使用して5フレーム目を輪切りにした様子です。`Direction`を[1，0，0]に設定しています。

見ての通り、外側からは見えない内側で成長が続いており、たった数フレームで大変なことになっています。見た目以上に処理が重く感じたのはこのためです。

「凸である場所を成長させる」ことしか考えず、それが貫通してしまうことや、外から確認できるかを想定していなかった結果ですが、この対策はかなり難しいです。

布のシミュレーションに使われる衝突判定などをうまく活用する方法もありますが、自前で用意するのはなかなか骨が折れそうです。

 やってみないとわからないことが、たくさんあるんですね。もしかして、「詰み」というやつですか……？

 めり込みや面の張り替えは、すべてポリゴンで処理するから起きる問題なので、そういうことが起きないデータ構造を使えばよいのです！

多くの小さな面を張り合わせて3次元の形状を表現する、いわゆる**ポリゴンメッシュ**と呼ばれる構造では、様々な問題があることがわかりました。このような問題を解決するために、新しい形状の表現方法を学びましょう。

CHAPTER 05 成長する構造物を作ろう

SECTION 5-3 ボリュームとは

ボリュームとは、簡単に言うと3次元の**ラスター画像**のようなものです。一方ポリゴンは、**ベクター画像**のようなものだと考えると、わかりやすいでしょう。

5-3-1 2次元から考えてみよう

いきなり3次元の話をする前に、まずは2次元のベクター画像とラスター画像の違いから確認します。「あ」の画像を、それぞれの形式で拡大した様子を見ていきましょう。

右図は、ベクター画像を拡大したものです。各ポイント同士の接続情報を持った画像形式なので、どんなに拡大しても、常にその間の再計算が行われ、粗く見えることはありません。これは、粗くないけどカクカクに見える、ポリゴンメッシュに似ています。

この性質から、様々な大きさで利用されるロゴデータやフォントなどに使われます。この形式の画像を取り扱う代表的なソフトウェアは、Adobe Illustratorです。

 少し複雑な式で間を補間することで、きれいな曲線も表現できます。3次元でも全部それでいこうとしていた時期が、あるとかないとか。

右図は、ラスター画像を拡大したものです（正確には、ベクター画像をラスター画像に変換したものです）。見ての通り、小さな四角（ピクセル）を大量に敷き詰めて画像を表現しています。

この形式の画像を取り扱う代表的なソフトウェアは、Adobe Photoshopです。

 写真は少しでもブレたりボケたりすると境界が曖昧になるので、この方が都合がいいんですよね。

たとえば、先ほど3次元で起きためり込みをベクター画像で例えると、次のようになります。シルエットには影響がなく、見た目からはわからない一方で、形状の内部に無駄なポイントや辺が存在しています。

一方で、これをラスター画像に変換してしまえば、すべてはただのピクセルの集まりになるので、めり込みといった概念を本質的に消し去ることができます。

5-3-2 ３次元になったらどうなるの？

ラスター画像とほとんど同じで、3次元の場合は、2次元の四角（ピクセル）の変わりに3次元の四角（立方体や直方体。ボクセル）を敷き詰めて、その一つひとつに値を保存します。

画像のように色を保存したければ、一つの立方体ごとにR, G, Bの3色を保存すればよいです。ただの情報の保管庫として、色以外の情報を保存することも多々あります。

 この前、コンテンツライブラリで見つけた爆発のサンプルで遊んでましたよね？

 はい！　メモリの容量を増やしたので遊べました。

 煙や炎のような流体は、物体としての境界が曖昧で形も常に変化するので、今回のようにポリゴンでの表現には無理があります。そんなときこそ、ボリュームの出番です！

 なるほど～！

5-3-3 ３次元形状を表現するボリューム（SDF）

外側はなにもないという意味で「0」、内側は塗りつぶすという意味で「1」など、適当な2種類の値を適切に入れていけば、最低限それっぽいものは表現できます。しかし、どうせ数値を入れるなら2種類だけではもったいないということで、もう少し凝った情報を入れるのがよくある方法です。

具体的には、面からの符号付き距離を入れます。距離なので、ちょうど0やそれに限りなく近いところは、物体表面ということになります。「符号付き」というのは、物体の内側であれば負の距離にしておくという意味です。

実際に粗目のボリュームを用意して、内部の数値と、元のポリゴンを視覚化すると次のようになります。面の近くでは0に近い値、内側では負の値になっていることが確認できます。

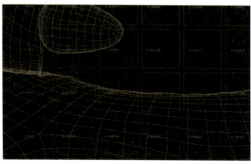

このような形式で形状を保存したボリュームは、**SDFボリューム**（Signed Distance Field：符号付き距離場）と呼ばれています。あくまで、このようなデータを保存しているボリュームに対して呼んでいるだけなので、本質的には普通のボリュームであることに注意しましょう。

ラスター画像みたいにしてしまったら、元々あった「面の向き」はどうなるんですか？　そもそも、ポリゴンに戻したくなったらどうするんですか？

意外と計算でなんとかなったりもしますが、当然失われる情報もあるので、少し確認してみましょうか。

■SDF上での面の向き（法線）

SDFに対して、「勾配（Gradient）」と呼ばれる数学的なプロパティを計算することで、法線の代わりにできます。多変数関数の微分を用いて定義される、少し難しい操作ですが、Houdini上ではノードが用意されているので、使うだけなら特別難しくはありません。

直感的には、<u>最も値が大きくなる方向</u>が勾配です。SDFの構築方法より、面の外側に向かうほど値が大きくなるので、勾配が元々の法線の代わりになります。実際に計算して視覚化すると、確かに法線のような向きになっていることがわかります。

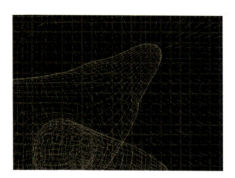

> **COLUMN**
> ### 勾配の定義と直感的なイメージ
>
> スカラー関数 f に対し、その勾配は ∇f です。特に3次元では、$\nabla f(x,y,z) = \frac{\partial f}{\partial x}\hat{i} + \frac{\partial f}{\partial y}\hat{j} + \frac{\partial f}{\partial k}\hat{z}$ になります。$\hat{i}, \hat{j}, \hat{k}$ は、各軸に対する単位ベクトルを表しています。高校で習う一変数微分を各方向に対して行い、それぞれの向きでの変化を、すべて足し合わせるイメージです。3方向すべての向きについて一つにまとめるので、出力はベクトルであり、関数の値を最も増加させる方向だと解釈できます。

■ SDFからポリゴンへの変換

　SDFからポリゴンへの変換も、ノード一つで簡単にできます。ちなみに、ポリゴンからSDFへの変換もノード一つです。具体的な操作は、作例を進めながら紹介します。

　注意点としては、<mark>完全に元の形状と同じものは復元できない</mark>ということです（シルエットは大体元通りになりますが、それであれば最初から変換する必要はないので、この点はあまり問題にはなりません）。

　ボリュームの解像度（ボクセルサイズ）によって結果も計算量も大きく変化するので、その点だけ意識しておきましょう。解像度が高いほどきれいになりますが、その分計算が重くなります。

5-3-4　ボリュームについてのまとめ

　問題解決のための準備として、ボリュームという3次元での新たな表現方法を学びました。ボリュームは保持するデータ次第で、煙や炎などポリゴンでは難しい形状の表現にも使用します。

 それなら、全部ボリュームでよくないですか？

　「デジタル画像」といえばラスター画像をイメージする人が多いので、3DCGもすべてボリュームで問題ないように思えますが、ボリュームではなくポリゴンがよく使われている大きな理由に、データの大きさがあります。

CHAPTER 05　成長する構造物を作ろう

　一般的な家庭用コンピュータが1秒間にできる計算は、せいぜい1億回ほどです。動画のよくあるサイズは1920×1080なので、ピクセル数にして約200万です。ピクセル一つひとつにアクセスして計算をするくらいでは、そうそう重くなることはないサイズ感ですが、そこそこ接写する爆発が必要な場合、ブレも込みで粗が目立たない程度の、一辺500ほどのボリュームのボクセル数はいくつになるでしょうか。

　画像のように、縦横奥行をすべて掛けると500×500×500なので......1億2500万！？

　さらに、流体の計算はそんなに単純ではないので、その1億ボクセルのボリュームをいくつも用意する必要があります。内側をなくしてもよければかなり軽くなりますが、煙など半透明なものだとそうもいきません。

　処理が速くなった分だけ高解像度にするというのが真実かもしれません。ハリウッド映画で数十億ボクセルが複数、という話も聞いたことがあります。

　もちろんポリゴンも数が増えれば重くなりますが、それとは別に、そもそもボリュームでは、なめらかな形状の表現が難しいです。
　左は1万2,000程度のポリゴンで作ったもので、右はそれを50万以上のボクセルで近似したものです。見ての通り、なめらかで形がはっきりしている物体の表現には向いていません。

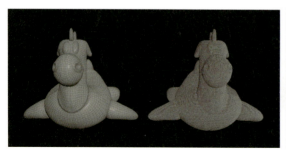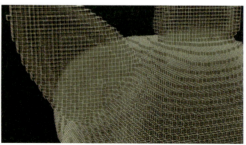

　このように、ポリゴンとボリュームはそれぞれの特徴によって使い分けられており、Houdiniにはポリゴンだけでなく、ボリューム（SDF）を用いた操作も簡単に行えるように、様々なノードが用意されています。それらを活用して、作例の問題を解決しましょう。

SECTION 5-4 ボリュームで問題を解決しよう

うまくいかなかった処理を、一つずつボリュームによる処理に差し替えます。対応する処理を意識しながら進めましょう。

5-4-1 ネットワークを整理しよう

まずは、どこに処理を挟むかを明確にするため、ネットワークを整理します。

1 ネットワークボックスを使ってみましょう。まとめたいノードを選択して、Network editor右上の[Create network box]をクリックします。

2 ネットワークボックス上部をクリックして、処理の意味がわかるような名前を付けておきます（ここでは「Displace Along Normal」にしました）。

3 さらにノード名も一部変更して、次のように整えました。

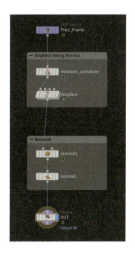

めり込みは、変形を行ったことで発生しています。また、リメッシュが重くなったのは、めり込み続けることでポリゴン数が異常に増えたことが一つの要因です。

つまり、ボリュームを用いる処理は、今整理した二つの処理の間に挟むべきです。

5-4-2 ポリゴンメッシュをSDFボリュームに変換しよう

ポリゴンメッシュを、SDFボリュームに変換します。これには VDB from Polygons ノードを使うと簡単です。VDBとは、ある立方体の内部すべてにボクセルを敷き詰める、いわゆる密なボリューム（Dense Volume）に対して、必要な部分にのみボクセルを敷き詰める疎なボリューム（Sparse Volume）の規格の一つです。

「あ」の画像は、ほとんど空白でしたよね。「あ」の形状に合わせて空白を削れば、データが小さくなります。それを3次元でやっているのがVDBというイメージです。

なるほど〜！

SDFは「表面から遠い部分はあまり重要ではないので、そういった部分は思い切って無視して軽くしよう」みたいなイメージですね。

1️⃣ VDB from Polygons ノードを追加します。最終的には二つにまとめた処理の間に挟みますが、一旦横に枝分かれさせて、すべて完了したら繋ぎ直すことにします。

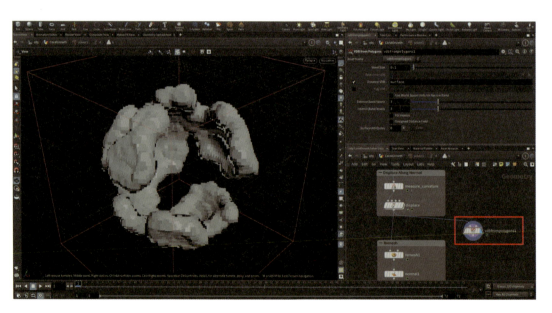

最も重要なパラメータは、`Voxel Size`です。これによって、ボリュームの解像度や今後の計算の重さがすべて左右されます。無理して小さくしすぎる必要はありませんが、大きすぎてもうまく表現しきれません。

以下は左から、`Voxel Size`を「0.1」「0.03」「0.01」にした様子です。値が小さくなるほど、元の形状をうまく表現できていることがわかります。

2 どんなにボリュームを高解像度にしても、「5-2-5 エラーを修正しよう」で設定した`Remesh`ノードの`Target Size`で大体のポリゴンのサイズが決まってしまうので、今回はそれに合わせて「0.05」にします。

ボリュームのままでは`Remsh`ノードに渡すことができないので、ポリゴンに戻します。❶ `Convert VDB`ノードを追加し、❷ `Convert To`を[`Polygons`]にすれば、簡単にポリゴンに変換できます。ちなみに、プルダウン中の[`Volume`]とは、VDBとは別の密なボリュームです。

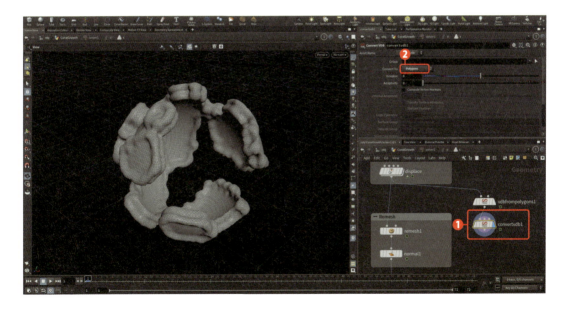

3 この操作だけで、めり込みがなくなっているはずです。本来の流れに繋ぎ直して確認してみましょう。

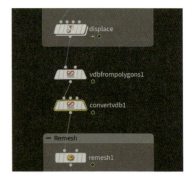

4 めり込みがなくなった様子も確認しておきましょう。`Solver`ノードの後に`Clip`ノードを繋ぎます。

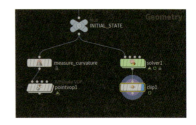

5 成長が早すぎる気もしますが、同じ5フレーム目でも先ほどとは大違いです。成長速度は`Displacement Amount`でコントロールできます。「`0.025`」で、そこそこな速さになりました。

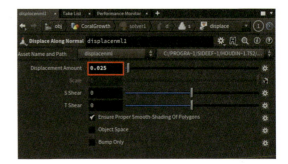

とりあえず形になったので、CHAPTER04の最後で行ったように、アニメーションを書き出してみましょう。

しかし、作品として完成させるには、見た目の面白さ、成長速度や方向に関するコントロール、処理速度などの面で不十分な点が多々あります。ここから先は、これまでの仕組みをベースに、より高機能な仕組みへと変化させていきます。

5-4-3 すべてをボリュームで処理しよう

現状、毎フレーム「ポリゴン→ボリューム→ポリゴン」という順で変換しています。フレームごとに、ボリュームを生成したりリメッシュするのは少し重いので、データの変換を減らすために、すべてボリュームで処理する方法を考えてみましょう。

■ボリューム上での曲率

ボリューム上での曲率の計算は、`Labs Measure Curvature`ノードにヒントがあります。曲率の計算方法を選択する`Method`に、[`Volume Analysis`]という項目があり、これはボリュームをもとに計算を行います。

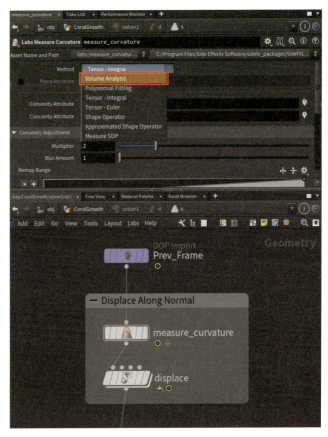

ダブルクリックで`Labs Measure Curvature`ノード内に入ると、vdb_analysisという`VDB Analysis`ノードがあります。この`VDB Analysis`ノードをSDFに対して用いることで、ボリューム上で曲率を計算できるようです。

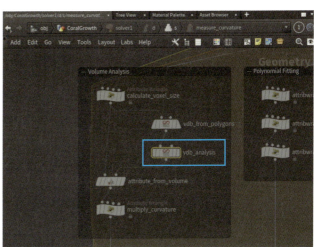

CHAPTER 05 成長する構造物を作ろう

ノードが見つからないときは、Network editor右上の虫眼鏡アイコンから検索してみましょう。

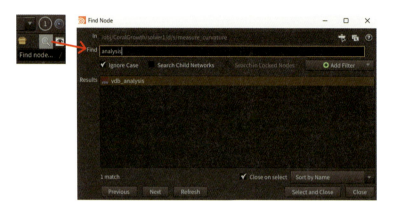

■ボリューム上での法線

SDFの説明の中で、勾配が法線の代わりになると紹介しました。Houdini上では、`VDB Analysis`ノードを使って計算できます。

一度にすべて理解する必要はありませんが、ほかにも様々な数学的プロパティが計算できると覚えておくとよいでしょう。

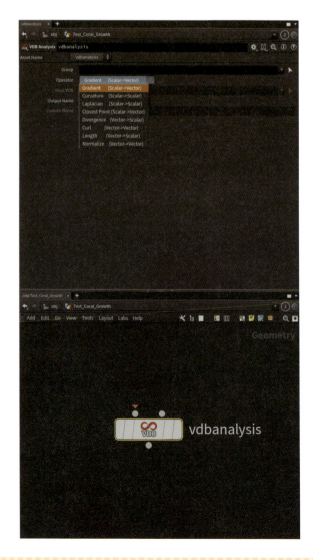

5-4 ボリュームで問題を解決しよう

174

■ ボリューム上での面の移動（成長）

　ポリゴンで処理していたときは、ポイントを少し移動するという処理でしたが、ボリュームにはポイントがありません。代わりに、ボリュームを成長させたい方向に少し歪めるという方法で、これを表現します。

　具体的には、VDB Advectノードを追加し、左にSDF、右に移流する方向を表すvector型の値を持つボリュームを、速度場として入力します。

5-4-4 ボリュームによる問題解決のまとめ

　ボリューム上でも、必要な操作が一通りできることを確認できました。これらをもとに、ポリゴンで処理していた部分をボリュームによる処理に置き換えていきましょう。

　ゴールは、VDB Advectノードに必要な、SDFボリュームと、それをどのように歪めるかを表す速度場のボリュームを用意することです。実際にHoudinを操作しながら理解していきましょう。

SECTION 5-5 ボリュームで実装し直そう

① まずは、ネットワークを軽く整理します。Solverノードの外に作った実装テストは、もう必要ないので消してしまいましょう。

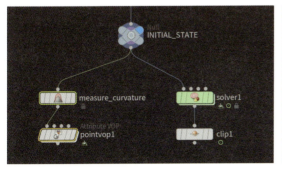 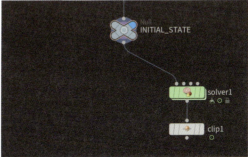

② Solverノードの名前を、ポリゴンベースであることがわかりやすいように名前を変更しておきます（ここでは「solver_polygon」にしました）。

5-5-1 前処理をしよう

今回もSolverノードで実装しますが、その内部には、すべてボリュームを用います。Solverノードへの入力は、最初からSDFボリュームであることが望ましいので、ポリゴンメッシュに対して前処理をしておきます。

❶ VDB from Polygonsノードで、ポリゴンメッシュをSDFボリュームに変換します。デフォルトではVoxel Sizeが「0.1」になっていますが、解像度が低すぎるので❷「0.05」にしておきます。最終的な解像度は、結果や負荷を見ながらまた調整します。

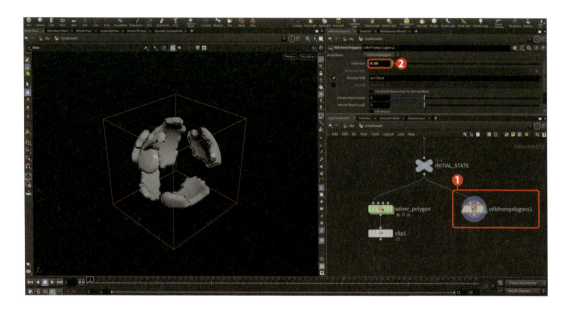

5-5-2 メインの処理を実装しよう

これまでは、わかりやすさのためにSolverノードの外で処理を組み立てていましたが、そろそろ慣れてきたと思うので、最初からSolverノード内に処理を作ってみましょう。

❶ 新しくSolverノードを追加し、VDB from Polygonsノードの後に繋ぎます。ボリュームであることがわかるように、名前を変更しておくとよいでしょう。

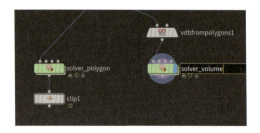

2 最終的にVDB Advectノードで変位するSDFは、一つ前のフレームのSDFでよいので、すでに用意できています。

Displace Along Normalノードに相当するのはVDB Advectノードなので、あとはどのように歪めるのか、その方向と大きさを表す速度場を構築すれば十分です。

Labs Measure Curvatureノードで曲率の計算をしたように、❶VDB Analysisノードを使って、まずはボリューム上で曲率を計算しましょう。❷Operatorを[Curvature (Scalar->Scalar)]にします。

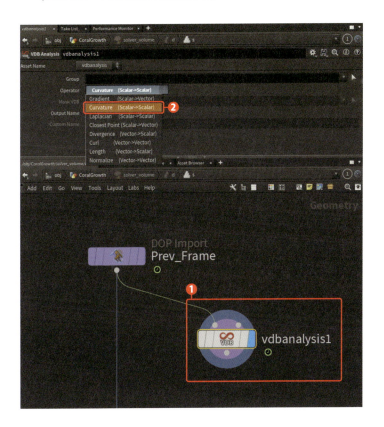

3 ❶Output Nameを[Custom Name]に変更し、このボリュームが曲率を表すことがわかるように、❷Custom Nameを「curvature」にします。

ここで設定した`Custom Name`は、Geometry Spreadsheetでプリミティブアトリビュートを確認すると、`name`として保存されていることがわかります。

VDB from Polygonsノードで作ったSDFの場合、デフォルトだと「surface」という名前になっています。

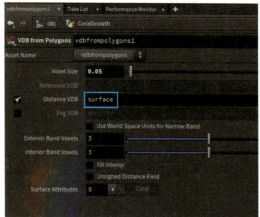

④ Nullノードを繋ぎ、わかりやすく名前を変更しておきます（ここでは「CURVATURE」にしました）。

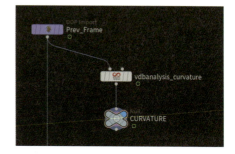

⑤ 続いて、法線に相当する勾配を表すボリュームを用意します。ここでもVDB Analysisノードを使います。

Operatorは、デフォルトで[Gradient(Scalar->Vector)]になっています。同じように❶Output Nameを[Custom Name]に変更し、❷Custom Nameを「gradient」にします。

6 先ほどと同じようにNullノードを置き、わかりやすく名前を変更しておきます（ここでは「GRADIENT」にしました）。

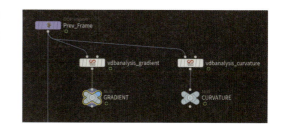

7 これら二つのボリュームをもとに、速度場となるボリュームを計算します。ポリゴンのときは、Point VOPノードで各ポイントに対して処理を行いましたが、今回はボリュームなので、Volume VOPノードで各ボクセルに対して処理を行います。
Volume VOPノードに対して、二つのボリュームを次のように繋ぎます。

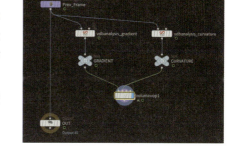

8 Volume VOPノード内に入ると、デフォルトでdensityを出力するためのノードがありますが、今回densityボリュームは使わないため、削除してしまいましょう。

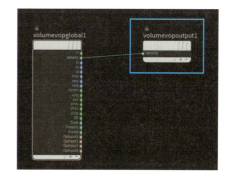

9 次に、必要なボリュームにVOP内からアクセスしましょう。これには、Volume SampleノードとVolume Sample Vectorノードを使います。曲率は1次元の値（スカラー）ですが、勾配は方向と大きさを表すため、ベクトルになります。それぞれ別のノードを使うことに注意しましょう。勾配を一つ目、曲率を二つ目のインプットに入力したので、Volume Sample VectorノードのInputを[First Input]、Volume SampleノードのInputを[Second Input]にします。

 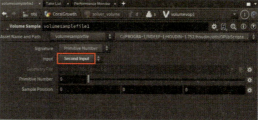

10 見た目はほとんど同じノードなので、名前を変更して区別できるようにしましょう（ここでは「volumesample_gradient」「volumesample_curvature」にしました）。

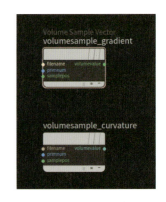

11 各ボリュームを参照する座標は、現在処理されているボクセルの位置として、次のようにPをsampleposに繋ぎます。

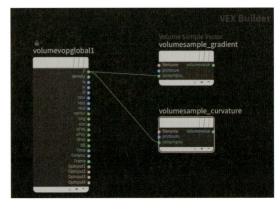

12 複雑な計算を行う前に、正常に動作することを確認します。一旦なにも加工していないgradientの値を、そのまま速度場として出力してみましょう。
TAB Menuで[Bind Export]を選択して、出力用に設定された❶Bindノードを追加します。❷Nameには、出力先のボリューム名を指定します（今回は「gradient」）。速度場としての出力ですが、この後gradientの値は使用しないので、gradientのボリュームを上書きしてしまいます。

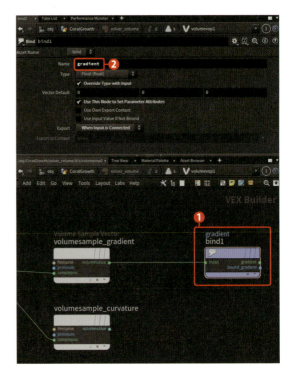

13 仮の速度場ができたので、Volume VOPノードの外に出ます。gradientを上書きしたので、Nameノードを使い、Nameを「velocity」に変更して、これが速度場として利用されることを明確にしておきます。

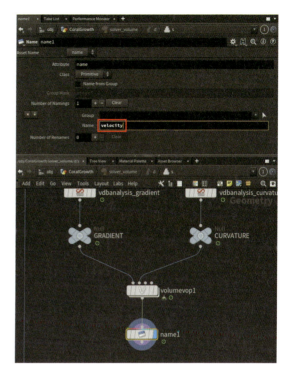

14 変位させるSDFと、どのように変位させるかを表す速度場のボリュームの二つが揃ったので、これらをVDB Advectノードに用いましょう。

Groupには、VDB Advectノードによって移流されるボリュームとして❶「@name=surface」と入力します。Velocityには、移流に使う速度場のボリュームとして❷「@name=velocity」と入力します。直接文字列を入力してもよいですが、パラメータ右の▽から半自動で入力できます。

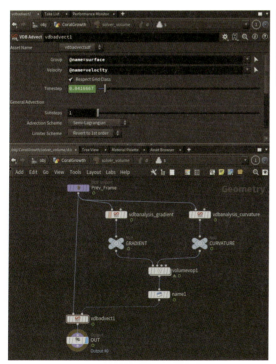

CHAPTER 05　成長する構造物を作ろう

5-5-3　ここまでの結果を確認しよう

　ここまで完成すれば、法線方向に少しずつポイントを動かすのとほぼ同じ処理をしているので、全体が膨れていくようなアニメーションが完成しているはずです。

 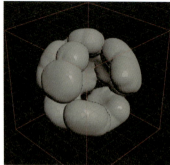 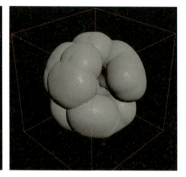

　やる気を削ぎそうですが、実はPeakノード一つで大体同じことができてしまいます……。

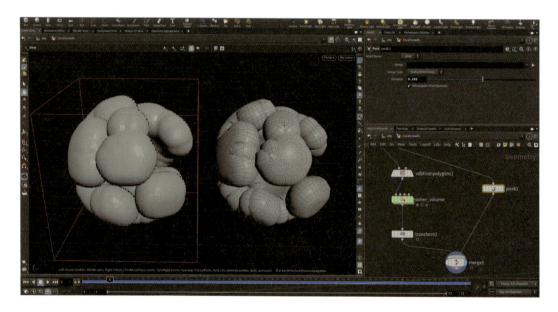

　そんなぁ、いろいろなノードを追加した苦労は……いや、Peakノードだとポリゴンを無理やり変形しているので、破綻してますよ！

　いいことに気づきましたね！　面倒なことをするのにも、いろいろな理由があるんです。

破綻の回避以外にも、動きの安定性など細かいことは様々ありますが、最も大きな理由として、**拡張性**の高さがあります。ノードとして一つにまとまっていると便利ですが、細かく調整したり変更する際に、融通が利かず困ることが多々あります。

 確かに、3DCGソフトウェアに限らず「こういう設定は非対応です」みたいなことってありますよね。

その点、今回のように非常に原始的な処理を組み合わせて実現できれば、仕組みの理解はもちろん、==自分で組み立てているので、様々な機能を追加できたりします==。ここからは、そういった機能についても確認していきましょう。

5-5-4 曲率で成長量をコントロールしよう

ポリゴンのときのように、単に曲率を使うだけではなく、どのくらい凸ならどのくらい成長するのかを、より細かくコントロールできるようにしましょう。

基本的にはポリゴン上での実装と同じように、`Multiply`ノードで法線に相当する勾配に対して曲率を掛ければよいのですが、いくつか問題もあります。

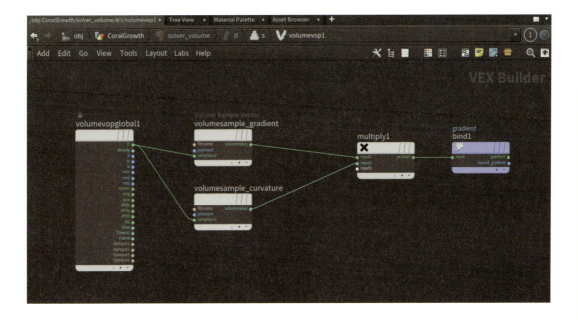

Convert VDBノードでConvert Toを[Polygons]に設定し、Solverノードの出力をポリゴンに変換してみると、あちこちに穴が開いてしまいます。
　これは、曲率が負の値を持つことがあるためです。ポリゴン上で、Labs Measure Curvatureノードを使用して得た曲率は、凸である場所をconvexity、凹である場所をconcavityとして、それぞれ負の値を持つことはありませんでした。
　しかし、VDB Analysisノードで得られる曲率は、凸である場所を正の曲率、凹である場所を負の曲率とすることで、一つのCurvatureノードというボリュームに値を保存しています。つまり、凹である場所がへこむように変形したことで穴が開いたのです。
　これを解決するには、曲率の値を調整し、また曲率の値が成長速度に直結するので、できるかぎり扱いやすい範囲に収める必要があります。そのために、まずは曲率の値の範囲を把握しましょう。

1 ボリュームの値を確認するには、❶ Volume Sliceノードが便利です。Attributeに指定した名前がアトリビュート名になるので、Geometry Spreadsheetで確認しやすくなります。❷ 適当な名前を付けたら、❸ Offsetの値を変更してみましょう。

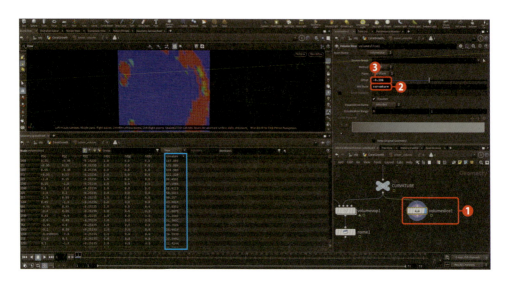

2 いくつかの適当な値で、Geometry Spreadsheetで曲率の最大・最小値を確認しましょう。デフォルトではポイントの番号順になっていますが、アトリビュート名をクリックすると、そのアトリビュートをもとにソートして表示されます。

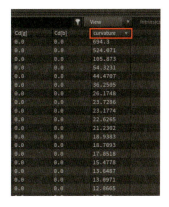

極端に外れた値もありますが、ほとんどが-10〜+10程度の範囲に収まっています。この情報をもとに曲率の値を加工して、勾配に掛け合わせてみましょう。

まずはVolume VOPノードに戻ります。値の範囲の変更や加工には、Fit Rangeノードが便利です。

右図のように、Source MinからSource Maxの範囲を、Destination MinからDestination Maxの範囲にピッタリ収めるよう、値を変換してくれます。この際、範囲外の値はクランプされる仕様になっています。

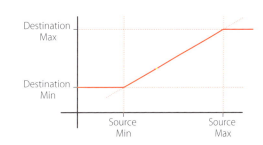

3 ❶ Fit Rangeノードを曲率のサンプルの直後に繋ぎ、先ほど確認した曲率の範囲を参考に、❷ Source Minを「0」、❸ Source Maxを「10」にします。これで、大きすぎる値はすべて1に、負の値はすべて0になります。

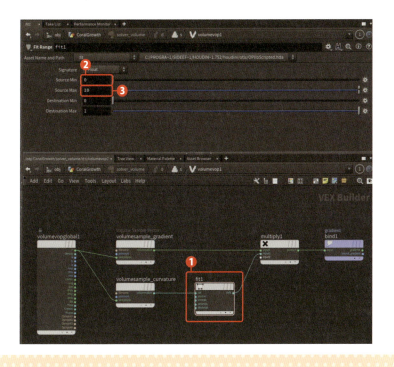

CHAPTER 05 　成長する構造物を作ろう

4 ここまでできたら、もう一度動きを確認してみましょう。解像度が低く結果がわかりにくいため、Solverノード直前のVDB from PolygonsノードのVoxel Sizeの値を、半分の「0.025」にします。

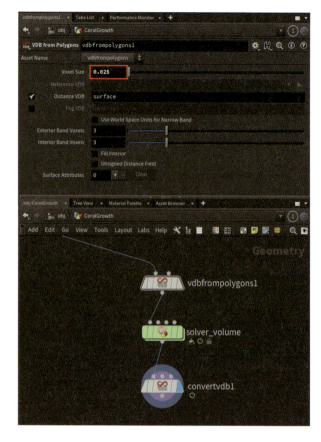

数フレーム進めると、しっかりと凸である場所のみが成長しています。裏側の凹面は特に変化せず、なめらかな様子が見て取れます。
一方で、外側の凸であっても、ある程度平らな部分は、変位しなくてもよさそうです。

5 「凸であっても、ある程度平ら」ということは、曲率が正でもそこまで大きくないということです。そのような曲率が0として扱われればいいので、これはFit Rangeノードを調整します。

❶Source Minを「2」にすることで、2未満の値はすべて0として出力されます。強く凸である場所も少し成長速度が速いため、❷Source Maxも「8」に下げています。

186

もう一度動きを確認すると角の部分だけ成長し、凸であっても、ある程度平らな部分は成長しなくなりました。
画像では伝わりにくいですが、曲率を0から1に変換しているため、最速で秒速1ユニットほど成長しています。最初の球体の半径を1にしていることから考えると、少し速くなるだろうと予想もできます。これも、コントロールできるようにしましょう。

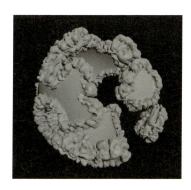

6 Bindノードに出力した値がVDB Advectノードに速度場として利用されるので、直前に値をスケールすれば、成長速度を変えることができます。
右図のように、❶MultiplyノードにConstantノードを繋げば、出力直前に速度場をスケールできます。試しに、Constantノードの❷1 Float Defaultを「0.2」にすると、成長速度が0.2倍に抑えられました。

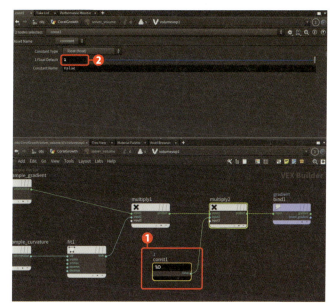

7 少しノードが増えてきたので、わかりやすい名前に変更しておきましょう。これで、ポリゴン上で行ったことを、大体再現できました。

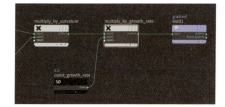

確かに、大体同じことをしましたね。でも、見た目がかなり違うというか、ボリュームの方は結構細かい感じがします。

完全に一致させるのは難しいのですが、今回の場合、「曲率の計算方法が違う」「ポリゴンの解像度が足りない」などの原因が考えられます。

CHAPTER 05 成長する構造物を作ろう

なるほど……あと、ある程度フレームを進めてみたんですが、最初に見せてもらったのと全然違いませんか？

処理の核は大体完成しましたが、見た目を面白くする工夫は、まだなにもしていないからですね。もう少し頑張りましょう！

SECTION 5-6 アーティスティックなコントロール

　核となる処理は完成したので、ここからはよりアーティスティックに、また実際の現場で要求されそうな事柄も考えながら、様々なコントロールを追加していきましょう。

5-6-1 一様すぎる成長を改善しよう

　現状は曲率をもとに成長速度を決定しています。そのため、形が複雑になるにつれて全体が一様に成長するようになり、シンプルな球体のようなシルエットになっています。これでは見た目が面白くないので、場所によって成長速度にムラが出るようにしてみましょう。

❶ 成長速度を局所的に抑制・促進するためには、ある程度ランダムな値を掛ければよいので、ノイズを用います。Turbulent Noiseノードを次のように設定しましょう。成長速度にムラが出ていることが確認できます。

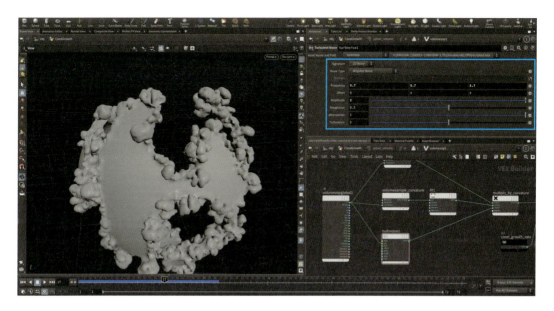

2 ノイズの雰囲気がわからないまま調整するのが難しい場合は、Gridノードが便利です。

3 追加してこのように設定します。

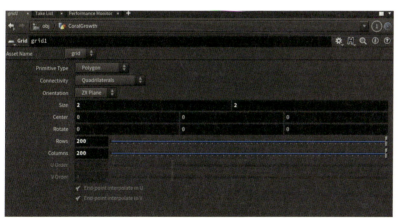

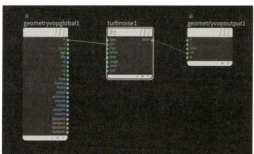

そうすると、ノイズを目に見える形で出力できます。

また、Attribute Noiseノードなど一部の最近のノードには、マップのピンのようなアイコンがあり、簡単に視覚化してくれます。スケール感だけの確認なら、この方法が手軽です。

> **COLUMN**
> ### 別の形をもとに成長を抑制するには？
>
> なにかの形の中だけで成長させるには、どうしたらよいでしょうか？　もしこれができれば、ロゴやキャラクターの出現エフェクトに応用できそうです。ここまでの知識で十分実装できるので、ぜひ挑戦してみましょう。
>
> ヒント：速度を0にすれば成長が止まります。物体の外側の場合、成長速度を0にすればいいので、ボリュームで「外側」を検知するには……

5-6-2 空間全体での「流れ」を作ろう

　成長の**速度**にランダムさが加わりましたが、方向はまだ一様なので、全体が膨れ上がり、最終的には球体に近いシルエットになってしまいます。見た目の問題とは別に、成長の方向もある程度コントロールできると、より細かな要求に答えられるようになるでしょう。

　空間全体での流れは、事前に計算しておきます。つまり、Solverノードの外で先に作ってしまおうということです。

　一般に、フィードバックループは繰り返し処理を適用することから、計算量や予測可能性という観点で、あまり複雑な処理を入れ込みすぎると扱いにくいため、あらかじめ動きの雰囲気を確認できるようにしておきます。

■ 核となる処理の実装

まずは、空間全体での流れを表すボリュームを作りましょう。なにもない空間から速度場を構築したいので、これまで使っていたVDB、つまり疎なボリュームではなく、Houdini標準の密なボリュームを作ります。

1️⃣ これには❶`Volume`ノードを使います。速度場として扱いたいので、❷`Rank`を[`Vector`]、❸`Name`を「`velocity`」としておきます。`Size`は、ある程度成長した後も十分物体を囲うことができるように、❹[`4, 4, 4`]と少し大きめにしておきます。

ボクセルサイズについては、`VDB from Polygons`ノードと違い、デフォルトでは「最も長い辺の分割数」をもとに決定されています。この方式については、`Uniform Sampling`から変更できます。今回はすべての辺が同じ長さなので、`Uniform Sampling`はそのままに、❺`Uniform Sampling Divs`を「`50`」にします。一辺の長さが4に対して分割数が50なので、ボクセルサイズは0.08になります。

2️⃣ `Node Info`から、実際のボクセルサイズや、存在するボリュームに関する情報を確認できます。

CHAPTER 05 成長する構造物を作ろう

 Solverノード内の、velocityボリュームの情報を見てみましたが、ボリュームが一つしかない？ x, y, zで分かれていないですね。

 その通りです！ 今作ったボリュームはHoudini標準のボリュームで、VDBとは少し違います。

 なんで2種類もあるんですか？ VDBだけでいいじゃないですか。

 公式ドキュメントによると、どちらの形式も用途別に調整されていて、大体どのツールでも使えます[注3]。また、VDBは様々なソフトウェアで共通して使えるのが大事なポイントです。

❸ デフォルトでは、すべてのボクセルの初期値が[0, 0, 0]のため、Scene Viewではなにも確認できません。試しに、`Initial Value`の値を[0, 1, 0]とすると、白く表示されました。

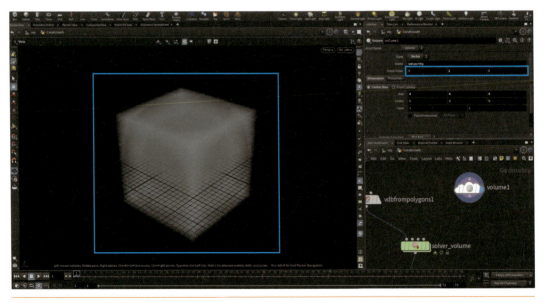

注3 ボリューム
https://www.sidefx.com/ja/docs/houdini/model/volumes.html

4 複雑な速度場を構築する前に、これをSolverノードの処理に組み込みましょう。まずは、Houdini標準のボリュームをVDBに変換するために、Convert VDBノードを追加し、Convert Toを[VDB]に変更します。

5 x, y, zそれぞれのボリュームがVDBに変換されていますが、これらを一つのvector型のボリュームにまとめます。
VDB Vector from Scalarノードを追加し、一つのVDBボリュームになったことを確認したら、これをSolverノードの二つ目のインプットに繋いで、Solverノードの情報を変更します。

6 二つ目のインプットは、「Input_2」という名前のObject Mergeノードで参照できます。もし削除してしまった場合は、Object MergeノードのObject 1に「`opinputpath("../..", 1)`」と入力すれば、同じものになります。
四つある入力のうち、左から順に0, 1, 2, 3と番号が振られているため、式の最後の「1」の部分を書き換えれば、対応した入力を参照できます。

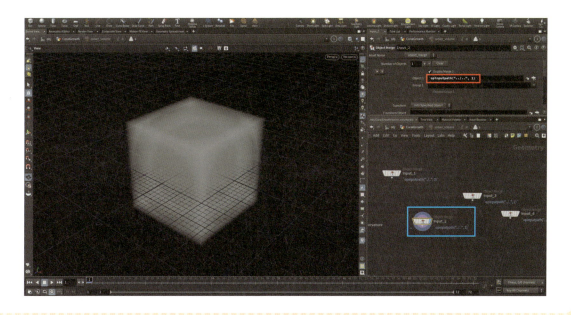

7 Nullノードを挟んで適当な名前を付けたら、Volume VOPノードの三つ目のインプットに繋ぎます。

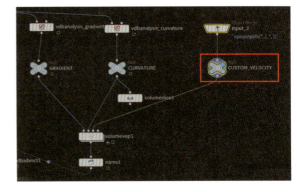

8 これまでと同じように、Volume Sample Vectorノードで値を参照します。ただし、Inputを[Third Input]に変えるのを忘れないようにしましょう。

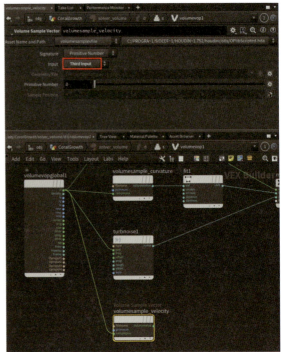

9 元の動きと空間の流れの両方の雰囲気を残したいので、この二つのベクトルを足し合わせます。最後のMultiplyノードは全体の速さの調整なので、その前に二つを足し合わせます。

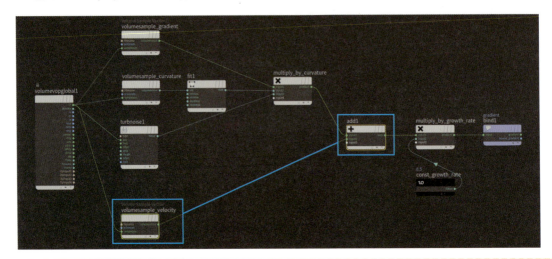

再生してみると、なんとなく上に伸びながら動いていく雰囲気を追加できました。上に進むのは、Volumeノードの Initial Valueを[0, 1, 0]にしていたためです。

範囲外に出てしまうと、速度場が[0, 0, 0]という扱いになり、それ以上は上に伸びていかないことも確認できます。

🔟 明らかに全体が動きすぎてしまっているので、これも曲率をもとに制限をかけましょう。すでに曲率は使用しているので、Fit RangeノードとMultiplyノードで、勾配に設定したのとほぼ同じことをします。
Fit RangeノードのSource Minが「0」であることだけが、勾配用のFit Rangeノードとの違いです。

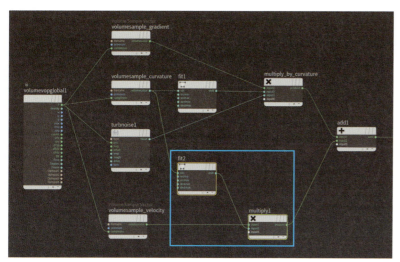

CHAPTER 05　成長する構造物を作ろう

かなりサンゴ風な見た目になってきました。最後にノードを少し整理してから、次の手順に進みましょう。

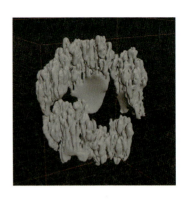

■ノードの整理

1 まずは、曲率関係のノードを一番下に移動し、ネットワークボックスを使うなど、わかりやすくまとめます。

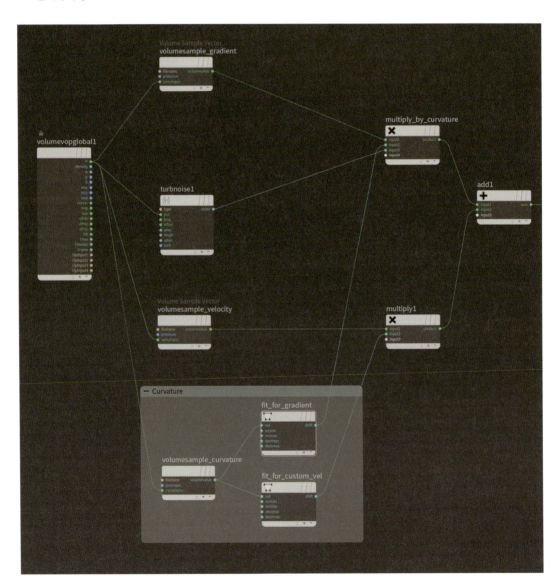

2 同じように、ネットワークボックスでいくつかのノードを囲み、ノード名も変更します。特に、multiply_by_curvatureとなっていた`Multiply`ノードは、ノイズも同時に掛けており名前と処理が異なっていたので、「multiply_gradient」としました。

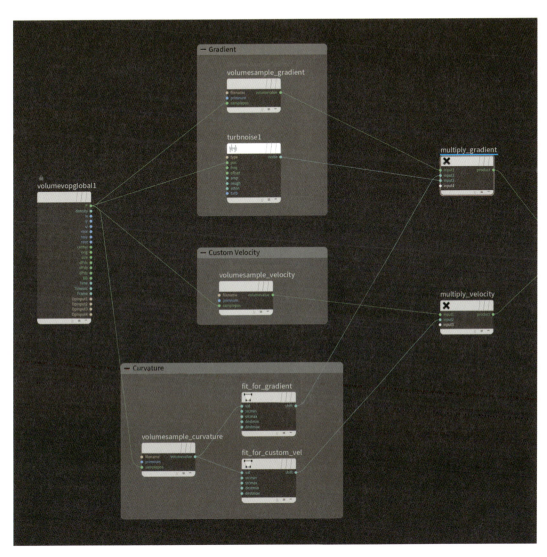

3 入力の順序も、入れ替えて問題がない部分は適当に入れ替え、できるだけ線が重ならないように整理します。単純に繋ぎ直してもいいですが、パラメータの青い↑アイコンをクリックすることで、順序を入れ替えられます。

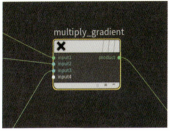

■独自の「流れ」

現状、VolumeノードのInitial Valueを仮で[0, 1, 0]にしているため、上方向への流れが発生しています。これを、もう少し面白い見た目になるように変更しましょう。

最終的にボクセルに対してなんらかの値を設定できれば、方法は問いませんが、今回は比較的簡単な、Volume VOPノードを使用します。

1 まずは、Initial Valueを[0, 0, 0]に戻しておきましょう。

2 Volume VOPノードをConvert VDBノードの前に配置します。これは、元の密なボリュームに対して値を設定した後で、VDBに変換するためです。

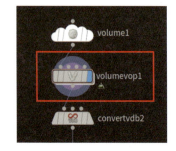

3 Volume VOPノード内に入りましょう。今回も「流れ」のようなものを表現したいので、Curl Noiseノードを使います。Volume VOP Outputノードは必要ないので、削除しましょう。

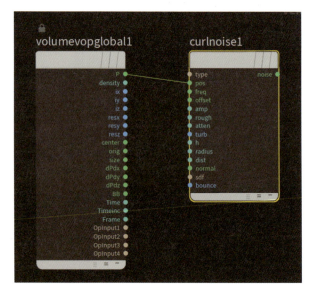

4 細かい調整は後にして、一度結果を出力しましょう。TAB Menuから[Bind Export]を選択して、❶ Bindノードを追加します。
さらに、❷ Nameを「velocity」、❸ Typeを[3 Floats (vector)]にします。

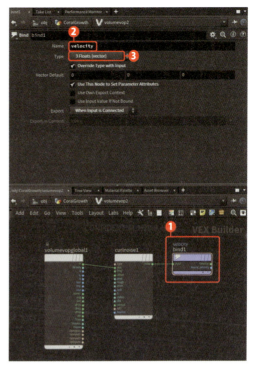

再生すると、先ほどよりも流れが感じられるはずです。

5 少しノイズが細かいので、Curl NoiseノードのFrequencyを[0.5, 0.5, 0.5]に変更します。
全体のパターンが大きくなることで、平らな部分とそうでない部分が現れるなど、一様すぎない面白い見た目になってきました。

❻ `Curl Noise`ノードの動きだけでなく、先ほど仮で設定していた上向きの動きも混ぜ合わせてみましょう。上向きの流れは**❶**`Constant`ノードを使用します。**❷**`Constant Type`を[`3 Floats (vector)`]、**❸**`3 Float Default`を[0, 1, 0]にします。

どちらの方向性も同時に保ちたい場合は、二つのベクトルを足し合わせるので、**❹**`Add`ノードを使用します。

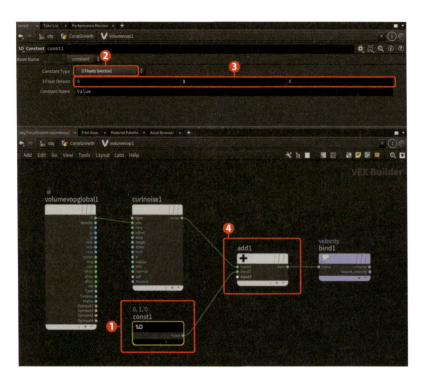

上方向に成長しながらも、まっすぐすぎない印象になりました。

サンゴっぽい感じになってきました！

これでほぼ完成です。いろいろなベクトルの混ぜ合わせやノイズ感など、微調整できる項目はいくつもあるので、自分なりの面白さを追求してみましょう！

5-6-3 小さな改良と修正をしよう

仕組みはほとんど完成していますが、さらに複雑になり、いろいろと試そうにも、パラメータが点在していてわかりにくい状態です。ここからは、それらをまとめたり、少し気になる部分を修正して、扱いやすくしていきましょう。

■パラメータをまとめる

Volume VOPノード内に点在する重要なパラメータを、簡単にコントロールできるようにしましょう。

❶ 一つ目は、カスタム速度場のノイズと、上方向の流れです。それぞれAddノードの前に、MultiplyノードとConstantノードを挟んで強度を変えられるようにすると、使いやすくなります。
Constantノードは、Constant Typeを[Float (float)]にしておけば、1 Float Defaultが「1」のままであれば変化なし、「0」であればその流れは完全にないものになります。

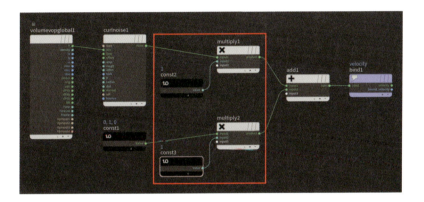

❷ VOP内ではなく外からある程度コントロールできると、何度も階層を移動する必要がなくなり便利です。これには、Constantノードの代わりにParameterノードを使います。
試しに、上図の位置のConstantノードをParameterノードに置き換え、全体の方向性の強度を、VOPの外からコントロールできるようにしましょう。

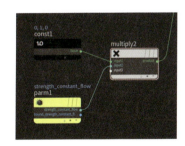

❸ ①Nameは生成されるパラメータの識別名で、②Labelは表示名です。それぞれわかりやすい名前にしておくとよいでしょう。Typeはパラメータの型を表します。今回は③[Float (float)]にしておきます。

4 正しく設定できるとVolume VOPノードにコントロールが生成され、ここからコントロールできるようになります。実際に変更して確認してみましょう。

5 Curl Noiseノードのようなノード上のパラメータも、Parameterノードを繋げば外からコントロールできます。右図は、試しにOffsetをコントロールできるように設定した様子です。適切に名前を設定し、Typeを[3 Floats (vector)]にしました。

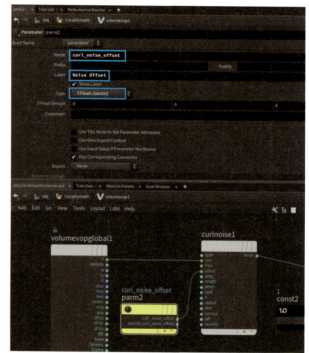

6 また、パラメータ右の歯車アイコンから[Promote Parameter]を選択すれば、Parameterノードを半自動で作成できます。

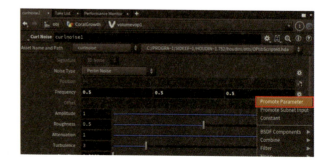

7 この方法では、畳み込まれた状態でParameterノードが生成されますが、ダブルクリックで確認できます。

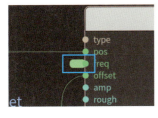 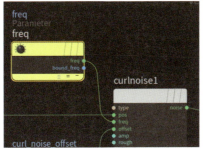

8 もう一度畳むには、ノード上のパラメータ名を中クリックして[Hide Input Node(s)]を選択します。

9 二つ目は、次のようなパラメータを作成するRamp Parameterノードです。0〜1の値を入力したとき、それをどのような値として出力するかを複雑に指定できます。この場合、0を入力したときは紫、0.75を入力したときは黄色が出力されます。
数値から色への変換ではなく、数値から数値への変換をするタイプもあります。

右図は、値を適当に設定した様子で、縦軸が出力、横軸が入力です。0〜1の範囲の値を自由にリマップすることで、より柔軟にコントロールできます。

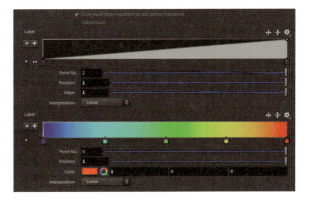

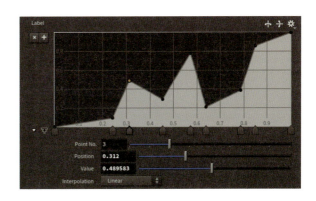

10 よくある使い方は、ノイズの値のリマップです。ノイズによっては-0.5〜0.5程度の範囲の値を返すこともありますが、そのような場合は、`Fit Range`ノードで0〜1の範囲に変換するとよいでしょう。
試しに、勾配に掛け合わされているノイズの値を、`Ramp Parameter`ノードで調整してみます。`Parameter`ノードと同じように、識別名となる`Name`と表示名となる`Label`を指定します。

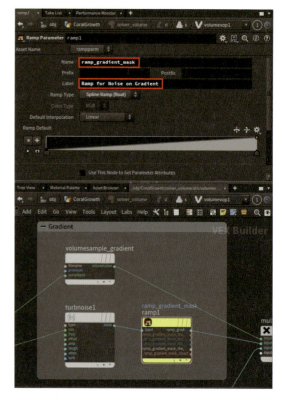

11 デフォルトでは、`Ramp Type`が[RGB Color Ramp]になっていますが、今回は一つの小数を出力したいので、[Spline Ramp (float)]にします。

12 `Volume VOP`ノードを確認すると、先ほど設定したパラメータが追加されています。試しにランプの右側を一番下に下げ、すべての値を0にします。

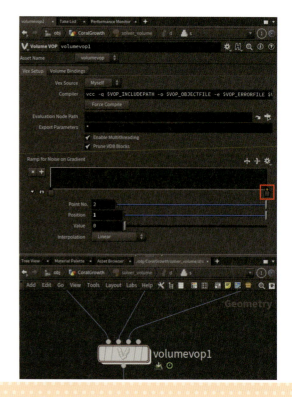

これは、勾配による成長が完全になくなっていることを表しているので、カスタムの速度場のみの影響を受けて動いていることが確認できます。

13 次のようにランプの右側を一番上まで上げれば、0～1の範囲がそのまま出力され、`Ramp Parameter`ノードを使用する前と同じ結果になります。

14 [`Maximize Ramp`]をクリックすると、画面が広がり調整しやすいです。元に戻すときは、同じ場所にある[`Minimize Ramp`]をクリックします。

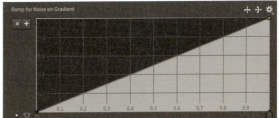

15 ノイズの値が0に近い場所でも、そこそこの値として出力されるようにランプの左側を上げると、ノイズによる抑制の影響が低減され、全体として勾配による成長が目立ちます。

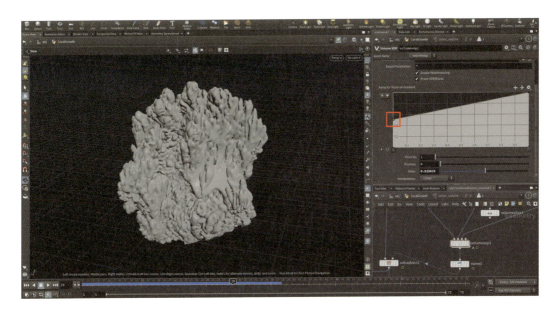

CHAPTER 05　成長する構造物を作ろう

こんな感じにしてみましたが、もう少しなめらかにできませんか？

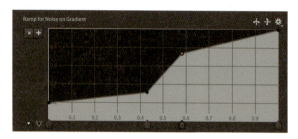

16 各ポイントにカーソルを合わせると説明が表示されるので、この通りなめらかにしたいポイントをすべて選択して、`Interpolation`から補間方法を選択できます。

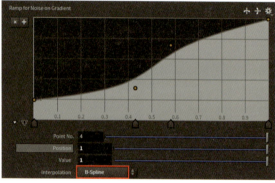

17 `Solver`ノード内の`Volume VOP`ノードは、各要素が成長にどれだけ寄与するかを示すとても重要な部分なので、外からコントロールできるようにしましょう。

　`Multiply`ノードすべてに、`Parameter`ノードを繋ぎます。`Name`はすべて「○○_strength（すべて小文字で区切りはアンダーバー）」、`Label`はすべて「○○ Strength（単語ごと頭が大文字で区切りは半角スペース）」に統一しています。

　`Multiply`ノードに対して用いるので、`1 Float Default`の値はすべて「1」にしておくのが無難でしょう。

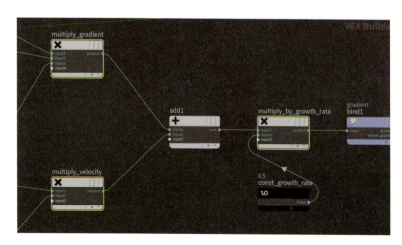

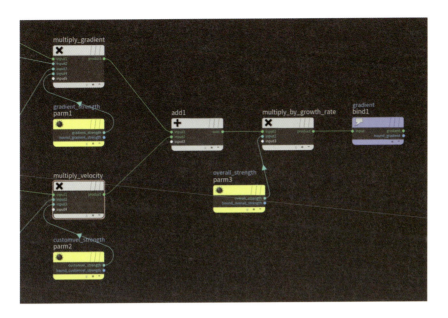

正しく設定できると、Volume VOPノード内に入る必要がなくなり、試行錯誤が楽になります。

18 曲率も、すでに0～1の範囲の値に変換しているので、Ramp Parameterノードを挟み、より柔軟にコントロールできるようにしましょう。

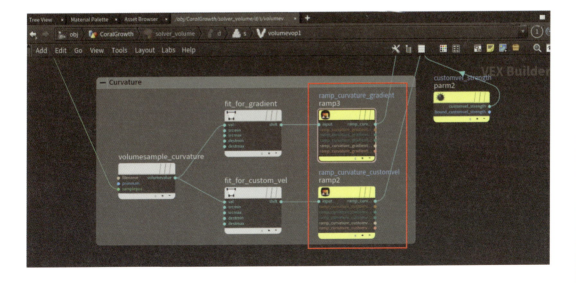

CHAPTER 05 成長する構造物を作ろう

ここまでのパラメータをすべて追加すると、`Volume VOP`ノードは次のようになります。ここで、追加した`Parameter`ノードと`Ramp Parameter`ノードの順番によって、意図した並びにならないことがあります。

今回の例では、ランプ以外のスライダー三つが中途半端な位置にあります。これを修正しましょう。

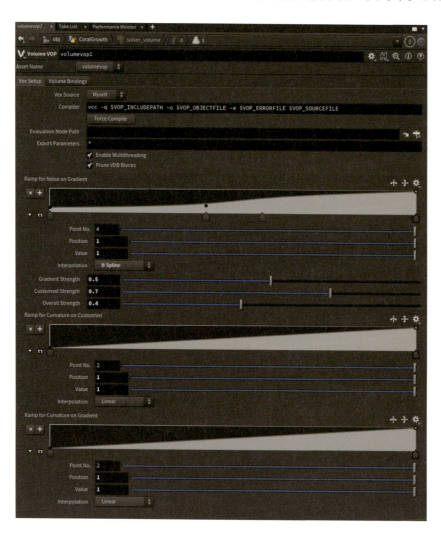

19 右上の歯車アイコンから、[`Edit Parameter Interface`]をクリックします。

20 中央下部に目的のパラメータがあるので、これらをドラッグし、任意に入れ替えます。

21 入れ替えたら、❶[Apply]をクリックし、さらに❷[Accept]をクリックしてウィンドウを閉じます。そのほかにも頻繁に調整したいパラメータがあれば、同じように設定してみましょう。

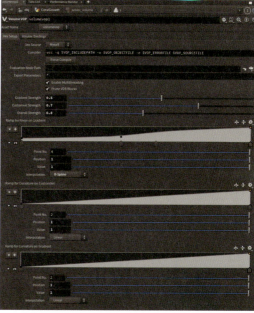

■欠けてしまう部分の修正

最後に、全体を移動していることによって欠けてしまうような部分を、なんとかしましょう。

修正は比較的簡単です。元の状態から全体が動いてしまうことが原因なので、**VDB Merge**ノードで動かす前のSDFとマージすることで、これを回避します。パラメータは特に変更しません。

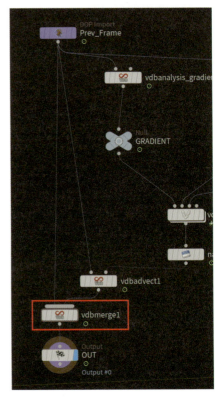

常に前の状態とマージされることで、元の状態から成長した部分のみが追加されるような状態になり、結果としてエラーが回避されます。

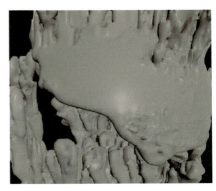

■ パラメータの調整

全体的に調整して、まとまりのある印象になりました。少し速度場のボリュームが足りなかったので、`Size`を変更してやや縦に長くしています。

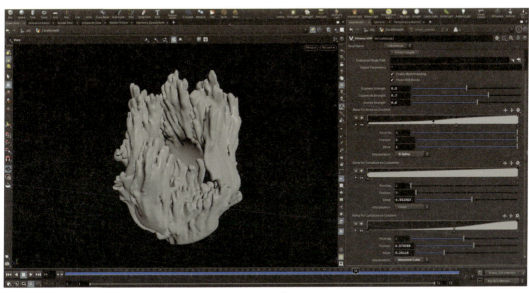

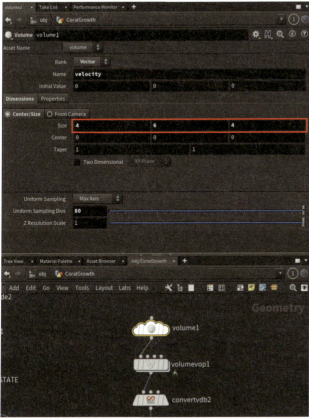

CHAPTER 05　成長する構造物を作ろう

「まとまりのある印象」と言っても、コントロールって簡単にできるものではないですよね？

そのあたりが「エフェクト・テクニカルアーティスト」と呼ばれる所以かもしれません。ちょっとしたコツや考え方を紹介しましょう。

　これらは、ランプをほとんどデフォルトの状態に戻した結果を比較したものです。左は疎な印象のもので、右はそれを少し密な印象になるように調整したものです。

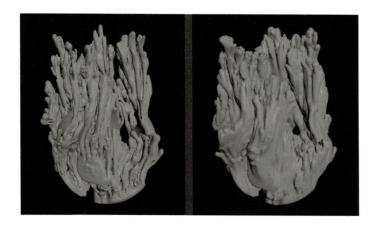

右のように調整した理由は、以下の二つです。

- あまり疎であると、構造物として頼りない印象を受ける。実際のサンゴには細かく枝分かれしているものもあるが、今回の作例は適当なノイズによって成長の方向を矯正しているので、あまり対称性を感じない
- 細すぎる部分があると、アニメーションさせたときに細かなフリッカー（ちらつき現象）をはじめとする破綻が目立ちかねない。逆に多少太くなっても、ボリュームの解像度やマテリアル次第で十分なディテールが確保できる

　みなさんは、どう感じるでしょうか？　正解がある問題ではないので、自分なりの好みと、その理由を考えてみましょう。
　目指したい方向性や、逆に目指したくはない方向性が明確でないと、闇雲に操作することになります。出発点としてランダムなパラメータを試すのはいいですが、仕組み自体は手順を追えば誰でも同じものが完成するので、自分なりのなにかを作りたいのであれば、それだけでは不十分です。
　疎密の違いについてだけでなく、流れの雰囲気や、今後取り扱う質感やライティングなどにも、これといった正解はありません。自分なりに考えながら調整することに、挑戦してみましょう。

目指したい方向性があっても、そこに中々近づけられません……。

多くのパラメータが存在するので、その膨大な組み合わせの中からいいものを拾い上げるには、「勘」や「経験」も必要です。一方で、うまくコントロールするコツのようなものもあります。

■ 仕組みを理解する

仕組みを理解するために、まずは問題をわかりやすく言い換えます。今回の場合、少し疎な印象を解消したい→もう少し太らせたい→全体がもう少し成長すればよい→曲率やノイズによる成長の抑制を弱めればよい、となります（この言い換え自体が、仕組みをある程度理解していないと難しいです）。

この考えをもとに、パラメータを調整します。「曲率やノイズによる成長の抑制を弱めればよい」ので、全域で0となる部分がなくなるように、各ランプを調整しました。

今回は、ほぼ1から仕組みを構築しているのでブラックボックスな部分はほとんどありませんが、爆発や破壊のシミュレーションの場合、自分で仕組みを作ることは難しいので、既存のものを利用します。そうすると、このような問題の言い換えができない、つまり、なにをどう変更すればいいのかがわからず、闇雲に操作するほかなくなってしまいます。

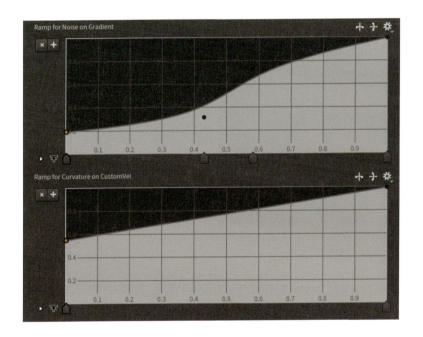

■ 最初からコントロールしやすい仕組みを作る

当たり前のような話ですが、実は一番重要です。具体的には、特定の要素のみに作用するようなパラメータ作りです。

214ページの図は、左が`Overall Strength`を「0.6」にした32フレーム、右が「0.12」にした16フレームで、ほかのパラメータはまったく同じです。

見ての通り、ほとんど結果が同じです。全体の速度場の強さであるパラメータを倍にすると、ちょうど半分の時間で同じような結果が得られます。つまり、成長速度にのみ、極めてピンポイントに影響しているということです。

アニメーションの速度は、ほかのパラメータを一切変更せずに、形の雰囲気を保ったまま簡単に変更できます。

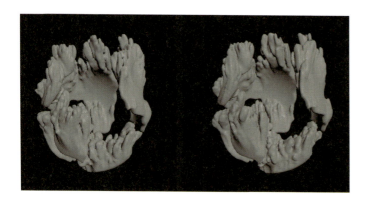

下図は、左がGradient Strengthを「0.1」、右が「0.5」にして比較したものです。表面の凹凸の違い以外は、大まかな流れなど、ほかの雰囲気をうまく保っていることが確認できます。

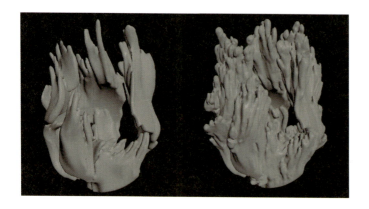

このように「成長速度」「凹凸感」など特定の要素を、それぞれ比較的ピンポイントに調整できる仕組みができていれば、目指した形を作りやすくなります。今回は「全体の流れ」もノイズでコントロールし、それに比較的強く従うので、ほかの雰囲気をほとんど変えずに、全体の流れのみをコントロールしやすい作りになっています。

実際に、Curl NoiseノードのOffsetなどを変更して確認してみましょう。このような各パラメータの影響範囲や性質は、基本的に作る段階で考えるほうが簡単です。

また、パラメータの組み合わせの自動化について、統計的な手法を用いて、うまくユーザーが求めてそうなパラメータを推定しながら提案してくれるアシスタント的仕組み[注4]の研究なども存在します。

Houdiniには、多くの組み合わせを列挙して、自動で処理を走らせてくれるコンテキストがあります。もう少し先で紹介するのでお楽しみに！

注4 BO as Assistant: Using Bayesian Optimization for Asynchronously Generating Design [...] (UIST 2022)
https://youtu.be/m4Xlo_yTfm4?si=iW6QlAIZhXQcEHSF

5-6-4 今後の発展とまとめ

　今回の作例の仕組みは完成しましたが、今後の発展としては、まだまだ先があります。ここでは、そんな仕組みの拡張について考えてみましょう。作例は、大きく次のような要素に分かれています。

- 最初の形状
- SDFの移流用の速度場の計算（`Solver`ノード内の`Volume VOP`ノード）
- 空間の流れ（`Solver`ノードの二つ目のインプットに繋いでいるボリューム）

　最初の形状は、そもそも自由なので深く考えないことにすると、残りの二つが重要です。どちらも適当な計算によって、速度場としてのベクトル場、つまりベクトル（三つの小数）を各ボクセルに格納したボリュームを作ることができればいいのです。ポイントは、その計算方法は本質ではなく、とにかくそれっぽいベクトル場ができればいいということです。

　今回は、主に曲率を鍵として、いろいろな拡張を施しましたが、必ずしも曲率を用いるわけではありません。実際、空間の流れについては曲率を使っていません。あえて、うまくいかない方法も紹介しながら多くのノードを繋いできましたが、本質は実に簡潔です。

　ここまでまとめると、新しくなにかを追加するのはどの部分かも見えてきます。比較的単純なのは、空間の流れの計算方法の変更部分です。現在は`Curl Noise`ノードと定数を使っていますが、適当なスプラインなど、ほかの形状を用いて流れを指定してもよいでしょう。`Volume Velocity from Curves`ノード[注5]では、そのようなことが簡単に実現できます。

　移流用の速度場についても、少し考えてみましょう。曲率の部分を除いて、それぞれ`Multiply`ノードまでを一塊と見ると「それぞれの要素に適当な重みを付けて（強さを決めて）足している」という構造が見えてきます。

　もしほかに利用したいプロパティがあれば、それを利用して最後に足し合わせれば簡単に追加できそうです。別の形状による成長の抑制、方向性による成長量の重み付けなど、組み合わせて使えそうなものは多くあります。紹介した方法以外にも、自由に組み合わせてより面白い結果を求めてみましょう。

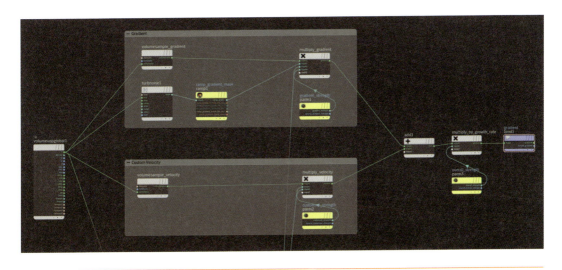

[注5] Volume Velocity from Curves geometry node
https://www.sidefx.com/ja/docs/houdini/nodes/sop/volumevelocityfromcurves.html

■シミュレーションの保存

1 筆者もいろいろ試してみて、Constantノードの1 Float Defaultの値を「2」に変更しているので、同じように進めたい場合は、ここを揃えてください（サンプルファイルを使っても構いません）。

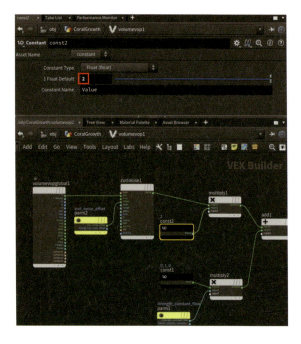

最終的にもう少し解像度を上げてシミュレーションしますが、そうなると計算にそこそこの時間を要します。毎回計算するのも大変ですし、なによりメモリ不足などが原因で、まともに作業ができなくなっては困ります。

そんなときは、シミュレーションをディスクにキャッシュ（保存）します。

2 キャッシュには、❶File Cacheノードを使います。❷Base Nameと❸Base Folderのみ指定すれば、バージョン番号やフレーム番号をもとにしたファイル名の生成と、それに伴うフォルダ分けも自動で行ってくれます。

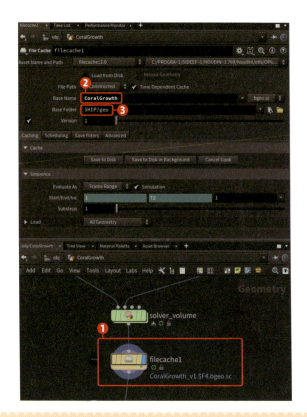

3 保存場所は、Advancedタブから確認できます。様々な式を使ってファイルパスが自動生成されているので、この式を直接書き換えることで、命名規則を変更することもできます。

4 File Pathを[Explicit]に変更すれば、すべてを手動で行うこともできます。

5 今回、File Pathは[Constructed]にします。そのほかの設定は、すでにシミュレーション用になっているので、あとは[Save to Disk]をクリックすれば、ディスクにキャッシュされます。
キャッシュが完了すると、Load from Diskに自動でチェックが入ります。これが入っていれば、ディスクからロードしているということです。

6 File CacheノードにConvert VDBノードを繋いで、ボリュームをポリゴンに戻してみましょう。
遠目だと、そこそこいい感じに見えますが、接写にはまだ少し解像度が足りません。解像度を上げて、もう一度シミュレーションしてみましょう。

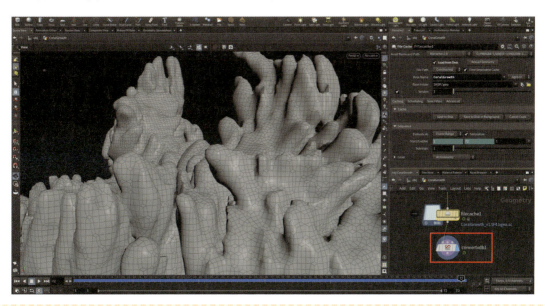

7 解像度は、Solverノード直前のVDB from Polygonsノードから変えられます。先ほどは「0.025」になっていたので、「0.01」まで下げます。

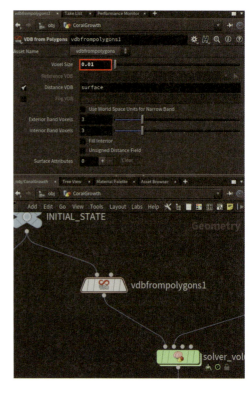

8 File CacheノードのVersionを「2」に上げて、再度［Save to Disk］をクリックします。

File CacheノードのAdvancedタブから確認できるファイルパスを確認すると、バージョンごとにフォルダ分けされていることが確認できます。

最終調整

解像度が上がり、より細かい凹凸を表現できるようになったことで、結果として細かい印象になりました。爆発や煙など、ボリュームを用いるシミュレーションではよくあることです。

解像度を変更したことで、今まで気付かなかった問題が出てきました。主な原因は、高解像度になったことで、曲率が細かい凹凸を表現しすぎていることにあります。これを軽減させる処理を挟みましょう。

1. 曲率を少しなめらかにするために、Solverノード内で曲率を求めた後、VDB Smoothノードを挟みます。シミュレーションを進めてみると、流れそのものが、ある程度なめらかになりました。

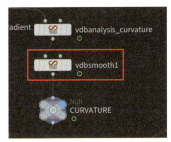 

 ディテールが失われすぎたように感じたので、VDB SmoothノードのIterationsを「1」に下げました。好みで調整してみましょう。

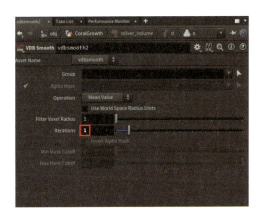

2. 調整が終わったら❶Versionを「3」に上げて、再度❷[Save to Disk]をクリックしてキャッシュします。

かなりよくなってきましたが、微妙に変な繋がり方をしている部分があります。

3 この修正は、キャッシュしたボリュームに直接行います。VDB Smooth SDFノードで、❶ Operationを[Mean Curvature Flow]、❷ Iterationsを「3」に変更し、SDFを少しなめらかにします。

長かったですが、頑張った甲斐あってそこそこの接写にも耐える品質になりました。

本章のまとめ

本章では、アルゴリズムの構想からはじまり、ポリゴンではうまくいかないことを確認した後、ボリュームという新しい概念を用いて、それを解決しました。また、コントロールしやすい仕組みについても紹介しました。

Houdiniで扱うボリュームなどの概念や、様々なノードがほかの制作に活かせることなどはもちろん、仕組みの組み立て方や考え方は、実制作においてとても重要です。

コンセプトアートや抽象的な要求に対して、いかに対象をコントロールして近づけるか、あるいは逆に「それは難しい」としてきちんと説明できるか、また自分が作った仕組みをほかのアーティストに使ってもらう場合など、本章で紹介した内容は、単なるHoudiniの勉強という範疇にとどまらず、様々な場面で役に立つはずです。

本章の初稿執筆後（Houdiniでのセットアップ完了後）、筆者なりにいいと思う方向に、様々なパラメータを調整しました。右が本章の手順で完成するもので、左がそれを調整したものです（最終的に求められる品質は作品によって大きく異なるので、一概にどちらがいいとは言えません）。これらのサンプルファイルはダウンロードデータにあるので、ぜひ参考にしてみてください。

実は、一日以上変えては戻してを繰り返しました…「いい感じ」になってくると楽しいですが、思い通りにいかないときは私もつらいです。でも、だからこそのエフェクト・テクニカルアーティストなので！

私には、難しい理論を考えて実装するよりも向いてそうです！　私の思う「いい感じ」を探してみます！

CHAPTER 05　成長する構造物を作ろう

さつき先生小噺 | 執筆がやばいの話

そんなにやばかったんですか？

実は当初の予定より、大分執筆が遅れまして……（半年とか）。

編集に諭される典型パターンですね。

あまりに遅れすぎて、会うたびにそっと諭されるのは貴重な体験でした（すいませんでした）。

ほぼ文豪ですね。

吹雪の中、温泉宿に数日こもったりもしました。実際に筆は進みまして、あれって結構理にかなってるなと思いました。

完全に文豪ですね。

CHAPTER03まで書いたところで、最初から書き直したりなんかもしてます。紆余曲折ありましたが、これが読まれているということは、無事刊行に漕ぎ着けたのでしょう。

さつき先生小噺 | いいカメラのすすめ

いわゆる「いいカメラ」は持っていますか？

　本書には、フォトリアルな作例がいくつか登場しています。また、レンダラやそのほかの設定の多くも、現実のカメラをもとにしていることが実感できたでしょう。
　一方で、現実のカメラとは違う点も多々あります。技術的に難しいからという理由もあれば、あえて扱いやすいようにそうしているということもあります。

なるほど......スマホではダメなんですね。でも、調べたらわかる話じゃないんですか？

知識は手に入るかもしれませんが、実際に使ってみてわかることも多いです。3DCGも、実際に手を動かして学んできましたよね。

確かに！　ちなみに、フォトリアルなものではなく、トゥーン調（手書き風）の3DCGならカメラは必要ないってことですか？

最近は、アニメでもかなりフォトリアルな効果を追加していたり、そもそもフォトリアルなレンダリングの工程をもとにした技術もあります。やはり1台持っているに越したことはないでしょう。

さつき先生はなんのカメラを使っているんですか？

ソニーのα7Ⅲとα7SⅢです。無駄に2台持ちです。

CHAPTER 06 Solarisを使ってみよう

本章では、Solarisと呼ばれる機能群を使って、フォトリアルな画像を計算させてみましょう。

SECTION 6-1 Solarisについて知ろう ➡P.226

- 6-1-1 ▎Solarisとは
- 6-1-2 ▎レンダリング方法は2種類ある

SECTION 6-2 Solarisに「はじめてのシーン」を持ってこよう ➡P.227

- 6-2-1 ▎Scene Import ノード
- 6-2-2 ▎少しだけUSDを理解しよう
- 6-2-3 ▎先ほどはなにが問題だったのか
- 6-2-4 ▎レンダリングしよう
- 6-2-5 ▎USDファイルを保存しよう

SECTION 6-3 Solarisでシーンを構築しよう ➡P.243

- 6-3-1 ▎ジオメトリだけを読み込もう
- 6-3-2 ▎マテリアルを付けよう
- 6-3-3 ▎ライトを置こう
- 6-3-4 ▎カメラを置こう
- 6-3-5 ▎Render Galleryを活用しよう
- 6-3-6 ▎マテリアルの調整前に
- 6-3-7 ▎マテリアルを調整しよう
- 6-3-8 ▎レンダリングしよう

本章の作例です。このサンプルファイルは、ダウンロードデータの
「06_Solaris_CoralGrowth.hip」からご確認いただけます。

06 Solarisを使ってみよう

CHAPTER 06 Solarisを使ってみよう

さつき先生: CHAPTER05の作例をレンダリングします。

ゆうか: ちょっと待ってください！　レイアウトとライティング、あとレンダリングも、CHAPTER01の最後にやりましたよね？

確かにそうですが、このあたりは混乱しがちなので、違いをきちんと説明してから本題に入りましょう。

SECTION 6-1 Solarisについて知ろう

6-1-1 Solarisとは

　Solarisとは、Houdiniでの最終画像の書き出し（レンダリング）や、シーンをレイアウトするための一連の機能群の総称です。通称LOP（Lighting Operator）と呼ばれるstageコンテキストや、そこで使えるLOPノード（LOPs：Lighting Operators）、またレイアウトやライティング作業を便利に使うための様々な機能があります。
　今回は、Solarisを使って次のような画を目指します。

> ※ 225ページの作例は、筆者が本書用にライティングや色を調整し、高解像度でレンダリングしたものです。本質を見通しよく説明するために下図を目標としていますが、本質的には同じ設定をしています。ダウンロードデータとして配布しているので、詳しくはそちらをご覧ください。

226

6-1-2 レンダリング方法は2種類ある

CHAPTER01で紹介したレンダリング方法は、outコンテキストで`Karma`ノードを使うというものでした。また、レイアウトはobjコンテキストで行いました。

一方で、本章で紹介するのはSolarisを使う方法です。このように2種類の方法があるのは、<u>最新の3Dシーンの表現方法に対応するため</u>です。Solarisを使う新しい方法では、**USD** (Universal Scene Description) というファイル形式を活用してシーンを構築します。

一方で、従来のROPからレンダリングする方法では、まったく違う方法をとっていました（現在では一部USDを経由していることもあります）。また、シーンはあくまでHoudini独自の形式で構築された結果のため、Houdini以外のソフトウェアとシーン全体を共有するのは極めて面倒です。USDを活用するSolarisでは、このような問題を大きく軽減できます。

USDは、Pixarがオープンソースで開発しているシーンファイルの形式です。Universalとある通り、幅広い3DCGソフトウェアやその関連ソフトにおいて、3Dシーンをある程度普遍的に共有可能な形式で保持します。USDを活用することで、ジオメトリデータだけでなく、マテリアル、カメラ、ライト、レンダリング設定に至るまで、シーンに必要なほとんどの情報を保存して、USDに対応するソフトウェア間で共有が可能になります。

SECTION 6-2 Solarisに「はじめてのシーン」を持ってこよう

CHAPTER01で作った「はじめてのシーン」を、Solarisを活用してUSDのシーンに変換してみましょう。

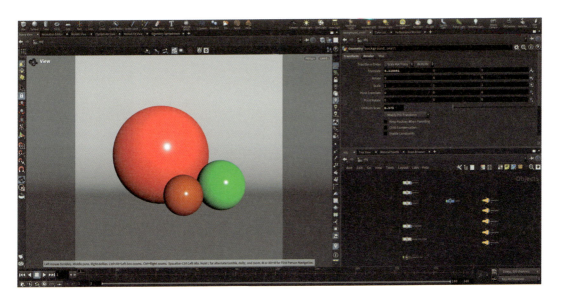

Solarisを使うには、画面上部の[Build]＞[Solaris]をクリックして、Solaris用の画面レイアウトにします。

Solarisになるとstageコンテキストに切り替わり、まだUSDとしてのシーンをなにも構築していないので、まっさらな画面になります。stageコンテキストの通称は、**LOPネットワーク**です。stageコンテキストには、Network editor上部からも切り替えられます。

これから、このstageにobjコンテキストで作った「はじめてのシーン」を持ってくるという作業をしていきます。

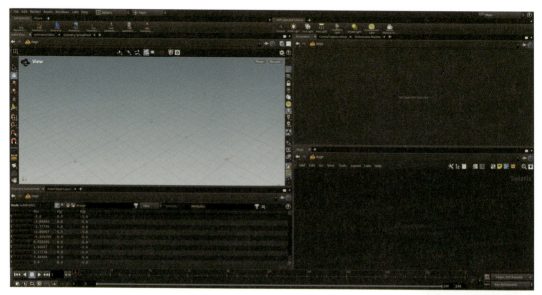

英語だとLOPとROPは発音が違いますが、日本語だとどちらも「ロップ」になってしまうので、「Lロップ」「Rロップ」と言ったりします。

6-2-1 Scene Importノード

objコンテキストから、様々なものをstageコンテキストに持ってくる最も単純な方法は、TAB Menuから`Scene Import（All）`ノードを呼び出すことです。ほかにも`Scene Import`ノードを確認できますが、これらはすべて`Scene Import`ノードを少し違う設定で呼び出すためのプリセットです。

① まずはScene Import（All）ノードを選択して、objコンテキストにあるすべての要素を一括して読み込んでみましょう。

正しく設定できると、次のようになります。見た目はobjコンテキストと大差ありませんが、内部的にはUSDに変換されています。

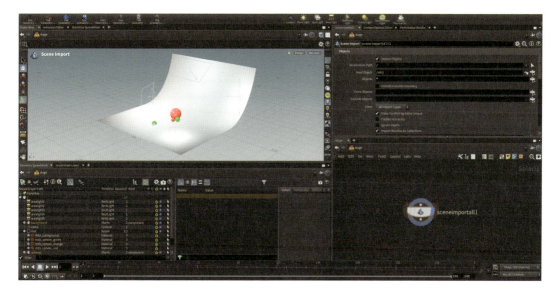

② 画面左下のScene Graph Layers（シーングラフレイヤーズ）で[Show layer details as text]アイコンをクリックすることで、実際に生成されたUSDを、テキストとして確認することもできます（ここでは詳しく理解する必要はありません）。

3 objコンテキストでの操作と同じように、Scene View右上からカメラを選択すれば、その視点に入ることができます。

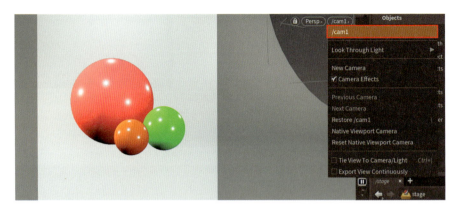

4 objコンテキストと大きく違う点は、この段階で最終品質のレンダリング結果をプレビューできることです。Scene View右上の[`Persp`]>[`Karma CPU`]を選択してみましょう。

COLUMN
Karma CPUとKarma XPUはなにが違うの？

　Karma CPUは名前の通りCPUを、Karma XPUはCPUとGPUの両方を活用してレンダリングを行う、レンダリングエンジンです。一般にKarma XPUの方が高速ですが、技術的な問題で、一部Karma CPUのみでしか使えない機能もあります。

　また、Karma XPUはGPUを活用するので、当然マシンにGPUが搭載されている必要があります。これはマシンに依存する問題のため、今回はKarma CPUを選択しました。より詳しくは「KARMA 比較[注1]」をご覧ください。

[注1] https://www.sidefx.com/ja/products/whats-new-in-h20/karma-xpu/karma-compare/

5 Scene Import（All）ノードは一括でインポートできて便利ですが、シーンをきれいに整理しにくいという問題もあります。画面左下のGeometry Spreadsheetで、マテリアルはmat下にまとめられていますが、それ以外は整理されずに並べられているだけです。

そのため、次はジオメトリ、カメラ、ライトを個別に読み込みます。まずはジオメトリです。先ほどのScene Import（All）ノードのFilterを、[Geometry Objects]に変更します。

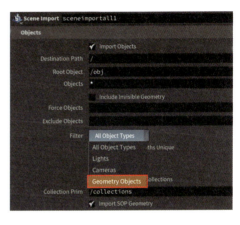

6 ジオメトリのみをインポートできましたが、まだきれいに整理できていません。これを整理するには、Destination Pathに適当な階層を指定します。ここでは「/geo」を指定しました。

正しく設定できると、指定したgeo下にジオメトリデータがまとめられます。

7 最後に、ノード名をわかりやすいものに変更しておくとよいでしょう。

8 続いて、カメラをインポートします。先ほどはScene Import (All)ノードを使用しましたが、カメラにはScene Import (Cameras)ノードを使います。

9 ここでは、Destination Pathに「/cam」と入力したので、カメラがcam下に配置されました。

10 ライトも、カメラとほぼ同じです。Scene Import (Lights)ノードを出した後、Destination Pathに「/lgt」と入力します。

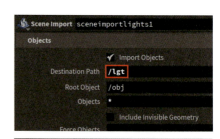

11 それぞれのノード名を、わかりやすく変更しました。

🔢 これで、三つのScene Importノードの設定は完了です。正常に3種類読み込めてはいますが、この時点では、Scene Viewに一つずつしか表示できません。それぞれのノードのDisplayフラグを切り替えて、確かめてみましょう。

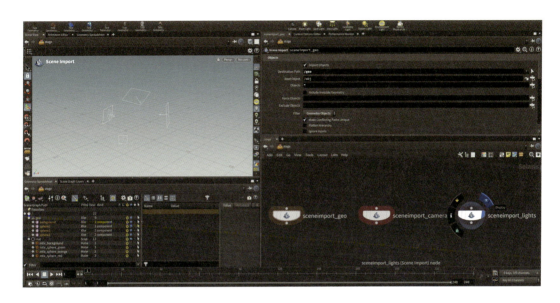

 objのときの感覚だと全部表示されていいはずなのに……。

 このあたりがややこしいのですが、Houdini内でも、今は（あまり意識していませんが）USDという概念上で作業しているということを忘れてはいけません。

 ……というと？

 objでのシーン構築の感覚だと、確かにその通りなんですが、今は内部的にはUSDを扱っています。USDだと、このままではいけないんです……。

6-2-2 少しだけUSDを理解しよう

何度も言及しているように、SolarisはUSDを扱っています。そのため、様々な場所でUSDの用語が登場します。もちろん感覚でわかる部分もありますが、Houdini側の言葉とまったく同じでありながら、まったく違う概念のものなど、ややこしい部分もあります。

詳しく説明しようとするとUSDだけで本が一冊完成してしまうレベルなので、ここでは今後頻出する、特に重要な用語だけに絞って紹介します。

■ stage

コンテキスト名にもなっているstageという言葉は、USDからきています。これは、様々な個別の要素やUSDファイルを合成して出来上がる、最終結果のことです。stageもUSDである点に注意しましょう。

■ レイヤー

ほぼ「一つのUSDファイル」と同義です。現状はHoudiniの中だけで作業しているので、実際のファイルは書き出されていませんが、USDはScene Graph Layersでも確認できるように、レイヤーという概念を持っています。これは一つひとつのUSDファイルに対応します。

Houdini内部でも、この概念をしっかり管理していて、それが先ほど確認できたものになります。Network editorでは、ノード周りの色として確認できます。同じ色であれば、それらのノードは同じレイヤーとして管理されていることになります。

■ シーングラフ

USDファイルは、シーングラフと呼ばれる階層構造を内部に保持しています。Geometry Spreadsheetから視覚的に確認できます。

■ プリミティブ

　ここまで「要素」などと呼んできたものは、正式にはプリミティブと呼ばれていて、USDにおける一つひとつの要素を指しています。

　様々な型（Type）を持っていて、それに応じてシーンの中でどのように振る舞うのかが決まります。Geometry Spreadsheetの`Primitive Type`から、それぞれの型を確認できます。Houdiniのジオメトリでのプリミティブとは異なる概念であることに注意しましょう。

■ そのほかの用語

　そのほかの用語については、SideFXのドキュメント[注2]に詳しくまとめられています。わからない単語があったら、一度参照してみるとよいでしょう。

6-2-3　先ほどはなにが問題だったのか

　三つの`Scene Import`ノードの周りはすべて違う色なので、すべて違うレイヤー、つまりすべて個別のUSDファイルというイメージです。

　また、USDでのstageとは、複数のUSDファイルを合成した最終結果なので、個別の三つのレイヤーを、一つに合成する必要があります。objコンテキストなどの元々Houdiniが持っているシーン構築の仕組みには、この概念が存在しないため問題ありませんでしたが、現状扱っているのはUSDなので、このような問題が起きます。

　stageコンテキスト内で複数のレイヤーを合成する、最も直感的な方法の一つは、`Merge`ノードを使うことです。実際に下図のように繋いでみると、すべてがまとめて表示されるようになります。

注2　LOPとUSDの用語集
　　 https://www.sidefx.com/ja/docs/houdini/solaris/glossary.html

CHAPTER 06 Solarisを使ってみよう

パラメータのMerge Styleは、どれを選んでもまったく変化がないように見えます。

　Scene Graph Layersを確認すると違いがわかります。これは、どんなレイヤー構造にするかというオプションです。細かいレイヤーの管理は難易度が高く、また大規模なシーンではじめて必要になるので、現状はそういった違いがあるということだけ覚えておけば十分です。

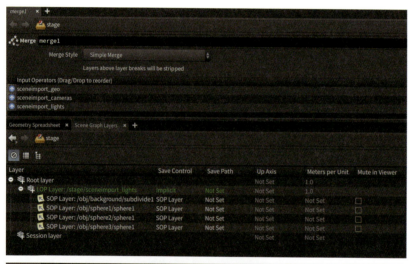

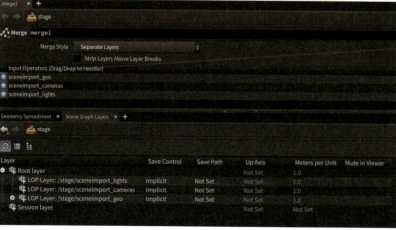

ディスク上のUSDファイルを読み込む場合や、より細かく合成方法をコントロールする場合は、レイヤー全体か、あるいは一部だけ参照して合成するかという違いで大きく2種類があります。ノードも2種類ありますが、USDにある程度詳しくないと意味のわからないパラメータを多く持っています。

6-2-4　レンダリングしよう

■レンダラの設定

1 Solaris上でのレイアウトは完成したので、次はレンダリング設定をしましょう。設定には、`Karma Render Settings`ノードを使います。

2 merge1ノードの次に繋ぐと、シーングラフツリーに、レンダリング設定に関するプリミティブが追加されていることがわかります。このように、USDはレンダリング設定も保持できます。
　USDファイルの保存方法については後で触れますが、レンダリング設定だけを保存しておけば、それを再利用したり共有することも可能です。

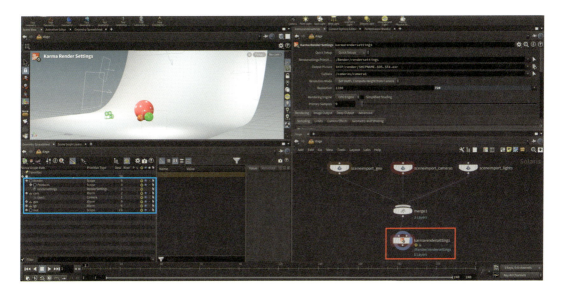

3 今回変更したのは、以下の三つです。CHAPTER01の設定とほぼ同じなので、確認しながらほかの項目を調整してもよいでしょう。

- Output Picture
- Camera
- Primary Samples

Cameraには「/cam/cam1」と入力されていますが、これはシーングラフツリーでのカメラのパス（階層構造の中での位置）です。直接文字列を入力することも可能ですが、シーングラフツリーのカメラプリミティブをドラッグ＆ドロップしても入力できます。

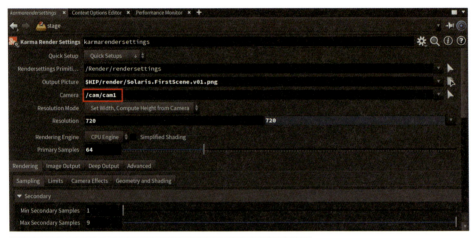

■レンダリング

レンダリング設定がすべて完了したので、レンダリングエンジンを起動して画像を出力します。Solarisでの画像のレンダリングは、出来上がったUSDをレンダラに渡して計算してもらうことを意味しています。

具体的には、❶USD Render ROPノードを使います（USD ROPノードではないので注意しましょう）。このノードのRender Delegateが、計算に使用するレンダラを指定するパラメータです。

今回は［Karma CPU］なので、変更の必要はありません。そのほかの設定もすべて完了しているので、❷［Render to Disk］をクリックすれば計算が始まります。

　完成した画像が以下になります。CHAPTER01とはまったく違う手順を踏みましたが、同じ画像が書き出せています。

6-2-5 USDファイルを保存しよう

❶最後に、USDファイルをディスクに保存してみましょう。ジオメトリだけでなく、ライトやカメラも一つのファイルとして、あるいはそれぞれ個別に保存できるため、シーン共有や再利用に便利です。

保存には❶`USD ROP`ノードを使います（`USD Render ROP`ノードではないので注意しましょう）。merge1ノードの後に繋ぎ、レンダリング設定より前のシーンの情報をすべて保存することにします。変更したのは、以下の二つです。

- `Output File`
- `Save Style`

❷`Output File`は、書き出されるUSDファイルの出力先です。これは任意に設定しましょう。`Save Style`は、Solarisでの作業中に管理されていたレイヤーを、どのように保存するかを決定します。つまり、内部的に分けて管理されているレイヤーの保存方法を、それぞれに付随する情報をもとに決定します。

今回、レイヤーについてはなにも考えずにシーンを構築しているので、❸[`Flatten Stage (Collapse All Sublayers and References)`]にして、すべてのレイヤーや参照情報を一つに畳み込むことで、単一のUSDファイルとして出力します。

大規模なシーンではレイヤーをしっかりと管理して、作業工程などで分けて保存すべきですが、今回のように小規模なシーンでは単一ファイルでも問題ないでしょう。設定が完了したら、❹[`Save to Disk`]をクリックして保存しましょう。

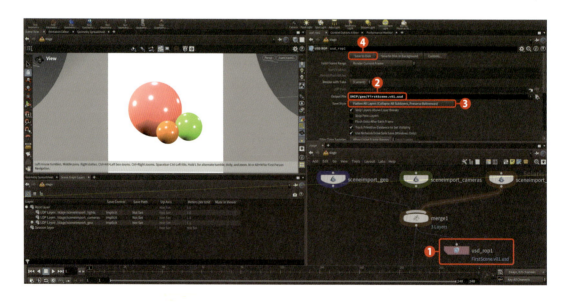

2 保存したUSDをそのまま読み込むには、❶ Sublayerノードを使います。❷ Fileに、先ほど保存したUSDを指定します。Scene ViewでKarma CPUを起動してみると、正しくシーンが保存されていることを確認できます。

merge1ノードまでの結果を保存したので、そこから先のレンダリング設定は同じように変更できます。

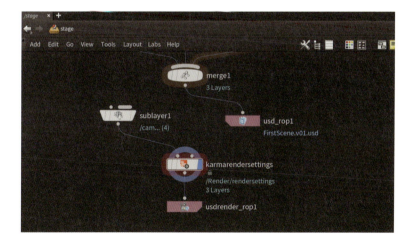

COLUMN
outにあったKarmaもLOPで動いている

　実は、outにあったROPコンテキストのKarmaノードは、ダブルクリックで中に入ることができます。実際に入ってみると、中にはUSD RenderノードとLOP Networkノードが存在しています。

　さらにLOP Network内に入ると、Scene Importノードがあります。このように、ROPコンテキストで使えていたKarmaノードは、内部的にはLOP、つまりSolarisの機能を用いて実装されています。

 従来のレンダリング方法と同じ操作感で、最新の機能を使えるようになっているわけですね。

SECTION 6-3 Solarisでシーンを構築しよう

　ここまでは、すでにライティングなどが出来上がっていた「はじめてのシーン」をSolarisに持ってきてレンダリングしました。今度は、最初からSolarisでライティングやカメラの設定をしてレンダリングしてみましょう。

　レンダリングするのは、CHAPTER05の作例（筆者が調整済み。まったく同じ状態からはじめたい方は、ダウンロードデータにあるサンプルファイルを利用してください）です。後でLOPネットワーク側から参照するので、Nullノードを配置して適当な名前を付けておきましょう。

6-3-1 ジオメトリだけを読み込もう

　先ほどはScene Importノードを使って、objコンテキストからレイアウト済みのオブジェクトやライトなどをLOPノードにインポートしました。今回はSOP Importノードを使って、ジオメトリ情報だけを直接参照してインポートします。

❶ stageコンテキストで❶SOP Importノードを追加し、SOP Pathに先ほど配置したNullノードを指定します。❷❸パラメータ横の[Open floating operator chooser]をクリックすると、視覚的に選択できて便利です。

正しく選択できていると、Scene Viewにジオメトリが表示されます。シーングラフ上での名前が
「sopimport1」になってしまっているので、これを修正しましょう。

2 このパスは、Import Path Prefixで設定できます。わかりやすい階層構造を持たせておく
とよいでしょう。

警告みたいなのが出ているんですが、大丈夫なんですか？

3️⃣ ジオメトリデータは、ほかの細かい設定に比べてサイズが大きいので、USD的には別レイヤー、つまりファイルを分けて保存したいというのが前提にあります。Houdiniもそれに則して、デフォルトだと内部的にレイヤーを分けようとします。

そうしてできた暗黙的なレイヤーのようなものは、最後にどこかのディスク上に保存するのが普通なので、Houdini的には「そのレイヤーの保存先情報」がほしいですが、現状そのような設定はしていないので、「情報がないよ」という警告が出ています。

ただ、今回はUSDをディスクに保存しないので、問題ありません。もし気になるようであれば、この「SOP専用レイヤー」のようなものを作らせなければよいので、Sublayer Styleを[Copy SOP Layer Into New Active Layer]にします。

6-3-2 マテリアルを付けよう

■マテリアル作成

1️⃣ 続いて、マテリアルを作ります。まずは右図のようにMaterial Libraryノードを繋ぎましょう。

この繋ぎ方、まったく別のものが同じ流れの中にあるようでモヤモヤします……この繋ぎ方の方が直感的な気がしませんか？

それはとってもいい疑問で、実はその繋ぎ方でもちゃんと動きます。ややこしいですが、どちらでもいいんですね。イメージとしては、LOPはシーングラフを、SOPはジオメトリを次々受け渡している感じです。

そう考えると、シーングラフにマテリアルを追加するノードと解釈できるんですね。

> ノード数も減るので、ここでは直列繋ぎで進めることにします。

2 materiallibrary1ノード内に入ると、空のネットワークになっています。この中にマテリアルを作ると、シーングラフにマテリアルが追加されていきます。

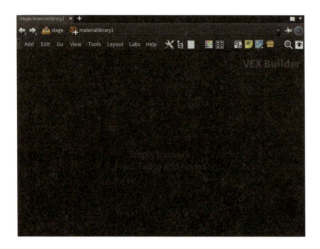

3 Karmaレンダラ用のマテリアルは、`Karma Material Builder`ノードから追加できます。

4 karmamaterialノード内に入ると、いくつかのノードがデフォルトでセットアップされています。このうち、「mtlxstandard_surface」という名前の`MtlX Standard Surface`ノードが、主に質感を決定します。
後で細かく調整しますが、まずは適用されたことがわかりやすいように、`Color`を赤に変更しました。

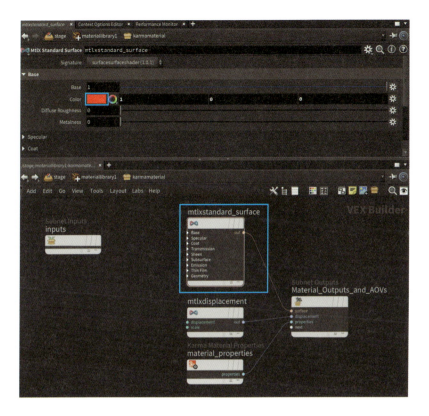

5 materiallibrary1の階層に戻り、わかりやすい名前に変えておきましょう。

6 さらにstageの階層に戻ると、今作ったマテリアルはシーングラフに追加されていますが、Scene Viewは白いままです。次はこれを解決しましょう。

■マテリアルを適用

① マテリアルを作ったら、それをジオメトリに適用する必要があります。これを行うには、`Assign Material`ノードを使用します。

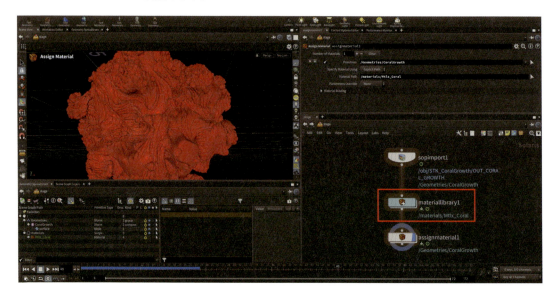

② ①`Primitives`に適用先のプリミティブ「`/Geometries/CoralGrowth`」を、② `Material Path`に適用するマテリアル「`/materials/Mtlx_Coral`」をそれぞれ指定します。

③ 正しく適用されると、先ほど設定した通り赤く表示されます。確認できたら、先ほど赤くした`Color`は白に戻しておくと、次のライティングを設定しやすいです。

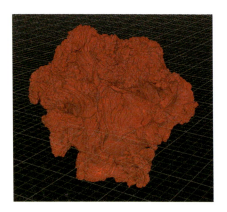

6-3-3 ライトを置こう

ライトは、CHAPTER01のobjコンテキストで行ったこととほとんど同じです。

■ **TAB Menuから追加する方法**

❶ まずは、TAB Menuから追加する方法を紹介します。「light」と検索すると、様々なライトが出てきますが、今回は`Area Light`ノードを使用します。

❷ assignmaterial1ノードの次に繋ぐと、シーングラフとScene Viewで確認できる通り、ライトが追加されます。

デフォルトでは原点に配置されるため、物体の内側にめり込んだ状態になっています。ライトの周りに表示されているハンドルを使って、ライトを適当な位置に動かしてみましょう。

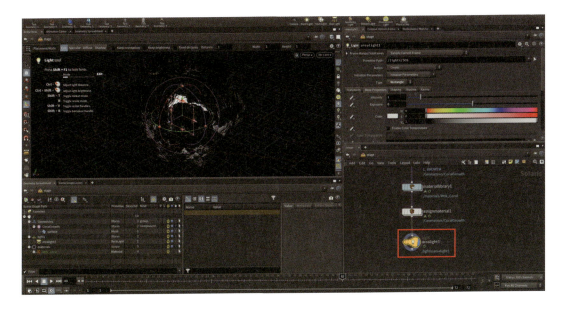

3 Scene View右上の`Persp`から[`Karma CPU`]または[`Karma XPU`]を選択すれば、Scene View上で最終品質のレンダリング結果をプレビューできます。

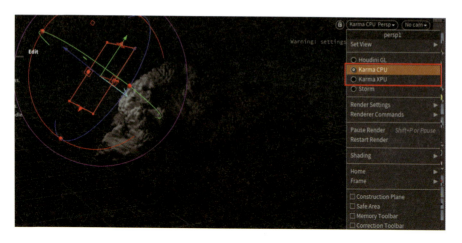

4 ライトの強さは、`Base Properties`タブの`Exposure`から変更できます。以下は、それぞれ「0」「3」「6」と変更した様子です。

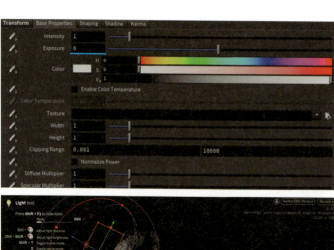

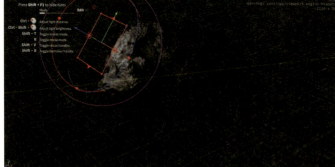

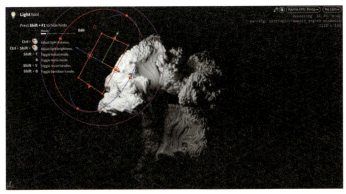

5 ❶色は Color から、❷幅は Width、❸高さは Height から変更できます。

6 確認できたら、負荷軽減のため Houdini VK に戻しておくとよいでしょう（Houdini VK が有効化されない環境では、Houdini GL になります）。

▌Shelfから追加する方法

1️⃣ もう一つの追加方法は、現在の視点に直接追加して操作する方法です。ライトを追加したい視点に移動したら、Ctrlキーを押しながらShelfの[`Area Light`]をクリックしてみましょう。

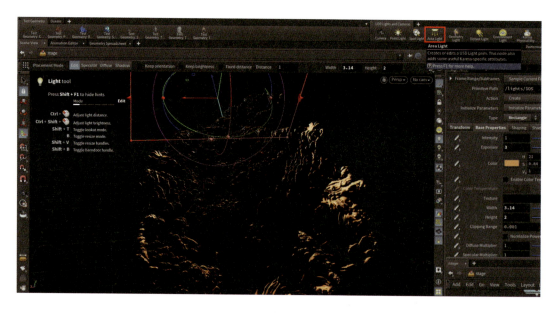

Scene Viewが一部赤くなり、ライトが作成され、その視点に固定されたことがわかります。

2️⃣ そのまま視点を動かして位置を微調整したら、[`Lock camera/light to view`]をオフにしてから視点を動かすことで、ライトの視点から抜け出せます。

Scene View、シーングラフ、Network editorを確認すると、arealight2という名前でライトが追加されています。

 ライトもノードが縦に繋がれていますが、これもシーングラフを次へ受け渡しながら加工しているイメージで理解するとよいでしょう。

もう一度Karmaに変更して、最終品質を確認した様子です。かなりそれらしくなってきました。

■ 自分なりに調整してみよう

　ここまでの内容をもとに、自分なりに調整してみましょう。削除したいライトに対応するノードを選択してDeleteキーを押せば、ライトを削除できます。

　また、ライト名は`Primitive Path`がもとになっています。シーングラフ上でのパスを意味していて、このライトの場合は「/lights/arealight2」として配置されています。つまり「$OS」はノード名を表しています。

　そのため、`Primitive Path`を任意に変更することで、好きな階層に任意の名前でライトを配置できます。試しに、`$OS`の部分を「`MyLight`」に変更してみると、シーングラフにも反映されます。

　ただし、すでに存在する階層に同じ名前で設定しようとすると、共存できないため注意しましょう。

 後でマテリアルをさらに細かく調整するので、今はなんとなくで構いません。

6-3-4 カメラを置こう

① カメラも、CHAPTER01で行ったこととほぼ同じです。大体近い視点まで動いたら、Ctrlキーを押しながらShelfの[`Camera`]をクリックし、ある程度位置を調整しましょう。

2 カメラ特有の様々なパラメータが存在しますが、まずはカメラの画角（視野角）を調整しましょう。構図に大きく影響する大事な要素です。画角は、現実のカメラでは**レンズの焦点距離とセンサーサイズ**で決まります。Houdiniでは、それぞれ`Focal Length`と`Horizontal Aperture`が対応しています。
`Focal Length`の値が小さくなるほど、また`Horizontal Aperture`の値が大きくなるほど、画角は広がります。

焦点距離が小さくなる
➡ 画角が広がる

センサーが大きくなる
➡ 画角が広がる

これらの値は、カメラとレンズによって実に様々です。今回は筆者が愛用しているカメラ、ソニーのα7Ⅲ[注3]を参考に、❶`Horizontal Aperture`を「35.6」に設定します。いわゆる**35mmフルサイズ**と呼ばれるセンサーサイズです。❷`Focal Length`は、標準と言われている「50」に設定します。

3 続いて画面の比率です。テレビや映画は横長で、SNSでは正方形や縦長の画像が目立ちますね。Houdiniでは、`Aspect Ratio`から設定します。
デフォルトは「16，9」になっていますが、これは**横縦**の順で比率を表していて、テレビや一般的なモニタによくある比率です。右のプルダウンからは、よくある比率を選択できます。

A4やB5などの規格は比率が$1:\sqrt{2}$なので、「1, 1.4142」くらいにしておけば、それっぽく見えるかもしれません。自分なりの構図やライティングを探してみましょう！

注3 仕様表
https://www.sony.jp/ichigan/products/ILCE-7M3/spec.html

6-3-5 Render Galleryを活用しよう

Render Gallery（レンダーギャラリー）は、レンダリング中の画像のスナップショットを撮って、ギャラリーとして閲覧できる機能です。

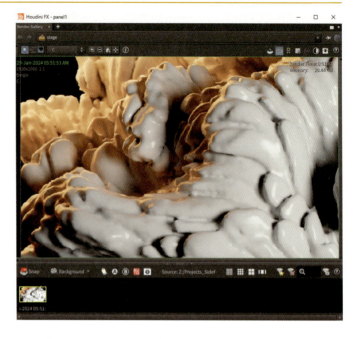

ただ画像を保存するだけでなく、スナップショットを撮った時点のネットワークの状態も保持しており、サムネイルを右クリックして［`Revert Network to this Snapshot`］をクリックすることで、いつでも元の状態に戻すことができます。

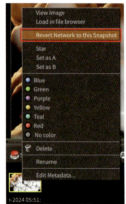

① 実際に使ってみましょう。どのパネルでもよいので、タブ欄の［+］から、［`New Pane Tab Type`］＞［`Solaris`］＞［`Render Gallery`］をクリックします。

2 このままでは少し使いにくいので、Render Galleryを独立させてみましょう。タブ欄の▽から、[Tear off Pane Tab]をクリックします。

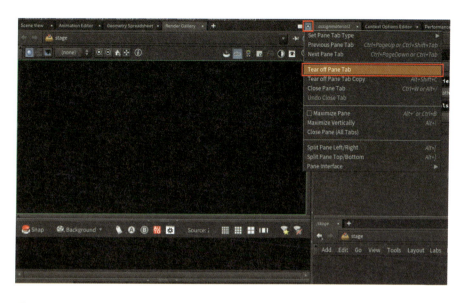

3 独立させられたら、あとは左下の[Snap]をクリックするだけです。スナップショットが必要なくなったら、サムネイルを右クリックして[Delete]をクリックしましょう。
　この後様々な調整を繰り返すので、Render Galleryをうまく活用できると少し作業が楽になります。

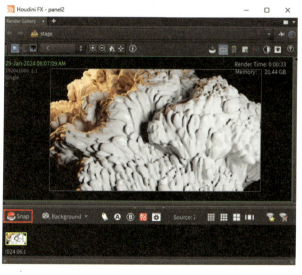

もう1枚画面がほしい……。

ちなみに、私の環境は4画面（2画面分の縦長モニタもあるので実質5画面）です。

6-3-6 マテリアルの調整前に

これからマテリアルを本格的に設定していきますが、マテリアルを作るにあたって、最終品質のプレビューの確認は不可欠です。一方で、とても負荷の大きい作業であることも確かです。

そこで、マテリアルの調整に入る前に、Scene Viewのプレビューを少しでも軽くする方法を紹介します。まず前提として、Scene Viewで使うKarma CPU、Karma XPUがレンダリングする解像度は、モニタのピクセル数と対応しています。

筆者の執筆環境における解像度が1920×1080ピクセルのモニタでは、Scene View上で実際に計算している解像度は798×449ピクセルのようです。このままでは、3840×2160ピクセルのような高解像度のモニタを使用していた場合、ピクセル数が約4倍になり、レンダリング時間も約4倍かかりそうです。この解像度を変更してみましょう。

■ Karma Render Settingsノードで直接指定

`Karma Render Settings`ノードで直接値を指定すれば、常にその解像度でレンダリングされます。これが最も直感的でしょう。

■Display Optionsから指定

1 Scene View上でDキーを押すか、Display optionsの[`Open display options`]をクリックすれば、Display Optionsを開くことができます。

2 Render タブ内の Render Settings Prim から、Scene View上でのレンダリングに使うUSDプリミティブを指定できます。Karma Render Settings ノードでレンダリング設定用のプリミティブが作られていれば、ここに表示されます。

Render Settings Prim を[Viewport Settings]にすれば、Scene View上でのレンダリングに使われる設定を変更できます。

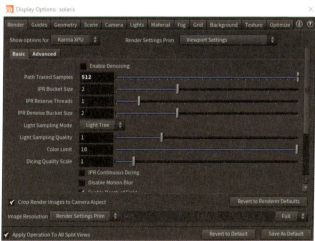

❸ 変更することで最も効果があるのは、`Path Traced Samples`でしょう。試しにKarma XPU用の設定を「16」にすると、1秒未満で動作が停止する代わりに多くのノイズが残っています。

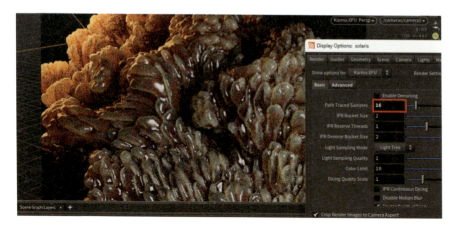

❹ また、Display Options下部には解像度の指定欄もあり、直接指定するか、一定の割合で下げることも可能です。

試しに解像度を[`Full`]→[`1/10`]に変更すると、次のようになりました。

6-3-7 マテリアルを調整しよう

ちゃんとマテリアルを設定するのって、はじめてですよね。今までは色を変えたくらいなので。

そうですね。設定次第でやりようがありすぎるというか、つまりゴールがわかりにくいので、今回はこんな感じの質感を目指してみましょう！

　どんな要素を変更、調整するかは、リファレンスとする画像や実物の物性などを考えていきますが、今回は筆者が用意した画像をもとに、どんな特徴があるのかを考えて整理してみましょう。

　まずは物体そのものの色が、先ほどとは大きく違います。少し赤黒いですが全体で一様ではなく、比較的平らな部分や奥まった部分は、より赤く見えます。

　また、後ろから強い橙色の光が当たっていますが、人間の手のひらや大理石のような、微妙な光の散乱と透過を感じ取れます。これら二つを意識しながら、次のステップを確認しましょう。

■特徴1：ベースカラー

　まずはベースカラー、つまり物体表面の色を決めていきます。後の光の透過と散乱によって少し明るくなることを見越して、少し暗めに調整します。

　マテリアルを適用したときと同じように、mtlxstandard_surfaceノードの`Color`を変更すれば色を変えられますが、このままでは全体の色を一様に変更することしかできません。

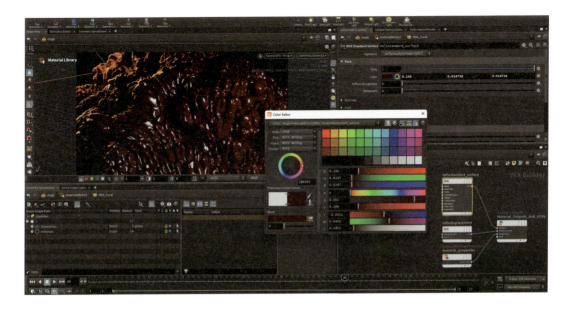

1 これを解決するために、曲率のアトリビュートを利用します。一旦`SOP Import`ノードで参照したノードまで戻りましょう。

2 この段階で曲率を計算しておけば、それが`SOP Import`ノードで参照され、LOP側でも利用できるというわけです。

計算には、CHAPTER05で紹介した`Labs Measure Curvature`ノードを使います。`Null`ノードの直前に追加して、赤と緑がバランスよく出るようにパラメータを調整します（サンプルファイルをご確認ください）。

3 調整が完了したら、Visualize Outputのチェックを外します。Cdアトリビュートが削除され、concavityとconvexityの二つのアトリビュートが追加されます。

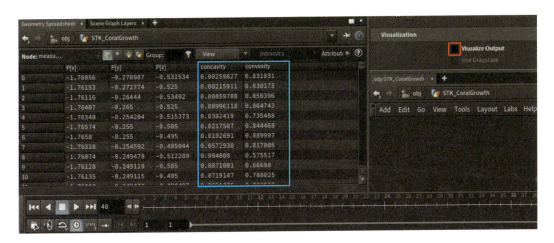

4 これで、SOPでの下準備は完了です。もう一度Mtlx_Coralの階層に戻り、マテリアルの調整を続けましょう。
SOP側のアトリビュートを読み込むには、❶USD Prim Var Readerノードを使います。
❷Signatureは[Float]、
❸Var Nameは先ほど計算した「convexity」を入力します。

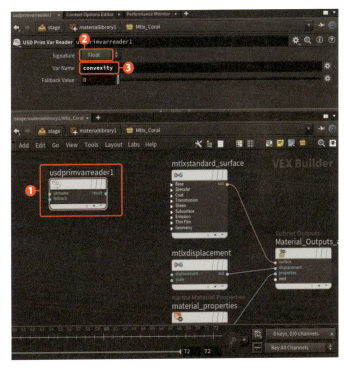

「Prim Var」はUSDの用語で、USDのプリミティブが持っているVariable（変数）のことです。Houdiniのアトリビュートに近い概念です。

5 正しく読み込めているか確認するために、mtlxstandard_surfaceノードのBaseをクリックして開き、base_colorをusdprimvarreader1ノードのresultに繋ぎましょう。

6 正しく読み込めていそうであれば、ここまでを保存するために、Render Galleryでスナップショットを撮っておいてもよいでしょう。

7 白黒もカッコいいですが、今回は色を着けてみましょう。convexityアトリビュートが大体[0，1]の範囲に収まっているので、これを利用します。
`Karma Ramp Const`ノードを下図のように繋いでみましょう。ノード左のtに入力を受け、0がRampの左側、1がRampの右側の色になるよう変換します。デフォルトでは黒から白になっているため、見た目の変化は特にありません。

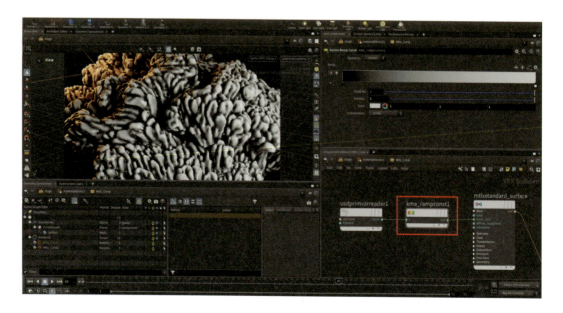

 CHAPTER03で設定したColorノードのパラメータと大体同じですね。

8 光の透過によって強い光が透けることを見越して、暗めの色を設定しました。よく見ると薄く明るいラインが入っていて、単色よりも面白い見た目になっています。

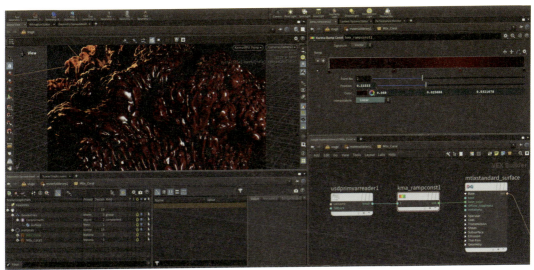

9 Rampを直接編集するので問題ありませんが、色全体を動かすには、入力となるconvexityアトリビュートをKarma Ramp Constノードの前で加工すると少し楽です。
下図のようにMtlX Rangeノードを繋ぎ、値を調整しました。Fit Rangeノードとほとんど同じですが、Gammaというパラメータが追加されています。これは[0, 1]の範囲に対し、中間あたりの値を上げる、あるいは逆に下げるかを設定できます。

数学的には指数なので、上げると[0，1]の範囲の場合、値は大体下がるのですが、それだと扱いにくいので逆数になっています。

またスナップショット撮っておこ〜。

■特徴2：薄く透過する光の表現（SSS）

　手のひらや大理石、牛乳、プラスチック、蠟など、身の周りには光を薄く透過するような物体が多く存在します。このような透過現象は**表面化散乱**、英語では**SSS**（Subsurface Scattering）と呼ばれています。

　物体表面から入射した光が、ある程度物体内部まで入り込み散乱することで、このような見え方をします。

　厳密にはそのように見えない物体でも、見えないほどに浅く入り込み、散乱しているものもありますが、見た目に大差のない計算はしなくても問題ないので、3DCGの世界では、まったく入射せず反射するものとして近似していたりします。これが、先ほど設定した`Color`に対応しています。

紙とか葉っぱも同じですか？

確かに光が入り込んで通り抜けているので似たような感じではありますが、計算方法としては別の方法が一般的だと思われます。

なにがどう違うんだろう……。

　紙や葉っぱのように極端に薄くなってくると、3DCGでは厚みがまったくないカードのようなポリゴン（板ポリ）を使うことになるので、散乱のシミュレーションが難しいです。逆に、透け方は一様でも見た目には問題ないので、うまくそれっぽく見える別の方法が使われていたりすることが多いです。

　SSSの設定も`MtlX Standard Surface`ノードでできます。一つずつ確認しましょう。

●Subsurface

❶ 試しに、Subsurfaceの値を「1」にしてみると、これまで設定した色が完全に失われ、白くなりました。一方で、後ろからの橙色の光が若干透けているような印象を受けます。

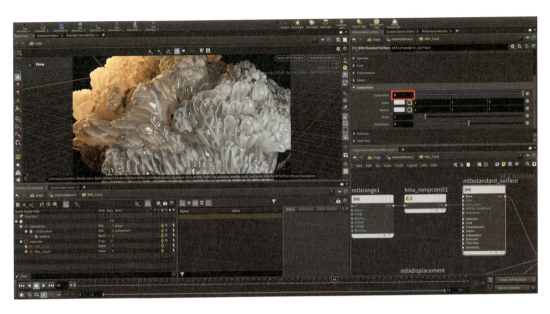

❷ 白くなったのは、Subsurfaceパラメータが、SSSとして計算する光線と、単純な物体表面での反射として計算する光線（先ほど設定した色を使う計算）との比率を表しているためです。
「0.5」などの値にすると、どちらの色も半分ずつ見えるような印象になります。次の説明のために、値はこのまま「1」としておきます。

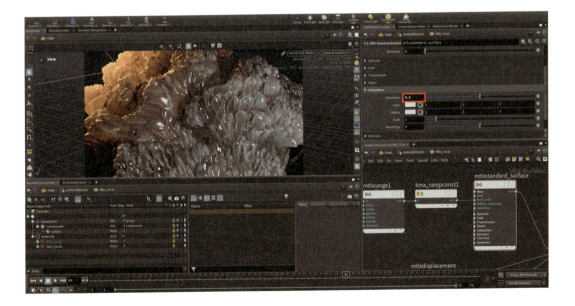

●Radius

1 `Radius`は、RGBそれぞれについて、光線が散乱するまでに入り込む深さの限界を表しています。[0, 0, 0]にすると、すべての光が`Base`の`Color`と同じように物体内部に入り込まなくなるため、`Subsurface`の`Color`で指定されている通り、ただの白いマテリアルになります。つまり、デフォルトの白いマテリアルと基本的に同じになります。

2 [0.05, 0.05, 0.05]などすべてを少し上げると、すべての光が少しだけ物体内部に入り込んで散乱するので、やわらかい印象になります。

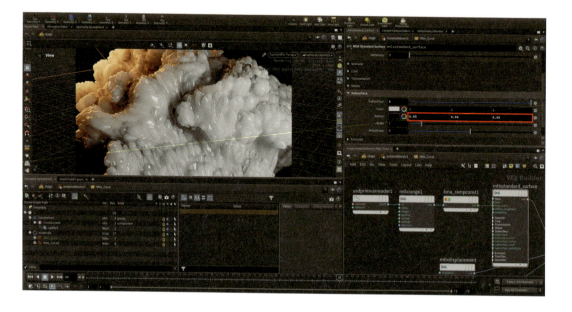

3 [1, 0, 0]のような極端な値に設定すると、赤い光は内部に入り込んで散乱しますが、ほかの光は入り込めないため、内側だけ赤くなり、残った水色が物体表面の色のようになります。

● Scale

Scaleは、単にRadiusに対して掛けられる値です。そのため、以下の二つのような組み合わせはどちらも同じです。

```
Radius=[0.8, 0.6, 0.4],Scale=0.5
Radius=[0.4, 0.3, 0.2],Scale=1.0
```

● Color

1 Colorは、SSS効果そのものの色です。❶ Scaleを「0」にした状態で❷色を変更すると、その影響がよくわかります。

❷ また、❶Colorを[0, 1, 1]にした状態で、❷Radiusを[1, 0, 0]つまり散乱を赤のみに限定すると、そもそもSSSの効果色として[0, 1, 1]を設定したことにより、赤いSSSが発生しなくなります。この状態では内部の散乱が発生しないため、Scaleを変更しても変化は起こりません。

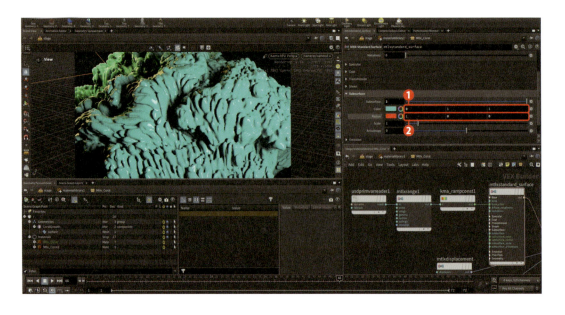

● Anisotropy

❶ Anisotropyは、内部に入った光がその後どの方向に散乱するか、その程度を決める係数です。負の方向では入射とは逆の方向に、正の方向では入射方向への偏りを表します。
「-1」にすると入射方向とは反対に、つまり反射に近いことが起こるので全体として透明感が失われます。

2⃣「1」にすると入射方向にそのまま進むので、ガラスのような、より純粋な透明感が得られます。

3⃣ これらのパラメータの意味を踏まえて、次のように値を設定しました。まだまだ紹介しきれていないノードやパラメータはありますが、今回は一旦ここで完成とします。

6-3-8 レンダリングしよう

マテリアルを調整する前に見せてもらったものより、微妙に暗くないですか？

実は、マテリアルじゃなくてレンダリング設定が原因なんですよね。Karma Render SettingsノードのSSS Limitを「6」に変更すると解決します。

　英語でパラメータの説明にも書いてある通り、SSS Limitは「SSSの光線がシーン内を飛び交う際の波及数で、Diffuse Limitのようなもの」です。本来は物体を突き抜けるなどしてほかを照らすはずだった光線が、SSS Limitを「0」にしていたことで無視されていたため、少し画像が暗くなっていました。

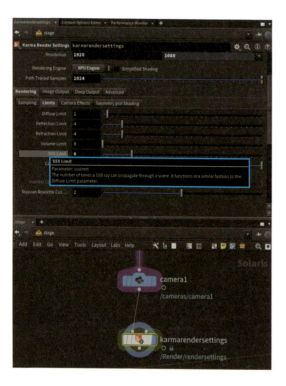

　次は、スナップショットの比較機能を使って、SSS Limitの値のみを変えた二つの画像を比べてみた様子です。左が「6」、右が「0」です。影だった部分が、全体的に明るくなっていることを確認できます。
　この機能は、サムネイル上部のⒶⒷボタンから、サムネイルを比較対象に選択することで利用できます。

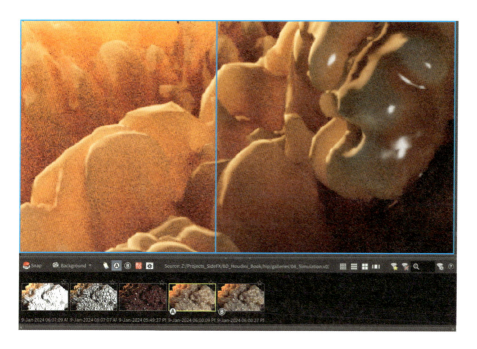

カメラや保存先など、ほとんどの設定はこれまでと同じです。今回のレンダリングは、SSSなど計算コストが少し高いので、Rendering Engineを[XPU Engine]に切り替えます。

Karma XPUが使用可能なハードウェアについては、公式ドキュメント「Karma XPU」のSupported Hardware[注4]をご覧ください。もしKarma XPUがうまく動作しない場合は、これまで通り[CPU Engine]に設定しましょう。

注4　https://www.sidefx.com/docs/houdini/solaris/karma_xpu.html

▌カメラを調整

さつき先生！　いい感じのいいカメラといえば、「ボケ」ですよね。

某超有名ラージフォーマットシネマカメラと超高額シネマレンズが出すボケ、最高ですよね。ミラーレンズやオールドレンズが出す独特のボケも好きです。

若干わかりませんが、いいと思います！

配置や画角の調整は終えているので、最後に被写界深度、つまりボケの設定をしましょう。

❶ `Camera`ノードの`Sampling`タブから、❶ `Focus Distance`と❷ `F-Stop`（F値）を設定します。

❷ 直接値を入力してもいいですが、`Camera`ノードを選択してScene View上でEnterキーを押すと、専用のカメラツールに切り替わり、ピントが合っているポイントなどを視覚的にコントロールできます。

3 また、グリッドが邪魔な場合は、Display optionsの［Display reference plane/ortho grid］をオンにして非表示にするとよいでしょう。

4 今回は次のような値を設定して、Scene Viewではこのように表示されました。F値が低い方がボケは大きくなり、ピントが合う範囲は狭くなります。現実世界では取り込む光が多くなり画面が明るくなりますが、Karmaではそのようなことは起こりません。

また、F値が「0.2」というのは現実世界ではありえませんが、そのようにできるのも3DCGの面白さの一つです。

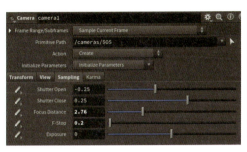

標準的な「いいレンズ」と言われるもので、F値は1.4くらいです。写真用レンズとしては0.7というものも存在したことがあるそうです。

5 別角度からのカメラも追加してみました。元のカメラを複製して少し調整しただけなので、自分なりの視点をいくつか探してみましょう。

■ライトを調整

　全体的にライトの強さや配置などを自由に調整してみましょう。ここでは画面左下からのライトを置いてみましたが、画面全体として明るさが平坦になりすぎる気もするので、なくてもいいかもしれません。いろいろ試しながら、「いい感じ」なライティングを探してみましょう。

■画像をレンダリング

　いよいよ最終レンダリングです。しかし、ここで気を抜いてはいけません。レンダリングは、やり直すのがとても面倒な作業です。最後にもう一度、主なレンダリング設定を思いつくかぎり、すべて確認しましょう。

- 保存先を正しく指定できているか
- 使用するカメラとレンダリング設定のプリミティブは間違っていないか
- レンダリングエンジンを正しく指定できているか
- 解像度を正しく指定できているか
- サンプル数は多すぎないか

　確認したらUSD Render ROPノードを配置して、[Render to Disk]をクリックすれば完了です。

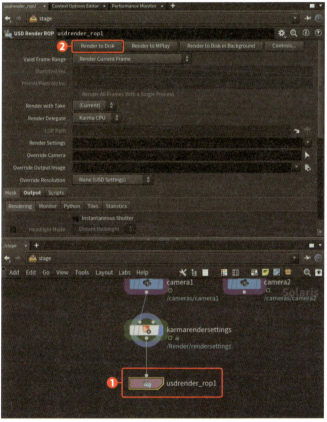

本章のまとめ

頑張った甲斐あって、カッコいいのができました！ もう何枚かカメラアングルとライティングを変えて試してみます！

私もマテリアル、カメラアングル、ライティングを変えて作ってみました。左のライティングは、博物館で見つけた国宝展示のパンフレットを参考にしました。

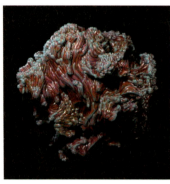

※これらの画像の設定は、ダウンロードデータにあるサンプルファイルをご確認ください。

同じモデルでも結構雰囲気が変わりますね。

　本章では、Solarisと呼ばれるレイアウト、ライティング、レンダリングに関わる一連の機能群を使用して作品を完成させました。また、その過程において、USDやマテリアルの作り方、考え方にも少し触れました。
　USDやSolarisについて、より発展的な内容を学びたい方に向けて、最後にいくつか参考文献を紹介します。

- SOLARIS による USD の基礎
  https://www.sidefx.com/tutorials/usd-basics-with-solaris/
- Solaris による USD オーサリング
  https://www.sidefx.com/tutorials/usd-authoring-with-solaris/
- SOLARIS による米ドル資産構築
  https://www.sidefx.com/tutorials/usd-asset-building-with-solaris/
- USD の帳簿
  https://remedy-entertainment.github.io/USDBook/
- USD の基本
  https://www.sidefx.com/ja/docs/houdini/solaris/usd.html

さつき先生小噺 | CGI or NOT

問題！　以下はそれぞれ、CGか実物を撮影した写真か、どちらでしょう？

さすがにCGと写真は区別できますよ！　……あれ？

インターネットや図鑑で調べても構いません。ヒントは「3DCG・生成AI・写真」が一つずつです。この生成AIは3DCGではありませんが、CGではあると思うので、ここではCGという扱いにします。

右の細かさは写真……いや真ん中も……本当は執筆で忙しいから全部AI？

（2枚は私の作品なので全部AIはちょっと悲しいなぁ……）

無理です。勘とメタ読み以外なにも思いつきません。

正解は……！

赤い花：さつき先生の3DCG
青い花：近所の紫陽花をソニーのα7Ⅲ＋FE 24-105mm F4 G OSSで撮影
白い花：DALL-E 3で生成したオルレアの花

まぁまぁ普通に難しいですね。

中高生向けの講演でも100人ほどに投票してもらったのですが、まぁまぁ間違えていただきました。うちの家族にいたっては全滅です。

生成AIによるフェイク画像が社会問題になるのも納得ですね。

知り合いのプロ10人ほどに出題した結果、CGに詳しくない方よりは正答率が高いかなぁと思いました。ここでは、よくある見分け方を紹介します。

■ 見分け方1：現実を観察しよう

　これは、CGやカメラに詳しくなくてもできることです。（クイズとしてはよろしくないかもしれませんが）様々な方法で調べるというのは、なにおいても大切なことです。
　最近の検索エンジンは、画像そのものを用いて似通った画像を検索できます。これを利用して「オルレア」という名前にたどり着けば、生成AIの白い花とは似ているがなにかが違うと思えるでしょう。また、紫陽花の画像を検索してみれば、本物としてかなり妥当に思えるかもしれません。もっと広く花の写真や図鑑を観察すれば、3DCGの赤い花には普通ならあるはずの雄しべや雌しべがなく、花としての要素が足りないことにも気付けるでしょう。

赤い花の画像は、私が数年前に作った「無限に開き続ける花のCG動画」の一コマで、雄しべや雌しべなどの面倒な部分はすべてありません。

花に限らず、まずはちゃんと調べるのが大事そうですね。

■ 見分け方2：偽物特有の粗を見つけよう

　3DCGや生成AIによる画像の作り方を知っていると、その特徴から典型的な破綻などを見つけられることがあります。

3DCGを作る側としては、他人にはあまりやってほしくないのですが、逆にこれを自問自答し続けるのは、フォトリアルを作る上で大事な気がします。

　白い花の画像をよく観察すると、小さく破綻していたり、不自然な部分が多くあることに気付きます。
　最初期のAIに比べれば、本章執筆時点（2024年4月）のAIの精度はとても上がっていますが、まだ人が作る3DCGとは別の、独特な破綻が見受けられます。よくわからない重なりや繋がりをCGで作るのは、逆に難しいのです。

 赤い花の画像も「改めて見ると直したいなぁ」というところが多々あるのですが、それはみなさんで見つけてみましょう。

■ 見分け方3：カメラの知識を活用しよう

　今回は「カメラの知識」ですが、イラストであれば「画材やソフトウェア固有の知識」とも言い換えられるかもしれません。
　よく言われている特徴として、現実のフィルムやセンサーで撮影すると、様々な原因で固有のノイズが載ります。原理は違いますが、フォトリアルな3DCGでも、また違った雰囲気のノイズが載ります。筆者が作った画像では、このノイズをカメラで撮影したものに近づけています。
　一方で、現状の生成AIはそもそもノイズを取り除いて意味のある画像を生成しているためか、カメラで撮影したものと比べると、かなりノイズの少ない画像が生成されるようです。

 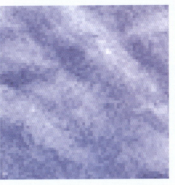 

　また、今回の例ではわかりにくいですが、レンズによる玉ボケや画像全体の歪み、色ずれなど、フォトリアルな3DCGを作る上で勉強する、一通りのカメラの知識は有用な判断材料になるでしょう。

 赤い花の画像について、SNSやイベントを通じて450人ほどに投票してもらったのですが、誤答のうち約9割は「写真」で、「生成AI」はとても少なかったです。多くの方が、なにか「雰囲気」を感じるのかもしれません。

CHAPTER 07 プログラミングに挑戦しよう

本章では、Houdiniでのプログラミングの基礎を学びます。初学者には敬遠されがちなトピックですが、少し書けるだけでも大きく可能性が広がります。

SECTION 7-1 Attribute Wrangleノードを使おう ➡ P.284

- 7-1-1 まずは1行書いてみよう
- 7-1-2 Run Overを変更しよう

SECTION 7-2 基本的な概念を学ぼう ➡ P.289

- 7-2-1 変数：番地の名付け
- 7-2-2 関数：便利な処理をまとめたもの
- 7-2-3 if／else文：条件分岐
- 7-2-4 whileループ：繰り返し処理させよう
- 7-2-5 forループ：少し便利に使えるループ

SECTION 7-3 ジオメトリを構成しよう ➡ P.302

- 7-3-1 ポイントを追加しよう
- 7-3-2 プリミティブの追加と頂点を登録しよう

SECTION 7-4 VEXで書き直そう ➡ P.305

- 7-4-1 処理を復習しよう
- 7-4-2 必要な変数を用意しよう
- 7-4-3 ポイントを追加しよう
- 7-4-4 プリミティブを追加しよう
- 7-4-5 アトリビュートの設定と色を着けよう
- 7-4-6 変数をHoudiniのパラメータにしよう

SECTION 7-5 以前の実装と比べてみよう ➡ P.317

- 7-5-1 小さな違いを確認しよう
- 7-5-2 見た目が変わった！？

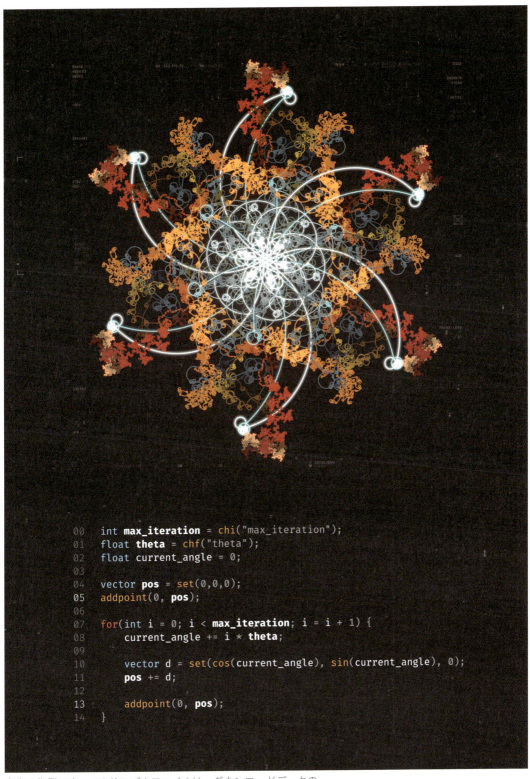

本章の作例です。このサンプルファイルは、ダウンロードデータの
「07_Precision_VEX.hip」からご確認いただけます。

CHAPTER 07 プログラミングに挑戦しよう

さつき先生　プログラミングってしたことありますか？

ゆうか　C言語は聞いたことがあります！

C言語はプログラミング言語のうちの一つですね。今回は、VEXというHoudini専用の言語を学びます。専用なだけあって、ジオメトリに対する様々な処理を簡単に行えます。少し難しいかもしれませんが、事前準備はすでに終わらせています。

なんと！

今回の作例は、プログラミングによってなにが変化するのか体感しやすいよう、あえてCHAPTER03とほぼ同じものを採用しています。

頑張って計算したり式変形をして、いろいろなノードを使ったアレですよね！

そうです。あの作例の主な処理をプログラミングでノード一つにまとめて高速化します。せっかくなので、見た目もさらに面白くしようかなと考えています。

SECTION 7-1　Attribute Wrangleノードを使おう

　`Attribute Wrangle`ノードは、SOPコンテキストで簡単にVEXを実行できるノードです。もう少し簡単な言い方をすると、VEXでジオメトリを操作できるノードです。

7-1-1　まずは1行書いてみよう

　新しいプロジェクトではじめるので、しっかり保存しておきましょう。`Attribute Wrangle`ノードは、SOPコンテキスト、つまりこれまで様々な操作をしてきたobjコンテキストの、`Geometry`ノード内で使うことができます。

1. まずは、objコンテキストに**Geometry**ノードを作りましょう。名前は「Programming_Basics」としました。ここで簡単な概念や基本文法を押さえてから、本題に入ります。

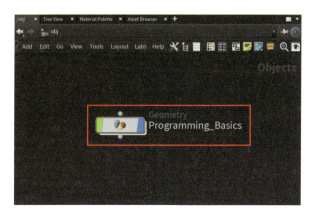

2. Programming_Basicsノード内に入ります。VEXは、❶**Attribute Wrangle**ノードで簡単に書くことができます。処理対象のジオメトリも必要なので、❷**Grid**ノードを下図のように繋いでみましょう。

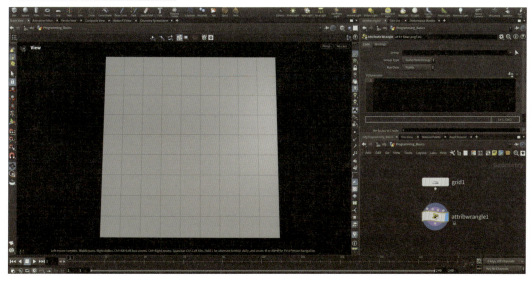

3. これで準備は完了です。まだ詳しい意味を理解する必要はありませんが、まずは次の1行をattribwrangle1ノードの**VEXpression**に書いてみましょう。

```
v@Cd = rand(v@P);
```

最後の「;(セミコロン)」を忘れずに！

CHAPTER 07 プログラミングに挑戦しよう

COLUMN
コードの拡大縮小

- Ctrl＋テンキーの「＋」で拡大
- Ctrl＋テンキーの「-」で縮小

正しく記入できると、下図のようにランダムな色が着きます。Geometry Spreadsheetを確認すると、ポイント単位にCdアトリビュートが追加され、色がランダムに割り当てられたことがわかります。これは、一箇所に書いたコードが、すべてのポイントに対して実行されているためです。

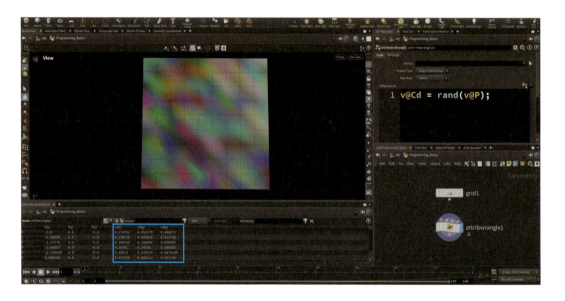

なんとなく、「P」をもとにランダムな値を作っているような雰囲気は伝わってきます。「v@」など詳しいことはよくわかりませんが。

割と簡単に、しかもなんとなくそれっぽい感じで書けるということが伝われば、今は十分です！

7-1-2 Run Overを変更しよう

1 `Attribute Wrangle`ノードには`Run Over`(実行単位)というパラメータがあります。これを`Points`から[Primitives]に変更してみましょう。

面単位に色が着きました。Geometry Spreadsheetでも、プリミティブ単位にCdアトリビュートが追加されているのを確認できます。

プリミティブ単位にPアトリビュートは存在しませんが、あたかも存在するかのように、プリミティブの重心をPとして代用する仕様です。`Points`のときと同じように、==プリミティブの数だけコードが実行されている==ことに留意しましょう。

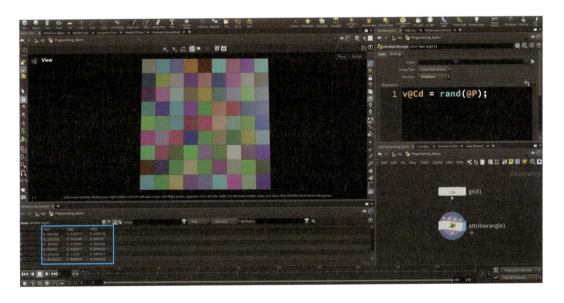

CHAPTER 07 プログラミングに挑戦しよう

2 続いて、Run Overを［Vertices］に変更してみましょう。Pointsのときと見た目に変化はありません。これは、Pをその頂点が紐付けられているポイントのPで代用しており、同じポイントに紐付けられている頂点は、当然同じ座標にあるためです。

しかし、Geometry Spreadsheetには頂点単位にCdが追加されており、Pointsのときとは本質的に別ものであることを確認できます。ここも、頂点の数だけコードが実行されていることに留意しましょう。

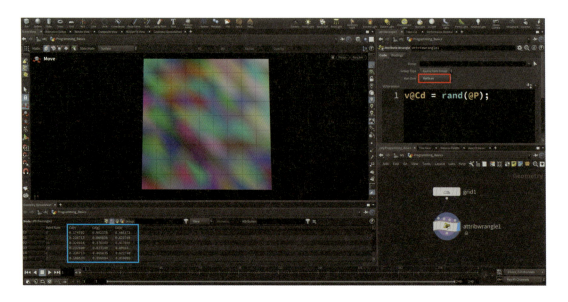

3 最後は［Detail (only once)］です。全体が一色になりました。Pは、ジオメトリ全体をぴったり覆う、座標軸に沿った直方体（バウンディングボックス）の中心で代用されます。

ジオメトリ全体としての情報を操作するため、「(only once)」とある通り、コードは全体で一度しか実行されません。

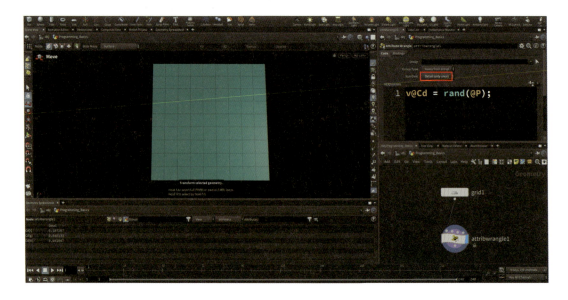

SECTION 7-2 基本的な概念を学ぼう

最もシンプルにVEXを書く方法として、`Attribute Wrangle`ノードと、Houdini特有の事情として`Run Over`を紹介しました。次は文法について学んでいきましょう。

まずは、次のコードを見てみましょう。これは三角ポリゴンを作るコードです。日本語と完全に対応させることは難しいですが、必要な手続きが1行ずつ、順番に書かれているのがわかると思います。

【三角ポリゴンを作れ】

```
int point0 = addpoint(0, {0,0,0}); // 座標{0,0,0}にポイントを作ってその番号を保存しろ。
int point1 = addpoint(0, {0,1,0});
int point2 = addpoint(0, {1,0,0});

int polygon = addprim(0, "poly"); // 空の閉じたポリゴンを作ってその番号を保存しろ。

addvertex(0, polygon, point0); // このポリゴンにこのポイントを頂点として追加しろ。
addvertex(0, polygon, point1);
addvertex(0, polygon, point2);
```

CHAPTER02では、これを`Add`ノードなどで作りましたが、`Run Over`を[Detail (only once)]に変更して上記のコードを入力することでも再現できます。この三角ポリゴンを作るコードを理解するために、VEXに限らず多くのプログラミング言語に存在する概念から確認しましょう。

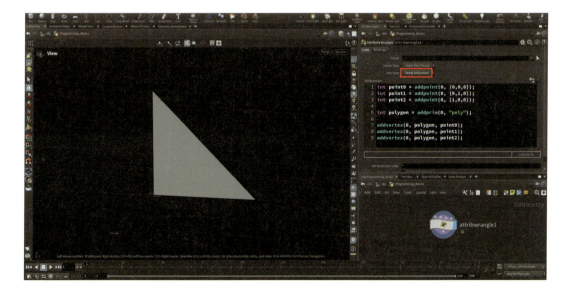

7-2-1 変数：番地の名付け

変数は、ある番地に付けた名前のようなイメージを持っておくとわかりやすいです。コンピュータにおける一般的な話として、メモリという概念があります。

このメモリは小さなブロックのような単位で区切られており、それぞれの場所に番号が割り当てられています。これはただの整数ですが、非常に長い一直線の住宅街と、その番地のようなものを思い浮かべてもよいかもしれません。

しかし、ただの数字だと人間には非常に扱いにくいので、変数と呼ばれる概念が登場します。

番地に名前を付けられると便利そう

ある番地の建物を、その番地（数値）の代わりに建物名で呼ぶように、メモリもわかりやすい名前で参照できるようになれば、そこの値を読み出したり書き換えたりすることを、より直感的に行えます。

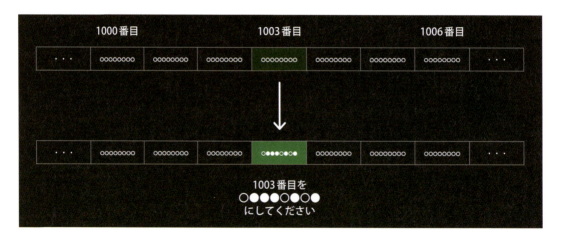

多くのプログラミング言語は、いつもの数字（十進表記）を扱えますが、実際は電流が流れているかどうかや、電圧が高いかどうかなどを0と1に対応させているだけなので、上図では●と○で表現しています。

■ 番地の確保

ある程度複雑なデータを保存しようとして、適当な数のブロックメモリを確保するとします。ここで、内部的には●と○の羅列なので、メモリを確保するからにはその読み方も一緒に考える必要があります。

たとえば、少数をなにかしらの方法で32個の●と○（32bit）で表現しようとしても、少数は無限に存在するので、すべての値を正確に表現することはできません。また、同じ32bitのデータでも少数は考慮せず、整数のみを表現する場合もあります。

このように、メモリに存在する情報としてはどちらも32bitのデータなので本質的には変わりませんが、少し違うデータとして扱われています。

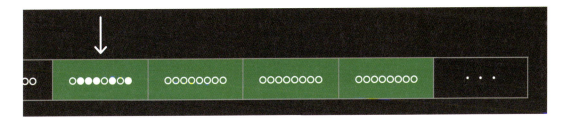

■ 実際の書き方

ここまでの話をまとめると、以下の情報が必要です。

- 番地の大きさ
- 番地の読み方
- 番地の名前
- 番地に保存する値

番地そのものは指定しなくてもいいんですか？

そこは全自動でやってくれます。コンピュータ上では、ほかにもいろんなソフトが動いていたりするので、最近では基本的に自動です。

CHAPTER 07　プログラミングに挑戦しよう

　VEXでのコードの書き方（変数の宣言）は、次のように［型名］［変数名］＝［初期値］；の形にするのが基本です。

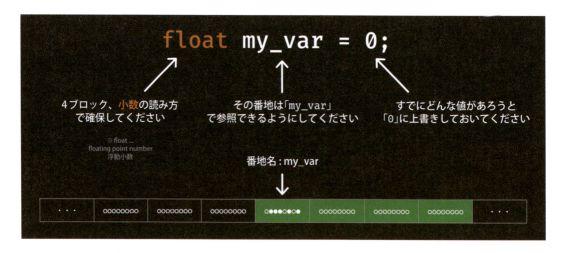

　型名（`float`）は、確保するサイズとその読み方を決める役割を果たします。
　変数名は、スペースを入れてはいけないなど、いくつかルールがありますが、基本的には自由な名前を付けられます。ここでの「`my_var`」というのは、「My Variable（私の変数）」の略で、スペースが使えないので「_（アンダーバー）」を使っています。
　初期値はなくても動作しますが、確保された場所に入っている値がわからないと思わぬバグに繋がるので、明示的な値を入れるべきでしょう。
　最後の「;」は、一つの命令の終わりを示すものです。

 型はほかにもいろいろあります。

型名	意味	宣言と初期化
int	integer, 整数	`int var = 0;`
float	floating point number, 浮動小数	`float var = 0.0;`
vector	ベクトル, 三つの少数	`vector var = set(0.0, 0.0, 0.0);`
string	文字列	`string var = "";`

　一度確保した変数は、後から変更も可能です。最初にその番地の読み方やサイズを決めているので、次からは`float`や`int`といった型名を書く必要はありません。書いてしまうと、別の番地を同じ名前で確保することになってしまい、エラーになります。

```
int my_var = 0;
my_var = 3; // 後から変更も可
```

■変数同士の計算

変数同士は、割と直観的に演算できます。次の例では、a, bの二つの変数を作った後、それを用いてc, dの値を決めています。

```
int a = 3;
int b = 2;
int c = a + b; // cは5になる
int d = a * b; // dは6になる
```

日本語で書いているメモは**コメント**と呼ばれるもので、VEXの場合、その行で「//」の後に書かれた内容はすべて無視されます。

逆に、一部のコードを一時的に無効化する目的で使うこともあります。これは**コメントアウト**と呼ばれています。

■アトリビュートへのアクセス

先ほどattribwrangle1ノードのVEXpressionに書いたように、[型名]@[アトリビュート名]で参照できます。そのアトリビュートが存在しない場合は、自動で作られることに注意しましょう。

```
v@Cd = rand(@P);
```

「@P」に型名は必要ないんですか？

そこはとても重要なことなので、もう少し詳しく確認しましょう。

「v@Cd」のように、型名は基本的に省略せず書くべきですが、PなどのHoudiniでよく使われる一部のアトリビュートについては、それぞれに合わせた型であると仮定されます。

Cdも色としてよく使われる名前なので、次のように型名vを省略しても正しく動作します。

```
@Cd = rand(@P);
```

逆に、Pに対して明示的に型名vを指定しても正しく動作します。

```
v@Cd = rand(v@P);
```

CHAPTER 07 プログラミングに挑戦しよう

アトリビュートも変数にかなり近い概念であると捉えると、少し見通しがよくなるでしょう。

アトリビュートにも多くの型があります[注1]。

以下のテーブルには、利用可能なデータタイプとそれに呼応する文字を載せています。

VEXタイプ	構文
float	f@name
vector2 (2 floats)	u@name
vector (3 floats)	v@name
vector4 (4 floats)	p@name
int	i@name
matrix2 (2×2 floats)	2@name
matrix3 (3×3 floats)	3@name
matrix (4×4 floats)	4@name
string	s@name
dict	d@name

7-2-2 関数：便利な処理をまとめたもの

`@Cd = rand(v@P);` の「rand」は、なにか入力を与えるとその値からランダムな値を生成する、RAND関数というものです。

「入力をランダム（のよう）な値に変換する」という処理を自分で考えるのは意外と難しいので、こういった処理が用意されていると便利ですよね。

関数は、[関数名]([引数1],[引数2],…)という形で書きます。引数（ひきすう）とは、関数が処理を行うために必要な引数のことです。「,…」としているのは、関数によって必要な情報の数が異なるためです。

関数名の上にカーソルを合わせると、小さく説明が表示されます。この状態でF1キーを押すと、対応するドキュメントが開きます。

注1　VEXエクスプレッションの使用
https://www.sidefx.com/ja/docs/houdini/vex/snippets.html

試しに開いてみましょう。一つのRAND関数でも、様々な型を引数に取ることができるようです。また、`rand`の左に書いてある型名は、RAND関数の計算結果となる値（戻り値）の型を表しています。

同じ型の引数でも異なる型の戻り値を得られること、逆に異なる型の引数でも同じ型の戻り値を得られることが、このリストからわかります。先ほどは引数に`v@P`を、戻り値の保存に`v@Cd`を使ったので、引数も戻り値も型はvectorです。つまり、下から六つ目のパターンが自動で選択されていました。

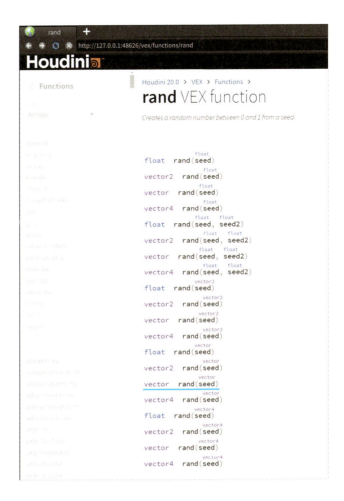

■printf関数で情報をプリント

よく使う関数として、printf関数を紹介します。新しく`Attribute Wrangle`ノードを一つ追加し、`Run Over`を[`Detail (only once)`]に変更しておきましょう。

printf関数はとてもシンプルで、Houdini Consoleに情報を出力する関数です。単なる文字列とプログラムそのものとを区別するため、文字列は「""」（ダブルクォーテーション）」で囲います。

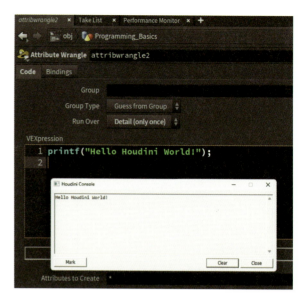

もう一度実行する場合は、最後に改行を入れたり消したり、なんらかのパラメータを変更するなどの必要があります。これは、処理の無駄を省くため、内容に変更がないかぎり再計算が行われないためです。

改行には専用の記法があり、「\n」と書きます。

printf関数は、プログラム実行中の変数の中身をチェックする際にも有効です。次の例では、変数aに入っている値を出力します。

【プログラム】

```
int a = 314;
printf("%d\n", a);
a = 271;
printf("%d\n", a);
```

【出力】

```
314
271
```

公式ドキュメント「printf VEX function (https://www.sidefx.com/ja/docs/houdini/vex/functions/printf.html)」には、次のようにあります。

> **printf** VEX function
> VEXプログラムを開始したコンソールに値を出力します。
>
> ```
> printf(format, ...)
> ```

また「%d」については、「十進数で整数値を出力します」との記載があります。つまり、%dの部分は変数aの値に置き換えられて出力されているということです。「printf("a\n")」としてしまうと、単純に「a」と出力されてしまいます。

「...」は、任意の数の引数を受け取ることができるという意味です。次のように複数の%dを用意した場合は、対応する数だけ変数を渡すことで、同時に二つ以上の値をまとめて出力することもできます。

【プログラム】

```
int a = 314;
int b = 159;
printf("%d, %d\n", a, b);
```

【出力】

```
314, 159
```

7-2-3 if ／ else文：条件分岐

「もしこうならばこの処理、そうでなければこの処理」というように、条件をもとに処理を振り分けることができます。例として、次のコードを実行すると、以下のような出力を得られます。

```
int a = 314;
int b = 159;
```

CHAPTER 07　プログラミングに挑戦しよう

【プログラム】

```
if (a > 300) {
    printf("a is greater than 300.\n"); // aは300より大きい
}
else {
    printf("a is less than or equal to 300.\n"); // aは300未満
}

if (b > 300) {
    printf("b is greater than 300.\n"); // bは300より大きい
}
else {
    printf("b is less than or equal to 300.\n"); // bは300未満
}
```

【出力】

```
a is greater than 300.
b is less than or equal to 300.
```

314は300より大きいので、「`if (a > 300)`」後の最初の`{}`の中身が実行されています。逆に、159は300未満なので、「`if (b > 300)`」後の`{}`ではなくelse後の`{}`の中身が実行されています。

適切にaとbの値を変更して、実行結果が変わることを確認してみましょう。

```
int a = 299;
int b = 159;

if (a > 300) {
    printf("a is greater than 300.\n"); // aは300より大きい
}

if (b > 300) {
    printf("b is greater than 300.\n"); // bは300より大きい
}
```

必要なければ、`else`は書かなくても問題ありません。このとき、条件が満たされない場合は、その部分の処理がスキップされることになります。

7-2-4 whileループ：繰り返し処理させよう

ノードでは、CHAPTER03で`For-Loop with Feedback`という処理の繰り返しができるノードを使いましたが、VEXでも様々な方法で処理を繰り返すことができます。

whileループは、指定した条件が満たされる間、{}内の処理を繰り返します。そのため、==いつか条件式が満たされなくなるような処理（更新）==をしないと、永遠に処理が終わらなくなってしまうことに注意しましょう。

```
         継続条件
while([条件式]) {
     // 処理
}

いつか条件が満たされなくなるような処理をしないと
永遠にループが続いてしまう
```

具体例を見てみましょう。変数`i`は、最初に`0`で初期化されます。条件は「`i`が3未満である」です。
{}内の処理で、`i`を1ずつ増やしているため、printf関数による出力は条件が満たされなくなるまでに3回行われます。

【プログラム】

```c
int i = 0;
while(i < 3) {
    printf("i = %d\n", i);
    i = i + 1;
}
```

【出力】

```
i = 0
i = 1
i = 2
```

「i = i + 1」が、なんか変な気がします。

確かにこの書き方、数学のイコールとして式を見てしまうと破綻しています。プログラミングにおける＝は代入のイメージで、「i←i＋1」のように捉えるといいかもしれません。

数学のイコールはどうなるんですか？

VEXを含む大抵のプログラミング言語では、「a == b」のように書きます。ちなみに、ノットイコールは「a != b」です。

7-2-5　forループ：少し便利に使えるループ

「指定した回数繰り返す」ということは、非常に典型的なループの使用例です。whileループでは、指定した回数繰り返そうと「初期化」「条件」「更新」の三つが離れた場所に書かれるので、かなり面倒なことになります。

forループでは、このような三つの要素を1行にまとめて書くことができるので、典型的な処理が非常に見やすくなります。

```
          初期化        継続条件       更新式
for([初期化]; [条件式]; [更新式]) {
    // 処理
}
```

具体的な使用例は次の通りです。出力結果は先ほどのwhileループと一致します。

```
for(int i = 0; i < 3; i = i + 1) {
    printf("i = %d\n", i);
}
```

COLUMN
様々なループの使用例

10から0までの整数を降順で列挙

```
for(int i = 10; i >= 0; i = i - 1){
    printf("%d\n", i);
}
```

0以上π未満の値を0.01刻みで列挙

```
for(float i = 0; i < 3.141; i = i + 0.01){
    printf("%d\n", i);
}
```

forループを二重に使用して掛け算の九九の表を出力

```
for(int i = 1; i <= 9; i = i + 1) {
    for(int j = 1; j <= 9; j = j + 1) {
        printf("%d ", i * j);
    }
    printf("\n");
}
```

CHAPTER 07 プログラミングに挑戦しよう

SECTION 7-3 ジオメトリを構成しよう

CHAPTER02で、Addノードを使って三角形を作ったのを覚えていますか？

ポイントを用意して、プリミティブも用意したら、プリミティブに頂点としてポイントを登録する作業でした……よね？

その通りです！　今から、それをすべてコードで書きます。

❶新しく空のジオメトリを用意しましょう。中に入ったらAttribute Wrangleノードを一つ用意し、❷Run Overを[Detail (only once)]にしておきましょう。

7-3-1 ポイントを追加しよう

まずは、ポイントを三つ追加しましょう。ポイントの追加にはaddpoint関数が用意されているので、これを使います。公式ドキュメント「addpoint VEX function（https://www.sidefx.com/ja/docs/houdini/vex/functions/addpoint.html）」で使い方を確認しましょう。

指定した位置にポイントを追加できれば十分なので、二つ目の引数リストを指定すればよさそうです。`geohandle`は「現在のところ、有効な値は0または〜」と記載があるので、「0」を入れておけばよさそうです。

次のようなコードを書くことで、原点にポイントを一つ追加できました。

```
addpoint(0, {0,0,0});
```

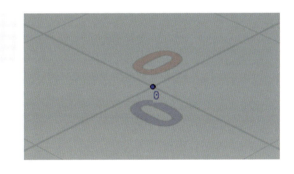

同じ要領で、ポイントを三つ追加できました。

```
addpoint(0, {0,0,0});
addpoint(0, {0,1,0});
addpoint(0, {1,0,0});
```

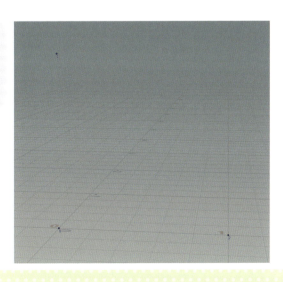

7-3-2 プリミティブの追加と頂点を登録しよう

次はプリミティブを追加しましょう。プリミティブの追加にはaddprim関数を使います。公式ドキュメント「addprim VEX function（https://www.sidefx.com/ja/docs/houdini/vex/functions/addprim.html）」を見ると、プリミティブの追加と同時に頂点の追加もできるようです。

ただし、pt0,pt1,pt2...として指定するポイントを表す引数の型は「int」とあるため、ポイント番号を表すなんらかの整数を入れる必要があります。

整数の取得方法は、さきほどの「addpoint VEX function」にあります。Returns（戻り値）の項を見ると、「作成されたポイントのポイント番号」とあります。これを捨てずに取っておけばよさそうです。

そこで、先ほどのコードを次のように書き換え、それぞれのポイント番号を変数に保存しておきます。

```
int pt0 = addpoint(0, {0,0,0});
int pt1 = addpoint(0, {0,1,0});
int pt2 = addpoint(0, {1,0,0});
```

ほかに理解する必要がある引数は、geohandleとtypeです。これらについてもドキュメントに説明があります。geohandleは先ほどと同じく「0」、typeは「"poly"」と入れておけば閉じたポリゴンを作れそうです。

以上を実装すると、次のようになります。Add ノードで行ったことを、VEX コードで実現できました。

```
int pt0 = addpoint(0, {0,0,0});
int pt1 = addpoint(0, {0,1,0});
int pt2 = addpoint(0, {1,0,0});

addprim(0, "poly", pt0, pt1, pt2);
```

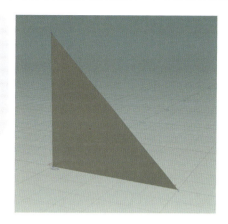

SECTION 7-4 VEXで書き直そう

CHAPTER03 で作った、くるくるした模様を覚えていますか？

まさか、あれも全部書き直すんですか……？

実はあの作例、実装方針の違いで、非常に大きく雰囲気が変わるちょっと面白い性質を持っているんです。

7-4-1 処理を復習しよう

実装したい処理はまったく同じです。ポイントを追加しながらプリミティブを追加していくだけなので、これまで学習してきたことで十分実装できます。

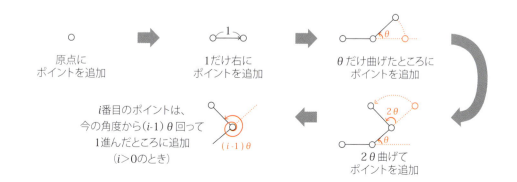

CHAPTER 07 プログラミングに挑戦しよう

1 まずは新しい空のジオメトリを用意します。名前は「Precision」としました。

2 中に入ったら、先ほどと同じように❶`Attribute Wrangle`を追加し、❷`Run Over`を
[`Detail (only once)`]にします。

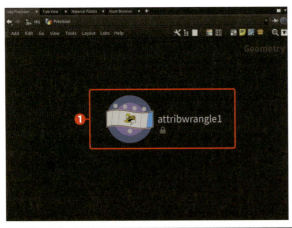

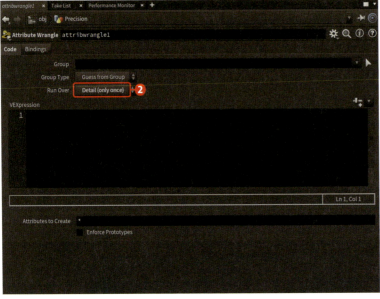

7-4-2 必要な変数を用意しよう

まずは、計算に使う変数を用意しましょう。

```
int max_iteration = 10;   // 繰り返しの回数
float theta = 1.0;        // θ
float current_angle = 0;  // θ+2θ+...の累積和を保存しておく変数
```

三つ目の「current_angle」は、「θ + 2θ + ...」を管理するために使います。CHAPTER03では、iに対して一発で和を計算できるように式変形しましたが、一つ前の状態での角度を保存できるので、元々のアイデア通り、これからプラスする回転分をひたすら足せばよいです。

試しに次のようなコードを書いてみると、「θ + 2θ + ...」を正しく計算できていることがわかります。

```
int max_iteration = 10;   // 繰り返しの回数
float theta = 1.0;        // θ
float current_angle = 0;  // θ+2θ+...の累積和を保存しておく変数

for(int i = 0; i < max_iteration; i = i + 1) {
    current_angle = current_angle + (i * theta);
    printf("%d : %d\n", i + 1, current_angle);
}
```

```
1 : 0
2 : 1
3 : 3
4 : 6
5 : 10
6 : 15
7 : 21
8 : 28
9 : 36
10 : 45
```

「current_angle = current_angle + (i * theta);」の部分、長くなってきてややこしいですね……。

2回同じ変数名を書くのはバグの元なので、元の値に対する足し込みの操作は「current_angle += (i * theta);」と書くこともできます。つまり、「i = i + 1」としていた部分も「i += 1」と書くことができます。

7-4-3 ポイントを追加しよう

ポイントの追加には、座標の計算が必要です。先に原点で回転させて位置を求めた後、現在の先端に移動させるという、CHAPTER03で行った方法を実装しましょう。

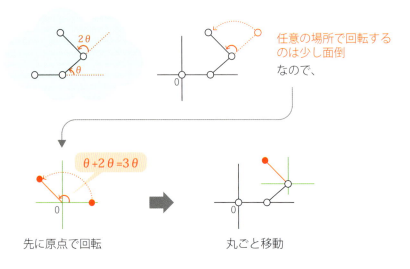

先に原点で回転　　　　丸ごと移動

```
int max_iteration = 10;
float theta = 1.0;
float current_angle = 0;

vector pos = set(0,0,0);   // まずは初期位置として原点で初期化
addpoint(0, pos);          // 原点に最初のポイントを追加

for(int i = 0; i < max_iteration; i = i + 1) {
    current_angle += i * theta;

    // 原点周りで角度current_angleだけ回転した位置
    vector d = set(cos(current_angle), sin(current_angle), 0);
    // 現在の位置からdだけ移動
    pos += d;

    // 更新された位置にポイントを追加
    addpoint(0, pos);
}
```

追加した行を一つずつ確認しましょう。最初の行では、Set関数を利用して{0,0,0}となるベクトルを作っています。Set関数は、単純に三つの小数からベクトルを作る役割を果たしているだけです。変数posは今後更新しながら使い回すため、変数にしています。

2行目は原点にポイントを追加しているだけです。3行目の原点での回転は、三角関数の知識が少し必要です。ノードだけで作ったときは、`Transform`ノードによって行われていましたが、今回はこれを三角関数を用いて実現しました。

三角関数$\sin(\theta), \cos(\theta)$は、下図のように座標$\{1,0\}$から反時計回りに角度$\theta$だけ回転したときのx, y座標にそれぞれ対応します。ここで、このときのθは度数法(一周を360度とする表記)ではなく、弧度法(一周を2π、つまり半径1の円の弧の長さで角度を指定する表記)であることに注意しましょう。

原点での回転のみで回転を処理することによって、単純に`sin`, `cos`を組み合わせるだけで回転を表現できています。

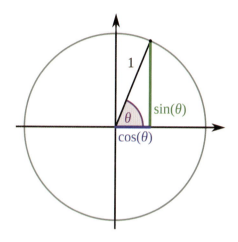

4行目は、移動は単純なベクトルの足し算です。5行目は、文字列こそ2行目と同じですが、`pos`の値はこの時点で毎回更新されていることに注意しましょう。

ここまでを正しく実装できると、次のようになります。

7-4-4 プリミティブを追加しよう

各ポイントを順番に線で繋ぐため、プリミティブを追加しましょう。これは ❶ Addノードで行うことができます。

CHAPTER02で三角形を作ったときは、Polygonsタブの Polygon 0 に「0 1 2」とポイント番号を入力しましたが、ここではすべてのポイントを指定したいため ❷「*」と入力します。「*」は、すべてのポイント番号にマッチする文字列として機能しています。

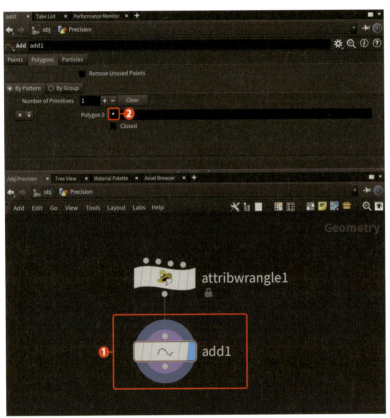

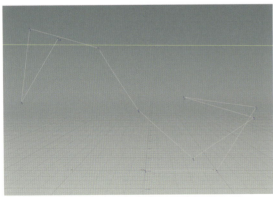

「*」の代わりに「1 3 5」や「4-7」みたいな、ほかのところで見た感じの値を入力したら、どんな線が引けるんだろう？

7-4-5 アトリビュートの設定と色を着けよう

　CHAPTER03では、Attribute Createノードとちょっとした計算を用いて、線のはじめを0、終わりを1とするnormalized_point_numberアトリビュートを作りました。

　このような「ある線に対する始点と終点に[0，1]の範囲の値を均等に割り当てる」という操作はよく使うため、実はもっと簡単に作る方法がノードとして用意されています。今回はそれを使ってみましょう。

1 これにはResampleノードを使います。デフォルトでは次のようになりました。
一定の長さや分割数で、カーブ上にポイントを再生成してくれるノードですが、ポイントの再生成に際して、各ポイントにおける接ベクトルや、今回求めたい値なども計算できます。

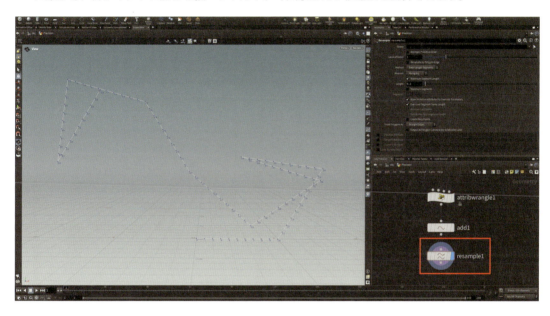

2 まず、新しくポイントを作ったりなどはしたくないので、そのあたりのチェックを外します。ここではMaximum Segment Lengthのチェックを外します。

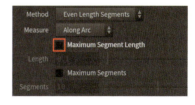

3 今求めている値は、Curve U Attributeにチェックを入れるだけで計算できます。右の文字列が、実際のアトリビュート名になります。今回はHoudiniの慣例に従って「curveu」のままにしておきます。

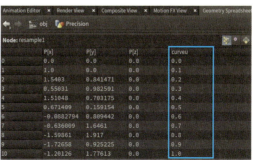

COLUMN
「Curve U Attribute」のU

「Curve U Attribute」のUは、おそらくUV空間のUに近い意味合いです。画像を貼るときには画像のどこと対応するかを決めないといけないので、2次元に展開したときの座標を各頂点に割り当てるという作業（UV展開）をしますが、x, y座標はすでに使っているので、u, vなどの文字が使われがちです。

　線の場合は1次元で十分なので、Uになっているのでしょう。実際に、左下に小さくu, vの文字が見えます。

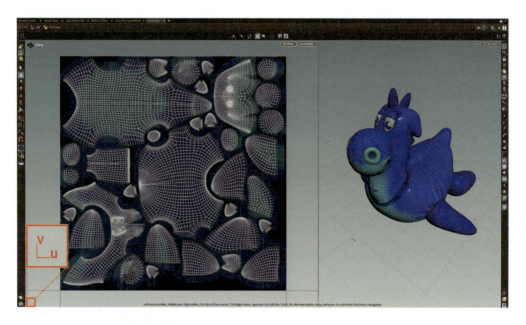

つまり、Uでなくても問題ないということです。実際、先ほどはnormalized_point_numberアトリビュートのようなかなり直接的な名前にしましたが、特に問題はありませんでした。

　あくまで「x, y, z空間とは別の空間（1次元空間）で見たときの座標」という意味合いでしょう。

 一本線という、特殊なケースでのUV空間に展開をしたと考えることもできますね。

4 色着けは、CHAPTER03で行ったこととほとんど同じです。❶Colorノードで❷Color Typeを[Ramp from Attribute]に変更した後、Attributeにアトリビュート名を指定します。今回は❸「curveu」です。

5 Houdiniを多重起動すれば、まったく同じノードを.hipファイルを越えてコピーできます注2。

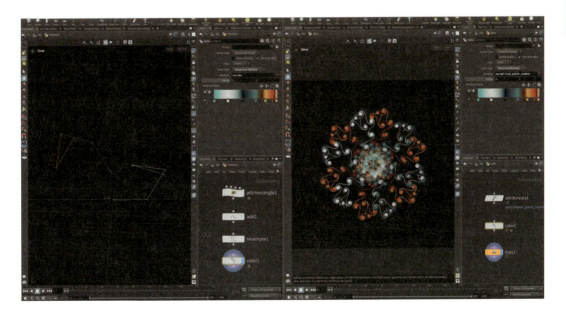

注2 Steamで購入している場合は、Steamの画面から直接多重起動はできないため、ゲームがインストールされているフォルダ内で「...\steamapps\common\Houdini Indie\bin」まで入り、「hindie.steam.exe」を直接起動する。

How can run multiple houdini program on a same computer?
https://steamcommunity.com/app/502570/discussions/0/1741106440029373135/

7-4-6 変数をHoudiniのパラメータにしよう

コード内の「`max_iteration`」と「`theta`」は、様々変更をしたい値です。毎回コード内を直接変更するのは使い勝手がよくないので、通常のHoudiniのパラメータのように扱えるようにしましょう。

1 まずは、最初の2行を次のように書き換えます。

```
int max_iteration = chi("max_iteration");
float theta = chf("theta");
```

2 値を直接書く代わりに、chi, chf関数に置き換わりました。それぞれ、channel int, channel floatの略です。これらのch関数は、HoudiniのUI上でのパラメータの値を取得できます。
引数として渡している文字列はUIのパラメータの識別名であり、変数名と同じなのは、単純にわかりやすくするためだけです。また、ch関数に渡すパラメータの識別名に、スペースを入れてはいけないことにも注意しましょう。
コード上では参照先を書きましたが、実際のパラメータはまだ存在していません。右上の歯車アイコンから[`Edit Parameter Interface`]をクリックし、手動でパラメータを追加してもよいですが、ここでは少し便利な方法を紹介します。

3 コードブロック右上の[`Creates spare parameters for each unique call of ch()`]をクリックすると、コード内のch関数を認識し、自動で必要なパラメータを生成してくれます。

4 デフォルトでは、`Max Iteration`の値は「10」のようです。値を直接入力すれば、この範囲を超えることもできますが、ここには負の値を入れてほしくないので、念のため調整しておきましょう。

5 右上の歯車アイコンから[Edit Parameter Interface]をクリックし、パラメータの編集画面を開きます。

左側から❶Max Iterationのパラメータを選択し、右側のRangeの値を変更します。0未満の値を入れてほしくないので、❷南京錠アイコンをオンにして、❸右の値を「10000」にします。

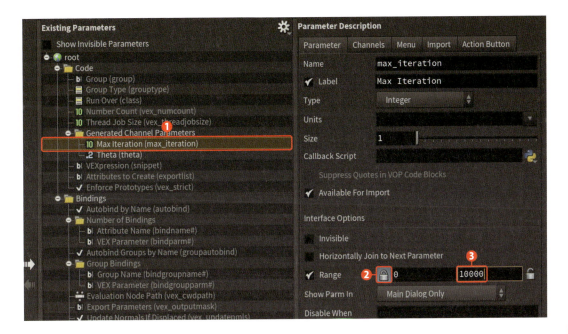

6 変更が完了したら、右下の[Apply]をクリックして変更を確認しましょう。

7 適当に値を変更してみて問題がなさそうであれば、[Accept]をクリックしてパラメータ編集画面を閉じます。

CHAPTER 07 プログラミングに挑戦しよう

8 CHAPTER03のときと同じように、ある程度繰り返しの数を増やすと図形が非常に大きくなるので、最後に❶`Match Size`ノードを使います。❷`Scale to Fit`にチェックを入れて、大きさを一定に収めます。

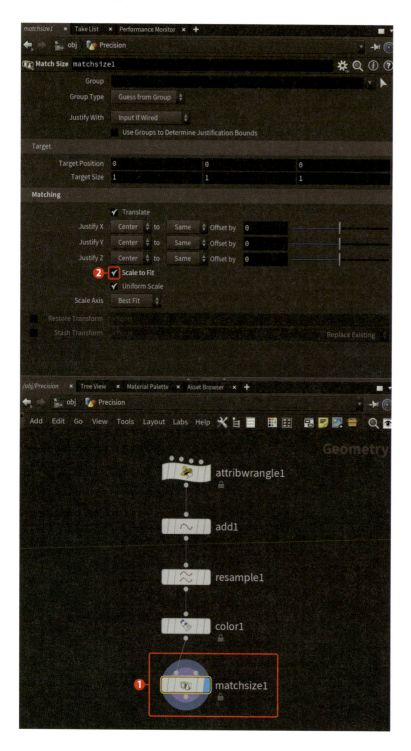

7-4 VEXで書き直そう

SECTION 7-5 以前の実装と比べてみよう

ここまでで、CHAPTER03と同じものを、違う方針で作り直しました。基本的にはどちらもまったく同じ結果になるように思いますが、実は少しずつ小さな違いが生まれています。

7-5-1 小さな違いを確認しよう

最後にこの小さな違いを一つずつ確認して、どのように影響を及ぼすのかを観察してみましょう。

■実装難易度

単純なノード数で考えると、ループを含めた大部分が一つの`Attribute Wrangle`ノードに集約され、非常に簡潔なノードツリーになりました。

一方で、プログラミングに強い苦手意識があればハードルは高かったかもしれません。しかし、プログラミングによって面倒な式変形をしなくて済んだので、ちょっとした数学より、手順を追って進むプログラミングの方が楽であると考える方もいるでしょう。

また、最後に`Resample`ノードを使ったので、多少Houdiniの知識があると楽になるということも実感いただけたと思います。

■見た目

左が本章の作例、右がCHAPTER03の作例です。イテレーションは、それぞれ10回にしています。

本章で作成した方の`Theta`の値は「1」ですが、単位がラジアンなので、CHAPTER03の`Transform`ノードでは度数法に変換するために相当する部分を「360 / (2 * 3.141592)」に変えています。どちらもまったく同じアルゴリズムを実装したので、見た目は一致しています。

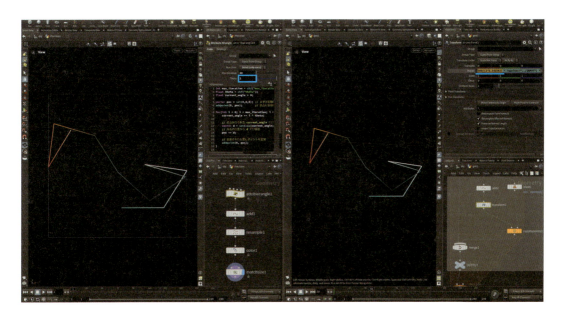

イテレーションを「100」、θの値をそれぞれ半分にしましたが、それでも確かに見た目は一致しています。

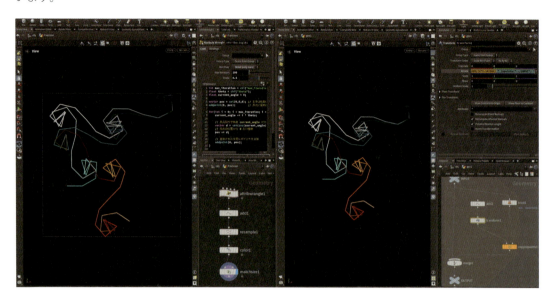

■ 実行速度

θの値をそれぞれ1ラジアンに戻して、実行速度を検証します。単純に負荷を上げるため、イテレーションを「100000」にします。

筆者の環境では、本章の作例の方がほぼ一瞬で実行され、CHAPTER03の方は数秒かかりました。ぜひ手元でも試してみましょう。「1000000」の場合、本章の作例はほぼ一瞬、CHAPTER03は数十秒かかりました。

7-5-2 見た目が変わった！？

実行速度の検証中にイテレーションを「100000」にしたところ、見た目が大きく変わりました。数百程度では違いは現れていなかったので、その間で違いが発生していることになります。

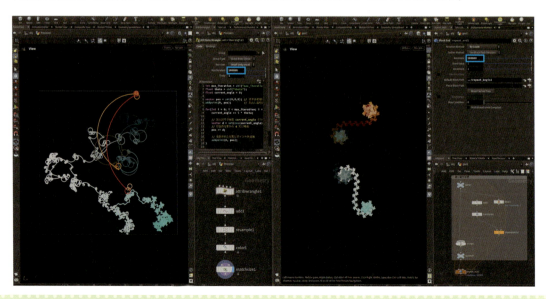

いつ違いが発生しているのかを調査するため、CHAPTER03でのセットアップをすべて本章の作例の中にコピーし、両方の`Match Size`ノードの結果に色を着けて、`Merge`ノードで重ねました。

また、弧度法からの変換精度の問題も考え、`Transform`ノードで使用していた円周率の精度を上げました。

すると、イテレーションを「5794」にしたタイミングで明らかに方向が変わっていることがわかりました。

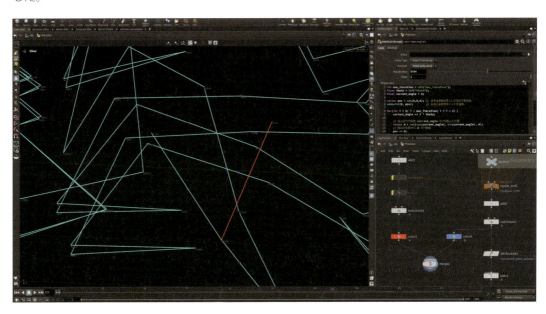

同じはずなのに違う……モヤモヤしますね。

こういう問題が起きたときが一番面白いのです。

■ 16777216=16777217 ？

次のコードを実行すると、どのように出力されるでしょうか？ 「`%f`」は、float型の値を出力するためのフォーマット指定子です。

```
float a;

a = 16777216;
printf("%f\n", a);

a = 16777217;
printf("%f\n", a);

a = 16777218;
printf("%f\n", a);
```

次のようになります。二つ目の出力が、直感的におかしいと感じるでしょう。この先もいくつか試してみると、どうやら奇数でおかしくなっているようです。

```
16777216.000000
16777216.000000
16777218.000000
```

VEXのデフォルトのfloat型は小数を表現できる型ですが、どんなに細かい小数や、逆にどんなに大きな桁も表現できるわけではありません。絶対値が大きくなるほどその精度（扱える値の刻み幅）は落ちていき、「$16777216=2^{24}$」を超えると整数すらも正しく扱えなくなってしまいます。

$\theta=1$でイテレーションが5794ということは、0以上5794未満の整数をすべて足すということになるので、$0+1+...+5793=16782321>2^{24}$になります。16782321は奇数のため、うまく表現できなかったと考えることができます。

一方、$0+1+...+5792=16776528<2^{24}$なので、問題なかったのだろうと考えられます。

覚えやすい数字として「1234567890」で、同じようにVEXで出力してみると、「1234567936.000000」となりました。下3桁がおかしくなっているので、信用できるのは大体7桁くらいと覚えておくとよいかもしれません。

32bit vs. 64bit

だとしたら、CHAPTER03の方はどうして大丈夫なんでしょうか？

詳しいことは、すべてのノードの実装を見てみないと難しいかもしれませんが、おそらくデフォルトで、より高い精度の小数を使っているんだと思います。

Attribute Wrangleノードをはじめとするいくつかのノードには、計算精度を指定するパラメータが存在することがあります。Attribute WrangleノードのcaseはBindingsタブのVEX Precisionがそれにあたります。

デフォルトでは[Auto]になっており、通常は[32-bit]が選択された状態と同じになりますが、これを[64-bit]に変更すると精度が上がります。

もう一度、先ほどのコードを実行してみると以下のようになりました。

```
16777216.000000
16777217.000000
16777218.000000
1234567890.000000
```

作例の方も、[64-bit]に変更したところ、ぴったりと重なりました。

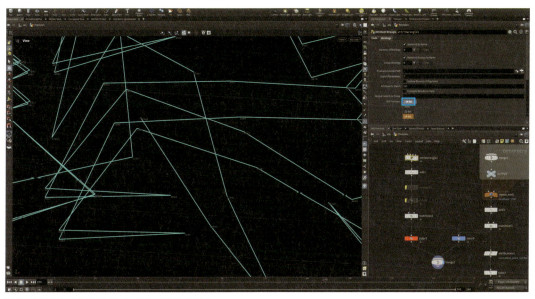

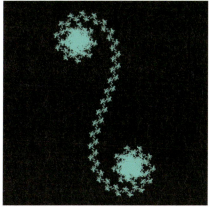

もう全部64-bitでいいんじゃないですか？

64-bitも必要ないならデータ量が半分で済んだり、GPUは32-bitの方が得意な傾向がありいろいろ速くなるなど、あえて32-bitを選ぶこともあるのです。あと、この作例は精度が低い方が見た目が面白くないですか？

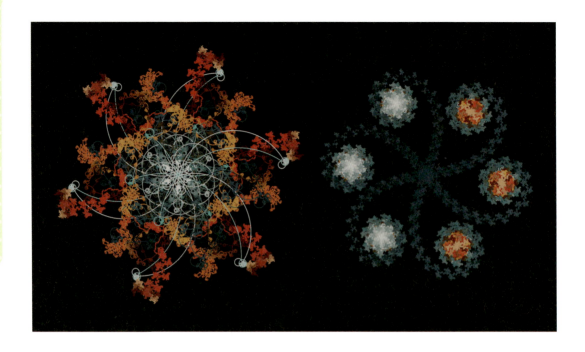

本章のまとめ

　本章では、CHAPTER03と同じことを違う方針で実装しました。また、基本的なプログラミングに触れ、ほんの少しの違いで大きな違いが生まれることを観察しました。この作例はわかりやすくかつ面白く、その見た目が大きく変わるように作られていますが、実際はバグであるかのような小さなエラーとなって現れることが多いです。

　本書で扱う主なプログラミング言語は、VEXというHoudini独自のものですが、C, C++といったメジャーな言語でも同じようなことが起きます。このような精度の問題はソフトウェアのバグではなく、広く採用されている小数の表し方の規格[注3]に起因するものです。

　このような問題を避けるため、広大なシーンでは作業する箇所を原点近くにくるよう移動した後で元に戻したり、スケールを多少変えてシミュレーションするなど対策する場合もあります。

 無限に続く世界を冒険する系のゲームで、無理やり世界の端に到達して、いろいろなものの動きがおかしくなるのも、計算精度が原因なことがあります。

注3　IEEE 754
https://ja.wikipedia.org/wiki/IEEE_754

さつき先生小噺　PythonとOpenCL C言語

本章で紹介したVEX以外に、HoudiniではPython、OpenCL Cという二つのプログラミング言語を利用できます。

▍Python

Pythonは、Houdiniに限らず様々な場面で使用されているプログラミング言語です。HoudiniでのPythonが担う重要な役割の一つは、==操作の自動化==です。PythonでもVEXと似たようなジオメトリ操作が可能ですが、一般にそのような操作にはVEXを用いる方が高速であり、また書きやすい場合が多いです。

例として、[+]からPython Shellを開き、「`hou.node("/obj").createNode("geo")`」というコマンドを実行すると、objコンテキストに`Geometry`ノードを一つ追加できます。

Shelfは自動でいくつかのノードを追加するボタンと捉えられますが、これらはPythonを用いて一連のノードの追加や設定を自動で行っています。興味がある方は、公式ドキュメント「Pythonスクリプト（https://www.sidefx.com/ja/docs/houdini/hom/index.html）」をご参照ください。

▍OpenCL C言語

OpenCL（Open Computing Language）は、CPUやGPUなどの様々な種類の計算資源が混在する環境で、並列処理を行うプログラムを作成・実行するための規格です。OpenCL C言語は、OpenCLで利用されるC言語（C99）ベースの言語です。

Houdiniで使用する際のVEXとの大きな違いは、==GPUなどの、CPU以外の計算資源を活用できること==です。VEXはCPU上でしか計算を行いませんが、OpenCLを活用することでGPUにも計算させることができます。

従来は、VEXに比べて非常に書きにくいという難点がありましたが、Houdini 20で`OpenCL`ノードに様々な改良が加えられ、よりVEXに近い文法で書けるようになりました。

様々な計算資源でデータを共有しなければいけないという都合上、データを何度も移動やコピーさせるような処理にしてしまうと、かえってVEXよりも遅くなってしまうなど難しい面もありますが、使いこなせばより高速に処理を行える可能性を秘めています。

CHAPTER 08 立体回転パズルを作ろう

本章では、複雑な立体回転パズルのアニメーションを、効率よく生成する仕組みを構築します。

SECTION 8-1 実装前の整理をしよう ➡P.326
- 8-1-1 用意するパラメータ
- 8-1-2 実装方針を考えよう

SECTION 8-2 モデリングをしよう ➡P.328
- 8-2-1 下準備をしよう
- 8-2-2 サブキューブを作成しよう

SECTION 8-3 初期状態を用意しよう ➡P.338
- 8-3-1 状態の表現方法を理解しよう
- 8-3-2 同じvector型でも違いがある？
- 8-3-3 回転記号の文字列を加工しよう

SECTION 8-4 回転の処理の仕組みを作ろう ➡P.351
- 8-4-1 Subnetworkノードに処理をまとめよう
- 8-4-2 処理する情報を取得しよう
- 8-4-3 例外処理をしよう
- 8-4-4 回転を設定しよう
- 8-4-5 各回転後における状態を事前計算しよう

SECTION 8-5 アニメーション情報を計算しよう ➡P.370
- 8-5-1 アニメーションの生成方法
- 8-5-2 現在処理すべき状態id
- 8-5-3 回転動作の完了割合
- 8-5-4 例外処理について学ぼう
- 8-5-5 アニメーション開始のタイミング
- 8-5-6 パラメータの追加
- 8-5-7 パラメータを整理しよう

SECTION 8-6 コントロールと書き出し ➡P.383
- 8-6-1 アーティスティックなコントロール
- 8-6-2 プレビューを書き出そう

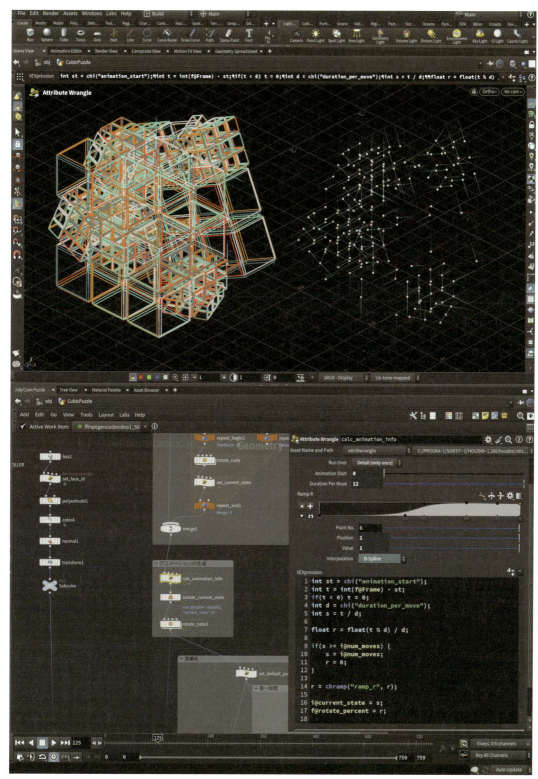

本章の作例です。このサンプルファイルは、ダウンロードデータの
「08_CubicPuzzle.hip」からご確認いただけます。

08 立体回転パズルを作ろう

CHAPTER 08　立体回転パズル

さつき先生
プログラミングやらなんやらと、やっと必要な武器が揃いました。

ゆうか
というと？

ここで最難関の作例に挑みます！

「ラスボス」ってことですね！

特別新しい知識は登場しませんが、本書最後の作例として、最も複雑なものになります。適宜対応する章を確認しながら、一歩ずつ確実に進めましょう。

SECTION 8-1　実装前の整理をしよう

　今回のように処理が複雑になりそうなときは、実装方針や具体的な使い勝手を先に整理するとよいです。使い勝手とは、どんなパラメータを用意してコントロールできるようにするかと言い換えてもいいかもしれません。次に進む前に、少し自分なりの方針も考えてみましょう。

8-1-1　用意するパラメータ

　今回は、次のようなパラメータを用いて動きをコントロールできるようにします。それぞれのパラメータにどんなことをさせるのか、順番に確認しましょう。

■ Moves

次のようなアルファベットを用いて動きを表すことにします。

それぞれアルファベット一文字で、各面を時計回りに回転させます。また、「R'」のように「'（アポストロフィー）」を付ける場合は反時計回り、「R2」のように「2」を付ける場合は180度回転を表すこととします。一連の動きは、これらをスペース区切りで並べて表現します。

L	Left（左面）
R	Right（右面）
U	Up（上面）
D	Down（下面）
F	Front（前面）
B	Back（後面）

「R'」は「Rプライム」と読みます。

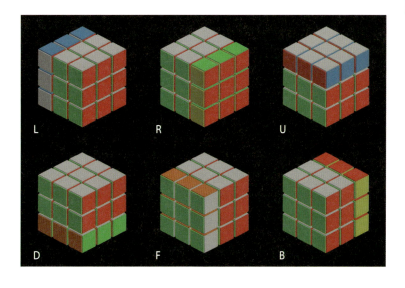

■ Animation

一手あたりのアニメーションの長さ（フレーム数）と、その動きの緩急を任意に指定できるようにします。

先ほどの図では、ゆっくり動きはじめて、急に速くなった後、少し回転しすぎてから目標の位置に戻るようなアニメーションを表しています。

■ Color

各面の色をまとめて変えられるようにします。

8-1-2 実装方針を考えよう

専用の回転記号や、動きの自動生成など複雑な処理が多く、一度に考えようとすると混乱してしまいます。そこで、より小さな問題に分割して考えましょう。

方針は様々考えられますが、本章では、大まかに次のような問題に分割して考えることにします。

- 小さなキューブ一つ分のモデリング
- 回転の処理
  - 一つの回転だけの処理
  - 一連の回転処理
- アーティスティックなコントロール

実際にどのような実装にするかは、追って確認します。ここでは、3Dモデルと内部的な回転処理は別で考えるというイメージを持っておきましょう。

SECTION 8-2 モデリングをしよう

先ほど言及した通り、まずはモデリングから手を付けます。ここでは簡単なモデリングにとどめますが、より精巧なモデルを用意すれば、後から差し替えることも可能です。

8-2-1 下準備をしよう

1️⃣ 作業の開始前に、多くのパラメータを管理する場所を作っておきましょう。まずは空のGeometryノードを作り、名前を「CubicPuzzle」とします。

2 中に入ったら、Null ノードを一つ作成します。名前を「CONTROLLER」として、ここに必要なパラメータを追加し参照することにします。巨大なネットワークになると、後から変更したいパラメータが各所に点在してしまうためです。

 .hip ファイルの保存も忘れずに！

8-2-2 サブキューブを作成しよう

1 キューブを一つだけ作り、その後複製することにします。また、この複製されるキューブを**サブキューブ**と呼ぶことにします。まずは Box ノードを一つ追加しましょう。

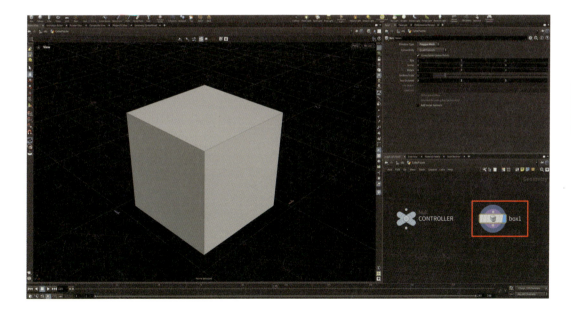

2️⃣ 見た目を面白くするため、この後少しだけ形状を加工したいのですが、そうするとポリゴンの数が増えてしまい、後から色を着けるのが大変になってしまいます。
これを回避するため、ポリゴンが6枚しかないうちに`Attribute Wrangle`ノードを使ってidを振っておきます。これまで通り「Attribute Wrangle」と検索してもよいですが、ここでは❶「Primitive Wrangle」と検索して❷追加してみましょう。

追加されるのはこれまでと同じく`Attribute Wrangle`ノードですが、`Run Over`が最初から[`Primitives`]に設定されています。
このように、==同じノードでも用途に合わせてショートカットが用意されている==ことがあります。よく使うものだけでも覚えておくと、少し作業が速くなるでしょう。

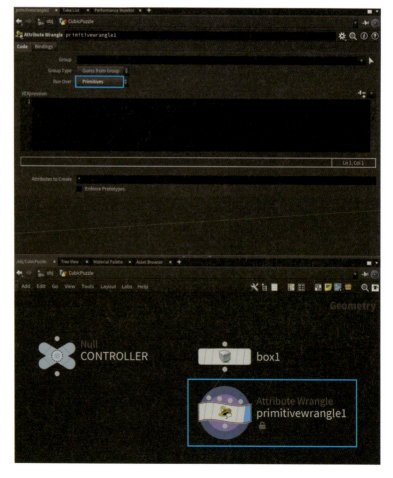

3️⃣ idは面ごとに固有のものを振れればよいので、プリミティブ番号をコピーしておきましょう。具体的には次のように書きます。

```
i@face_id = i@primnum;
```

4️⃣ また、このままでは名前がわかりにくいため、「set_face_id」に変更しました。

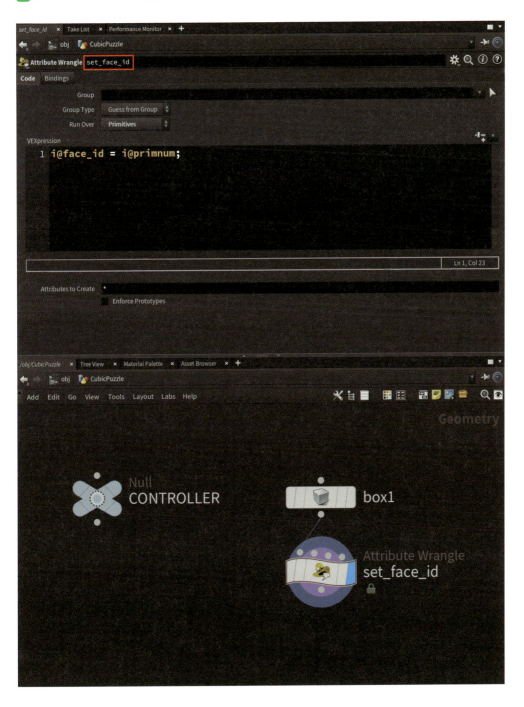

CHAPTER 08 立体回転パズル

Geometry Spreadsheetでプリミティブアトリビュートを確認すると、「`face_id`」というアトリビュートが作成されています。

5 続いて❶`PolyExtrude`ノードを使用して、面を押し出してみましょう。❷`Divide Into`を[`Individual Elements`]に変更し、❸`Distance`と❹`Inset`の値を調整します（実際のパラメータ設定は、サンプルファイルからご確認いただけます）。

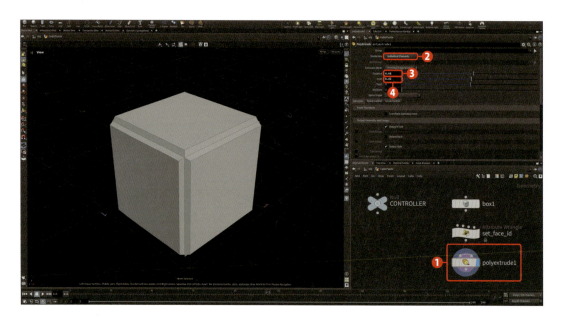

Geometry Spreadsheetでは、6番以降の新しく作られた面が四つずつ存在し、それぞれ元の`face_id`の値を引き継いでいることを確認できます。この値をもとに、次は色を着けましょう。

6 色は❶`Color`ノードを使います。❷`Class`を[Primitive]、❸`Color Type`を[Random from Attribute]、❹`Attribute`を「`face_id`」にすれば、各面ごとにランダムな色を着けることができます。
また、`Seed`を変更すればランダムにほかの色を着けることができます。

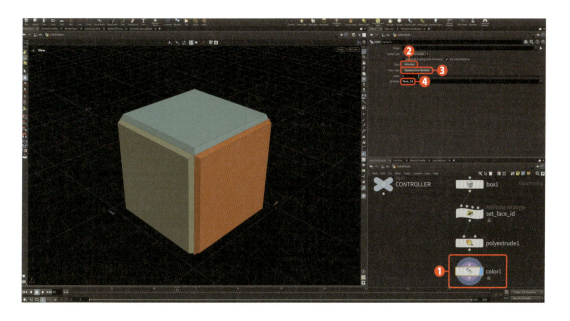

08 立体回転パズルを作ろう

7 一色ずつ個別に指定するには、6個の`Color`ノードが必要そうですが、実はもっと簡単な方法があります。

❶`Color Type`を[`Ramp from Attribute`]、❷`Range`を「0，5」に変更します。このようにすれば、一つの`Color`ノードで済みます。

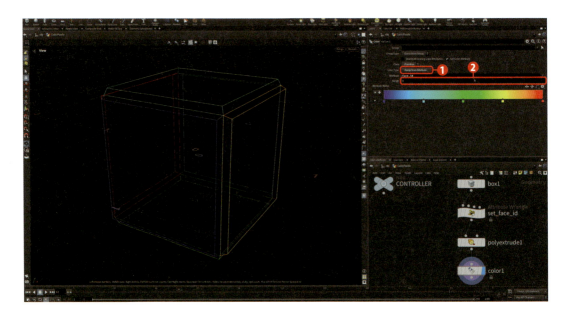

8 ただし、このままでは特定の色にすることが難しいため、ポイントを6個にして、それぞれの`Interpolation`を[`Constant`]に変更します。あとはすべての色が現れるように位置を調整するだけです。

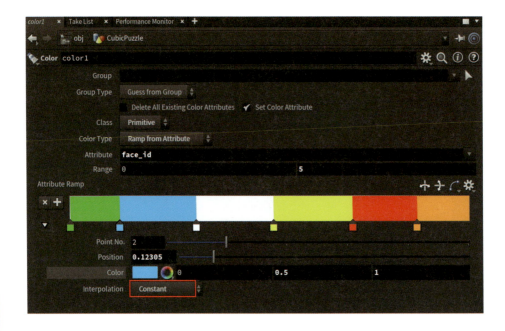

9 すべての色は後で調整したいので、CONTROLLERノードから変更できるようにしましょう。CONTROLLERノードの、パラメータ右上の歯車アイコンから[`Edit Parameter Interface`]をクリックします。

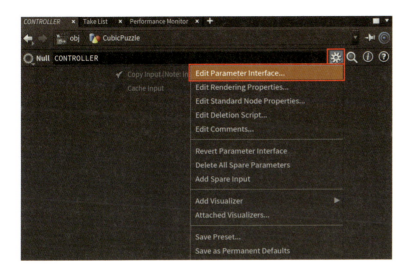

10 左の列の ❶「`Color`」を、中央の列にドラッグ＆ドロップで6回追加し、右の列でそれぞれの ❷ `Name` と ❸ `Label` を変更します。`Name` にはスペースを含めてはいけないことに注意しましょう。

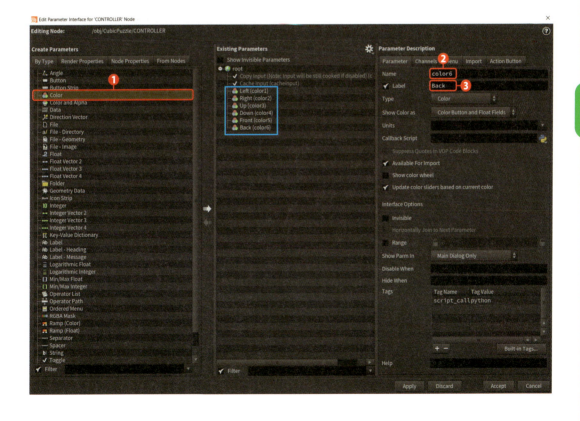

11 右下の[Apply]をクリックする
と、パラメータが追加されます。
間違いがなければ[Accept]を
クリックしてウィンドウを閉じま
しょう。

12 色を変更したら、先ほどのColor
ノードがこれを参照するように設
定します。まずはCONTROLLERノー
ドのパラメータの一つを右クリッ
クし、[Copy Parameter]をク
リックします。

13 Colorノードに戻り、対応する
パラメータを右クリックして
[Paste Relative References]
をクリックします。
違う場所にペーストするなど
して式を削除したい場合は、
[Delete Channels]をク
リックするか、パラメータ名を
Ctrl＋Shift＋中ボタンクリックし
ます。

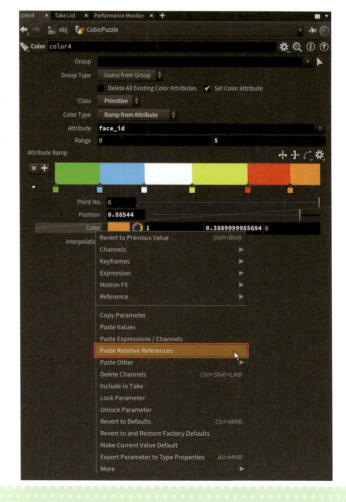

下図のように、パラメータにchエクスプレッションが入力されて正しく動作すれば完了です。以上の操作を、すべての色に対して行います。

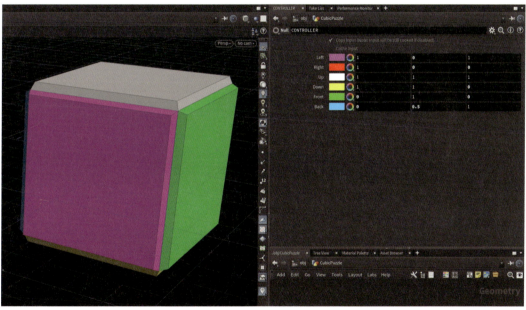

14 最後に、念のため ❶ Normal ノードで法線情報を明示的に計算し、❷ Null ノードでマークしておきましょう。これでサブキューブのモデリングは完了です。

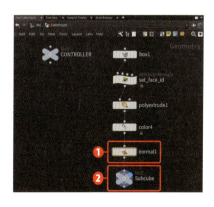

CHAPTER 08 立体回転パズル

SECTION 8-3 初期状態を用意しよう

ここでは、キューブの状態の表現方法を確認した後、入力となるパラメータを加工し必要なアトリビュートを準備することで、キューブの初期状態を作ります。

8-3-1 状態の表現方法を理解しよう

キューブの状態は、26個のポイントで表現します。この上に先ほど作ったサブキューブを適切に複製することで、最終的な見た目を作ります。

具体的には、各ポイントに位置と回転の情報を保存します。実際の形状データと内部のデータを分けて考えることで、より高速かつ柔軟な仕組みの構築を実現します。

① 初期位置となるポイントの生成には、❶Boxノードを使うと簡単です。❷Primitive Type を[Points]、❸Axis Divisionsを[3, 3, 3]にします。

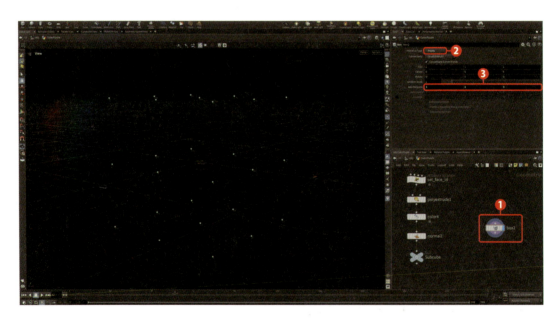

2 ポイントに対して、サブキューブをコピーしてみましょう。Copy to Pointsノードを追加して、左にサブキューブ、右に今作ったポイントを入力します。

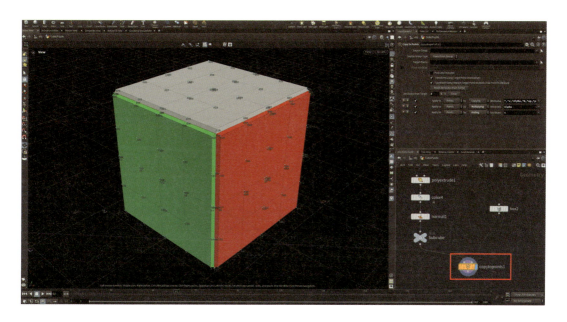

3 サブキューブが大きすぎるので、Normalノードの後に❶Transformノードを挟み、❷ Uniform Scaleの値を変更してサイズを調整します（実際のパラメータ設定は、サンプルファイルからご確認いただけます）。

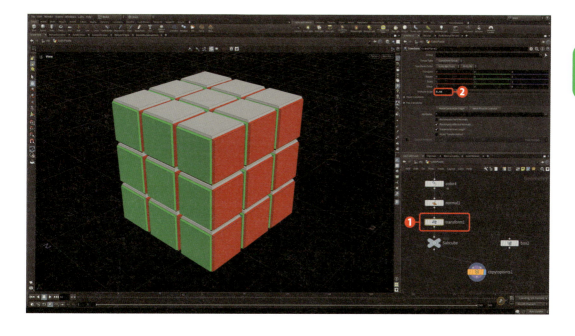

CHAPTER 08 立体回転パズル

4 続いて、ポイントに対して❶Transformノードを使用して、キューブを回転させてみましょう。❷Groupに「@P.x>0」と入力し、❸Group Typeを[Points]に変更して右面のみを選択した後、❹Rotateの値を[-30, 0, 0]などの値にしてみます。

位置は正しく変更できていそうですが、サブキューブの向きが変化していません。次はこれを解決しましょう。

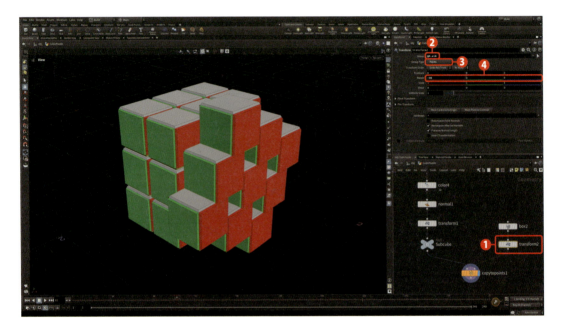

5 コピーされた形状の向きは、アトリビュートによって制御できます。公式ドキュメント「コピーとインスタンスのPointアトリビュート(https://www.sidefx.com/ja/docs/houdini/copy/instanceattrs.html)」によると、up, Nの二つのvector型アトリビュートを、コピーされるポイント側に用意すればよいことがわかります。

これを読むと、orient, rot, transformといったほかのアトリビュートでも代用できるように思えますが、今回は最も直感的に理解しやすい方法で進めます。

Attributes

名前	タイプ	説明
orient	float4 (quaternion)	コピーの方向。
pscale	float	均等なスケール。
scale	float3	不均等なスケール。
N	vector	法線(orientがない時、コピーの+Z軸)。
up	vector	コピーのUpベクトル(orientがない時、コピーの+Y軸)。
v	vector	コピーのVelocity(モーションブラー。orientやNがない時に、コピーの+Z軸として使われます)。
rot	float4 (quaternion)	回転の追加(上記のorientアトリビュートの後に適用されます)。
P	vector	コピーの移動。
trans	vector	さらにPに加えるコピーの移動。
pivot	vector	コピーのローカルピボットポイント。
transform	3×3 または 4×4 matrix	すべて(P, pivot, transの移動を除く)を上書きするトランスフォームマトリックス。

これら二つのベクトルは、元の形状におけるY軸とZ軸に相当します。また、Copy to Pointsノードによって自動で処理されるため、正確にup, Nという名前でなければいけません。

```
v@up = set(0,1,0);
v@N = set(0,0,1);
```

Transformノードで回転する前に、Attribute Wrangleノードでこれら二つのアトリビュートを初期化しましょう。

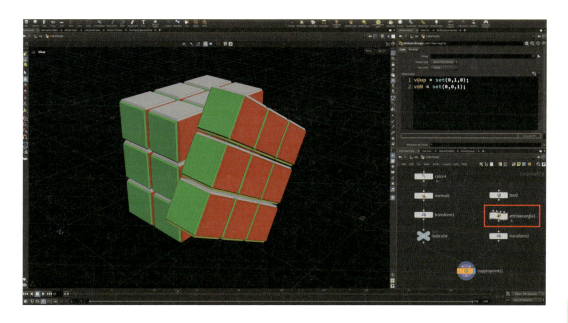

回転が正しく処理されました。Geometry Spreadsheetでup, Nの値を確認すると、Transformノードによって自動で計算が行われていることがわかります。

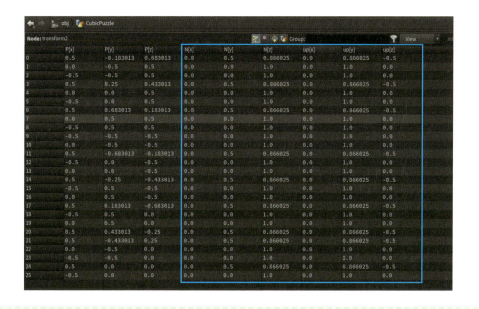

❻ ここまでできたら、あとはTransformノードによる回転を自動化するだけです。次に進む前に、ネットワークを整理しておきましょう。動きのテストに使っていたTransformノードは削除し、attributewrangle1ノードの名前を「init_transform」としておきます。

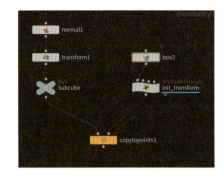

8-3-2 同じvector型でも違いがある？

 Cdも同じ少数三つのvector型だと思うのですが、どうしてCdは変わらずに、up, NだけTransformノードで変わるんですか？

 実はですね、厳密にはCdとup, Nはちょっと内部のデータが違うんです。

少し分岐して、以下のように「Cd」「f」という名前の二つのアトリビュートを追加してみました。

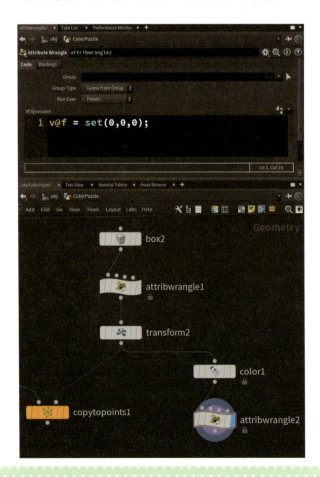

1 Geometry Spreadsheetの[`View`]から確認すると、`P`, `Cd`, `f`, `N`, `up`の五つのアトリビュートを持っていることがわかります。

2 各アトリビュートの違いは、ノード左の[`Node info`]から見ることができます。

`5 Point Attributes`の下に、アトリビュート名が列挙されています。どれも「`3・Flt`」の記載があるので「三つのfloatを集めた型」であるようです。

`f`以外にも、それぞれ`Clr`, `Norm`, `Pos`, `Vec`という記載があります。これが、`Cd`と`up`, `N`で`Transform`ノードでの挙動が違った理由です。

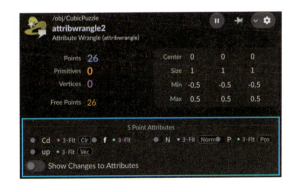

Geometry Spreadsheetでは、アトリビュート名の`[ ]`内の表記が少し異なることがあります。

以上の観察から、以下のようなことがわかります。

- `Attribute Wrangle`ノードでアトリビュートを作ると、シンプルな3fltになる
- Houdiniで予約されているアトリビュート名(`P`, `N`, `up`など)は、`Clr`, `Norm`, `Pos`, `Vec`などの追加情報が自動で設定される
- 追加情報に基づいて、`Transform`ノードなど一部のノードの挙動が決定されている

CHAPTER 08 立体回転パズル

❸ アトリビュートに対する追加情報は、`Attribute Create`ノードを使うと、より詳細な設定を簡単に行えます。

`Type`の右を[`Guess from name`]から変更することで、同じ「サイズ3のfloat」でも若干異なるアトリビュートになります。ぜひ自分で結果を観察してみましょう。

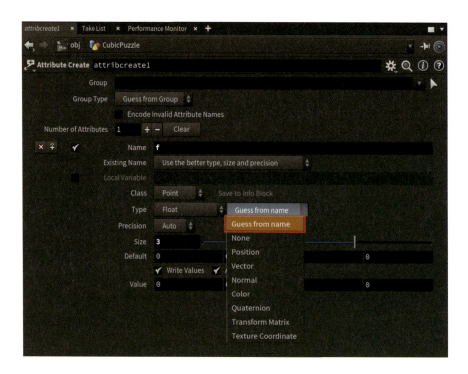

8-3-3 回転記号の文字列を加工しよう

回転記号は文字列として与えられます。しかし、そのままでは扱いにくいので、==事前に各回転記号を整数値に変換==します。いくつか新しい概念が登場するため、まずはそれらを確認しましょう。

■配列変数

一連の回転を表すには、複数の値を同時に管理できると便利です。そのような需要に対して、**配列**という概念があります。配列は、同じ型の値を複数持つことができます。

配列として変数を宣言するときは、変数名の後に「`[]`」を付けます。特定の要素にアクセスするときは、`[]`内に対応する番号を指定します。==先頭の要素は0番目として表される==ことに注意しましょう。つまり、以下の例での==「`moves[2]`」は、左から3番目==ということです。

split関数は、文字列を引数に取り、スペース区切りで文字列配列に変換してくれる関数です。

```
string moves[] = split("R U R' U'");
printf("%d\n", moves);
printf("%d\n", moves[2]);
```

```
{R, U, R', U'}
R'
```

先頭を基準としたときのオフセットと解釈すると、自然な番号付けに思えてきます。

■配列アトリビュート

アトリビュートの型は、[型名]@[名前]のように「@」の前に付けます。配列の型名は、`i[]`,`f[]`,`s[]`のように、配列でない場合の型名を表す一文字の後に「[]」を追加します。

今回は、文字列配列と変換後の整数配列を使いたいので、それぞれ「`s[]@moves`」「`i[]@move_ids`」などのように書くことができます。要素へのアクセスは、配列変数と同様です。

【配列アトリビュートの使用例】

```
s[]@moves = split("R U R' U'");
printf("%d\n", s[]@moves);
printf("%d\n", s[]@moves[2]);
```

```
{R, U, R', U'}
R'
```

■if文の短縮記法

if文は、その内側の処理が1つである場合に限り、続く{}を省略できます。例として、次の三つのコードはすべて同じ処理を表します。

【通常】

```
int a = 3;
if(a < 5) {
    printf("True!");
}
else {
    printf("Flase!");
}
```

CHAPTER 08 立体回転パズル

【{} を省略】

```
int a = 3;
if(a < 5)
    printf("True!");
else
    printf("Flase!");
```

【同じ行に短縮】

```
int a = 3;
if(a < 5) printf("True!");
else printf("Flase!");
```

■最終的なコード

以上を踏まえて、回転記号を表す文字列を整数配列に変換するコードは、次のように書くことができます。

1行目のSplit関数の引数としてchs関数を使うことで、パラメータから文字列を入力できるようにしています。chs関数は、CHAPTER07に登場したchi関数の文字列版で、文字列パラメータから値を取得します。

パラメータを作成するときは、CHAPTER07と同じように、コードブロック右上の[`Creates spare parameters for each unique call of ch()`]をクリックしましょう。

【回転記号の前処理】

```
string moves[] = split(chs("moves"));
int num_moves = len(moves); // len()関数で配列の長さを取得。lenはlength(長さ)の略
int move_ids[] = array(); // array()関数で空の配列を作成。変数を初期化

// すべての回転記号を順番にチェック
for(int i = 0; i < num_moves; ++i) {
    string move = moves[i]; // i番目の回転記号を配列から取得
    int id = -1; // 無効なidで初期化
    
    if(move == "L")  id = 0;
    else if(move == "L'") id = 1;
    else if(move == "R")  id = 2;
    else if(move == "R'") id = 3;
    else if(move == "U")  id = 4;
```

```
    else if(move == "U'") id = 5;
    else if(move == "D")  id = 6;
    else if(move == "D'") id = 7;
    else if(move == "F")  id = 8;
    else if(move == "F'") id = 9;
    else if(move == "B")  id = 10;
    else if(move == "B'") id = 11;
    else if(move == "L2") id = 12;
    else if(move == "R2") id = 13;
    else if(move == "U2") id = 14;
    else if(move == "D2") id = 15;
    else if(move == "F2") id = 16;
    else if(move == "B2") id = 17;

    append(move_ids, id); // 得られたidを整数配列の末尾に追加
}

// すべての値をアトリビュートとして保存
s[]@moves = moves;
i[]@move_ids = move_ids;
i@num_moves = num_moves;
```

■ Houdini側の操作

1 この処理は一度だけ行えばよいので、Run Overを[Detail (only once)]に変更したAttribute Wrangleノードを使えばよいです。

Primitive Wrangleのときと同じように、「Detail Wrangle」と検索してAttribute Wrangleノードを追加することで、Run Overを切り替える手間なく設定できます。この処理は、init_transformノードの後に行うことにします。

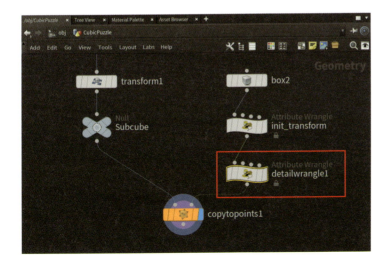

❷ 先ほどのコードを入力できたら、コードブロック右上の[`Creates spare parameters for each unique call of ch()`]をクリックしてパラメータを生成します。

❸ `Moves`パラメータが追加されるので、実際の回転記号「`R U R' U'`」を入力して挙動を確認します。

Geometry Spreadsheetで`Detail`アトリビュートを確認します。単なるスペース区切りの文字列が文字列配列へと変換され、対応するidへの変換も正しく動作していそうです。

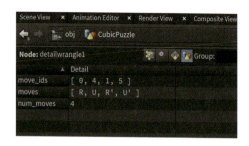

❹ 回転記号の文字列は、CONTROLLERノードから変更できるようにしましょう。[`Edit Parameter Interface`]をクリックしてパラメータの編集画面を開きます。
左の列の❶「`String`」を中央の列に追加し、右の列で❷`Name`を「`moves`」、❸`Label`を「`Moves`」に変更しました。
完了したら❹❺[`Apply`]＞[`Accept`]をクリックしてウィンドウを閉じましょう。

5 なにか仮の値を入力して、色を着けたときと同じように、パラメータを右クリックして [Copy Parameter] をクリックし、Movesパラメータをコピーします。

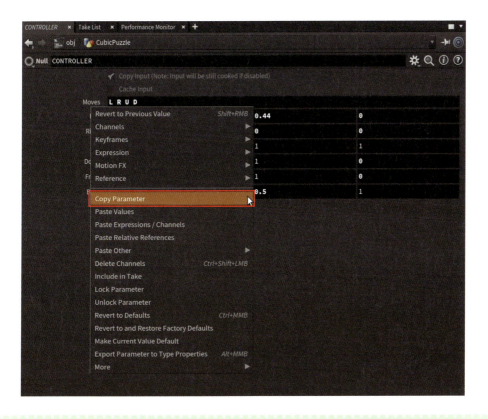

6 ［Paste Relative References］をクリックし、コピーした情報をdetailwrangle1ノードに対してペーストします。

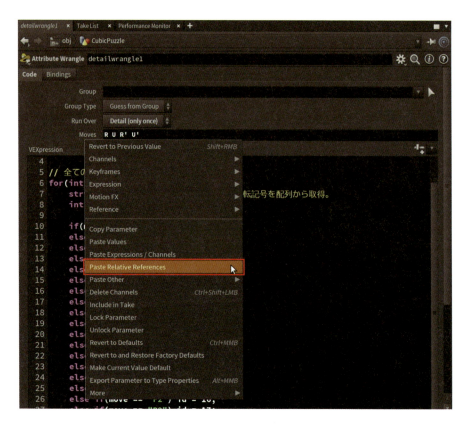

7 参照のためのエクスプレッションと実際の値の表示は、パラメータをマウスの中ボタンでクリックすることで切り替えることができます。

 パラメータのコピー＆ペーストは、適切なエクスプレッションを入力しているだけなので、慣れてくるとこれを手打ちすることもあります。

8 最後にネットワークを整理しましょう。detailwrangle1ノードの名前を、わかりやすいように「parse_moves」としました。

SECTION 8-4 回転の処理の仕組みを作ろう

　必要な前処理は完了したので、ここからは具体的な回転やアニメーションについて実装していきます。とはいえ、いきなり複数の回転を連続して処理するのは難しいので、まずは一手だけ処理する仕組みを作ります。

　具体的には、ある状態と回転記号情報を入力として、==「現在何番目の回転を処理しようとしているか」と「今の回転のアニメーションが何％完了しているか」==の二つのパラメータをもとに、一手分の回転アニメーションを生成します。

8-4-1 Subnetworkノードに処理をまとめよう

　SwitchノードとTransformノードを使用して実装します。回転の種類の数だけTransformノードを配置し、事前に変換しておいたidをもとに、Switchノードで処理を切り替えます。

　ネットワークが汚くなることが予想されるので、Subnetworkノードを作り、その中に実装することにします。

- Subnetノードにパラメータを二つ作る
- 状態と回転情報でInputを分ける
- 回転情報を抽出

1 まずは、Subnetworkノードをparse_movesノードの後に追加します。

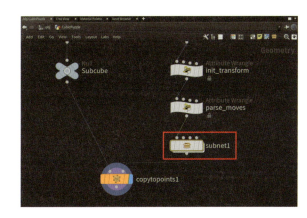

2 Subnetworkノード内に入ると、入力となる四つのInputノードと、最終的なSubnetworkノードの出力となるOutputノードがあります。

3 一度上の階層に戻り、`Subnetwork`ノードに二つのパラメータを追加しましょう。subnet1ノードの[`Edit Parameter Interface`]をクリックします。

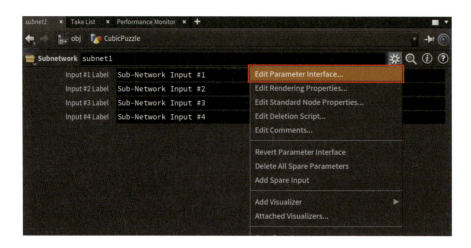

■ Rotate Percent

左の列の❶「`Float`」を中央の列に追加します。既存のパラメータと連続すると見えにくいため、❷「`Separator`」も追加して間に挟んでおくとよいでしょう。

右の列で、`Float`パラメータの❸`Name`を「`r`」、❹`Label`を「`Rotate Percent`」としました。また、❺`Range`にチェックを入れて❻「`0，1`」としておきます。

これで、0のときは回転前、1のときは回転後を表す設定ができました。0.5のときは45度回転します。

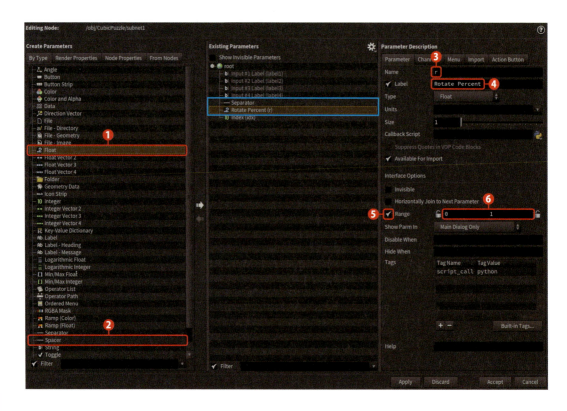

■ Index

続いて、何個目の回転を処理するかを指定します。左の列の❶「Integer」を中央の列に追加し、右の列で❷Nameを「idx」、❸Labelを「Index」としました。操作が完了したら、❹❺[Apply]＞[Accept]をクリックしてウィンドウを閉じます。

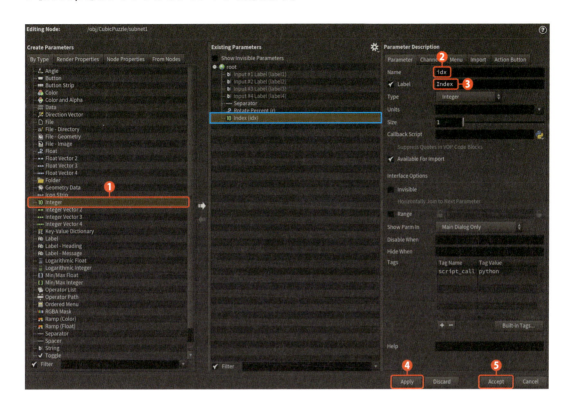

8-4-2 処理する情報を取得しよう

❶ Detail Wrangleノードを追加し、Subnetworkノードのindexパラメータの値をもとに、現在処理すべき情報を取得します。

「"../idx"」は、Subnetworkノードの Index パラメータを相対参照で指定しています。取得した値をもとに、現在の情報を__current_move, __current_idの二つのアトリビュートとして保存します。

「__」を先頭に付けているのは、これらのアトリビュートが、このサブネットワーク内だけで使われることを明示するためです。

```
int idx = chi("../idx");
s@__current_move = s[]@moves[idx];
i@__current_id = i[]@move_ids[idx];
```

2 正しく取得できると次のようになります。配列は先頭を0番目とするので、Indexで「2」を指定すると、4, Uという値を取得できます。

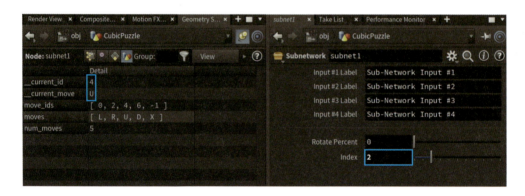

8-4-3 例外処理をしよう

配列外の値を指定すると、__current_idは0、__current_moveは空文字列になるようです。次はこの例外処理を行いましょう。

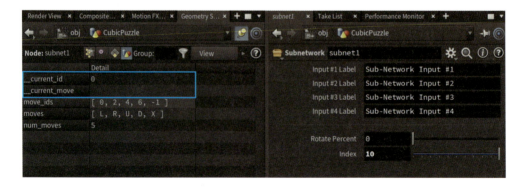

例外が現れたときの挙動については、次のような対処を考えられます。

- 警告を出す
- エラーを返して処理を中断する

このような例外処理を行うには、Errorノードを使うと便利です。Errorノードは、条件に応じて独自のエラーや警告を出すことができます。
　下図は、Xという無効な回転記号に対して「Xは無効な動きです」とエラーメッセージを返している様子です。

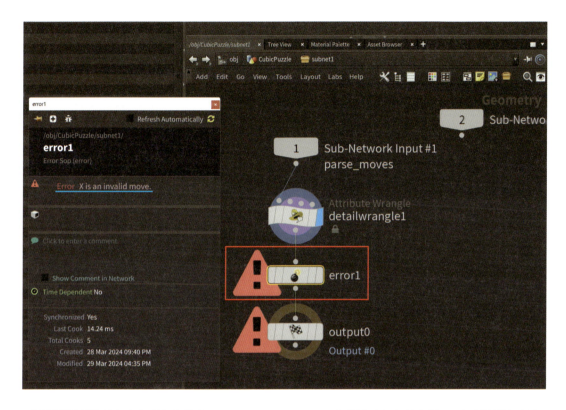

　回転記号が無効なものである場合、__current_moveの値は-1になるので、これを判定します。❶Error Messageには具体的なメッセージを、❷Report This Errorにはエラーである場合の条件式を入力します。
　Error Messageで使いたい__current_moveの値は文字列なので、details関数を使います。

Error Messageの方は「detail」ではなく「details」なので、タイプミスに気を付けましょう。

8-4-4 回転を設定しよう

1. 具体的な回転を扱う際に、ポイントしか見えていないと作業しにくいので、最終的な状態を常に表示させるようにします。

   Scene View右上の[`Not following selection`]をオンにすることで、そのとき表示されているものを表示させ続けることができます。

   Subnetworkノード内で操作をしても、常に上層の`Copy to Points`ノードの結果が表示されるようになりました。

   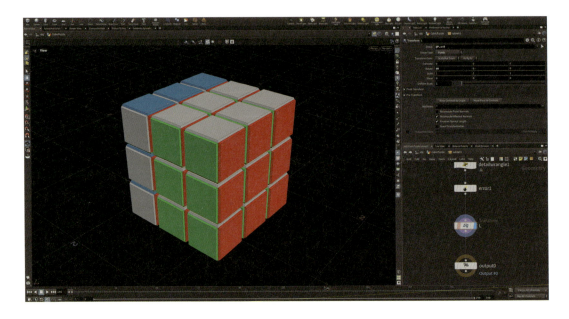

2 キューブは、Transformノードを使用して回転させます。まずは例として、回転Lに相当する動きを作ります。

サブキューブの回転を修正したときと同じように、Group, Group Type, Rotateの値をそれぞれ設定します。

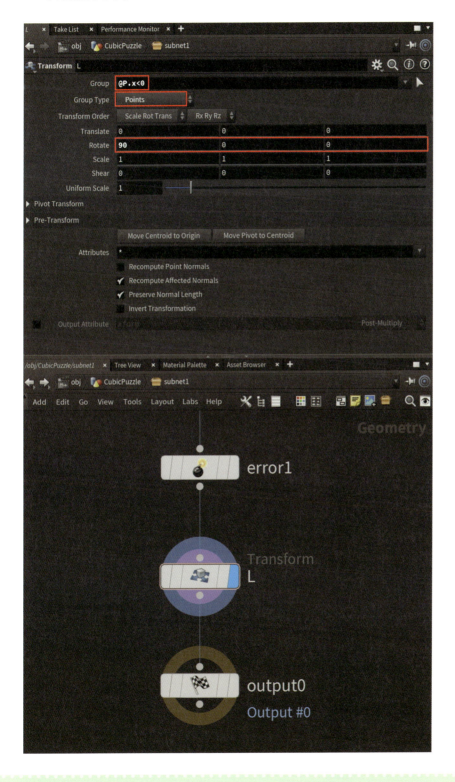

3 ただし、このままでは最初に追加したアニメーション用のパラメータが機能しないので、ch関数でRotate Percentを参照して掛けます。
Labelは「Rotate Percent」にしましたが、Nameを「r」としたため、「"../r"」となっています。今までのように[Copy Parameter]＞[Paste Relative Reference]をクリックして設定しても問題ありません。

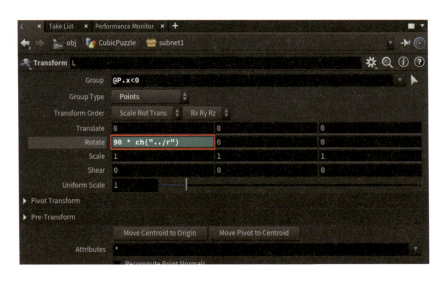

Rotate Percentの値に応じて回転するようになりました。

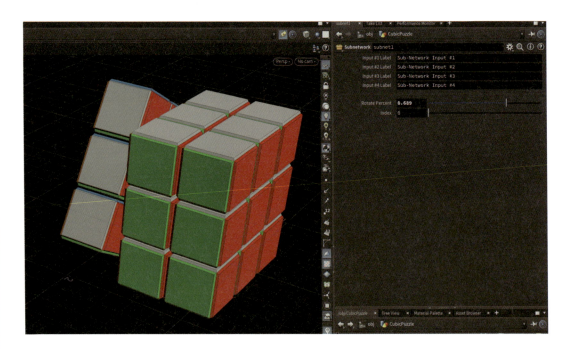

4 同じように、ほかの回転もすべて作ります。たとえば、回転Rの❶Groupは「@P.x>0」、❷Rotateは回転が逆になるため「-90 * ch("../r")」となります。

回転R2のような180度回転は、単純に90の部分を180に直せばよいです。

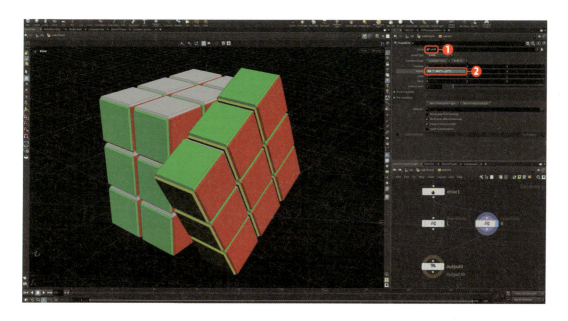

Outputノードがこの Subnetwork ノードの出力になるので、確認するときは繋ぎ変えを忘れずに！

5 18種類のすべての回転を設定しました。あとはこれらを適切に切り替えればよいです。

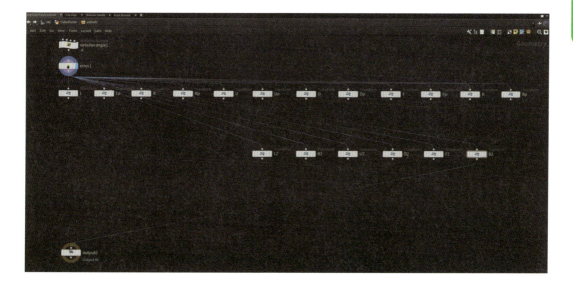

■6 処理の切り替えは、Switchノードを使えば簡単です。

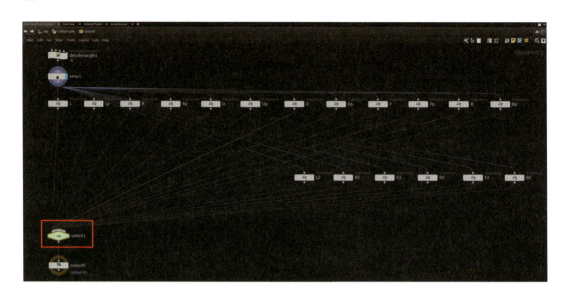

■7 整数値を用いて処理を切り替えるSwitchノードを利用するため、Switchノードへの接続は、回転記号のidの順序である必要があります。順序の入れ替えは、パラメータ左の青い↑で行えます。

8 すべて正しく設定できたら、SwitchノードのSelect Inputに__current_idアトリビュートを流し込めば、処理部分は完成です。

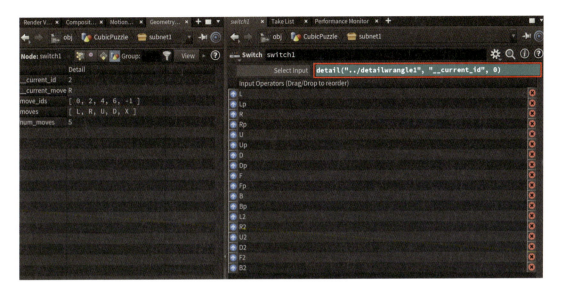

9 必要ないアトリビュートは削除しておきます。Attribute Deleteノードで、Detail Attributesに「__*」と入力します。これにより、__で始まるDetailアトリビュートがすべて削除されます。

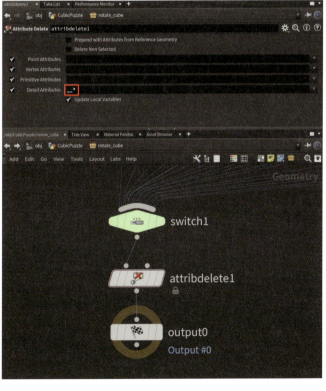

❿ これまで通り、ネットワークも整理しておきましょう。detailwrangle1ノードを「get_current_data」に、subnet1ノードを「rotate_cube」に名前を変更しました。

⓫ 最後に、初期状態と区別するため、一つ前にNullノードを挟み、名前を「Initial_state」としました。

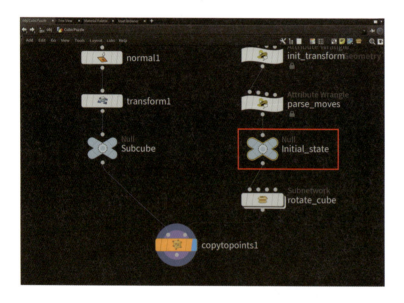

8-4-5 各回転後における状態を事前計算しよう

　ある状態から一手進めるということができるようになったので、あとは一連の回転に対して前から順番に処理していけばよいです。
同じ処理(先ほど作った処理)を繰り返し適用すればよいので、フィードバックループが使えます。

■ 手動で動作を確認

いきなりフィードバックループを使う前に、まずはノードを複製して動作を確かめてみましょう。

1 `Index`の値を一つずつ増やしながら連ねることで、順番に回転が行われているのを確認できます。

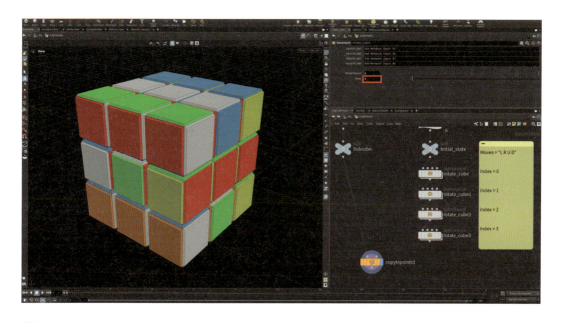

2 ただ、このままでは常に最終的な状態しか見ることができず、途中のアニメーションを生成できないため、次のように各状態をすべて一つにまとめて保存します。

すでにある状態から、一手分のアニメーションを生成する仕組みを作っているので、すべての回転後の状態を保存しておけば、後で簡単にアニメーションを生成できます。

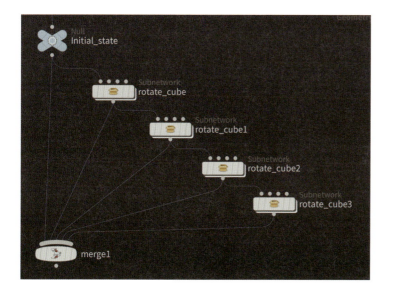

CHAPTER 08 立体回転パズル

■ **ループ処理で置き換え**

まずは、すべてのイテレーション（繰り返し）をマージしない、普通のフィードバックループから考えて、それを目的のものに変えましょう。

1 ❶ `For-Loop with Feedback`から、フィードバックループ用に設定された❷`Block Begin`ノードと❸`Block End`ノードを追加し、下図のように繋ぎます。

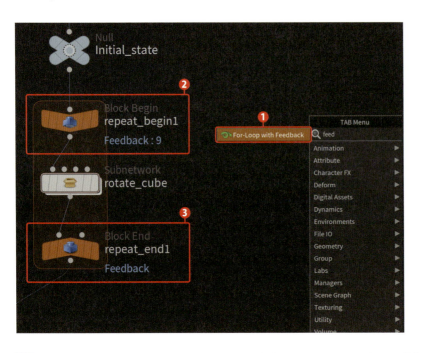

2 `Iterations`は、`Initial_state`の時点で`num_moves`として計算しているので、これを利用します。

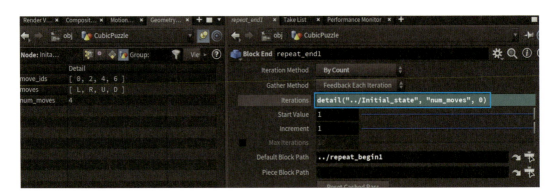

rotate_cubeノードのIndex、つまり「何個目の動きを処理するか」については、フィードバックループのメタデータを使えばよいです。

repeat_begin1ノードの[Create Meta Import Node]をクリックして、ループに関する情報を持ったノードを生成します。

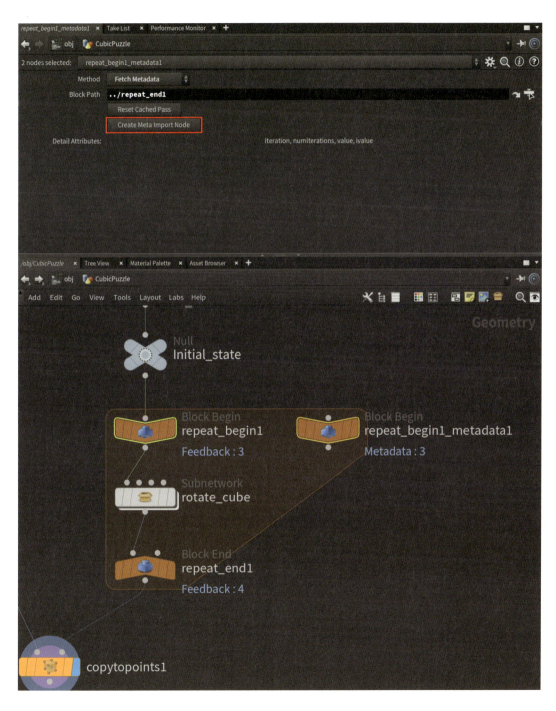

CHAPTER 08　立体回転パズル

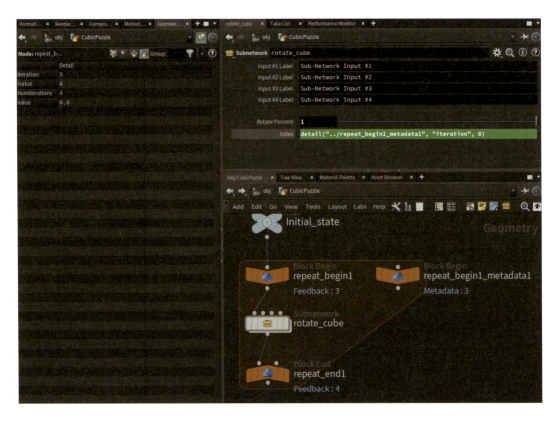

手動で四つ連ねた場合と同じ結果を得ることができました。

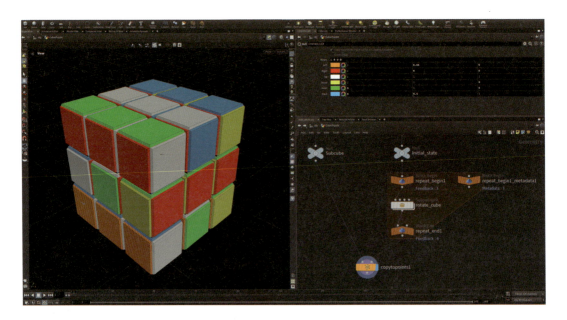

3 あとは、先ほど示したようにすべての工程をマージするだけです。この設定は、repeat_end1ノードの`Gather Method`を[`Merge Each Iteration`]に変更するだけで実現できます。
毎回処理の結果だけを入力に返す代わりに、各工程後の状態をマージするということです。

4 repeat_end1ノードの情報を見ると、`Points`が「104」となっており、四つの状態がすべて保存されていることがわかります。

■ 状態idの設定

すべて一つにまとめてしまうと、後で分離するのが大変なので、各状態に「状態id」のようなものを付けておきましょう。

1 具体的には、右図の位置に❶`Attribute Wrangle`ノードを追加し、現在のイテレーションで処理されているポイントに対して「state」という名前のアトリビュートを追加します。
❷コードを書いたら、コードブロック右上の❸[`Creates spare parameters for each unique call of ch()`]をクリックしてパラメータを生成します。

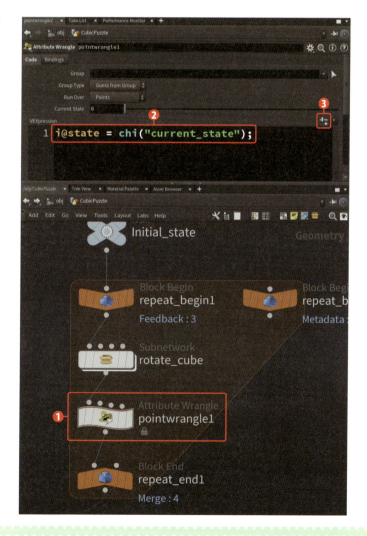

2 このままではstateアトリビュートの値がすべて0になってしまうため、先ほどと同じように、ループのメタデータを利用します。

<mark>初期状態を状態0ということにするため、「＋ 1」としていることに注意しましょう。</mark>

3 同じ方法で、初期状態に対して0という状態をセットします。

Geometry Spreadsheetを確認すると、26個おきにstateの値が増えているのがわかります。

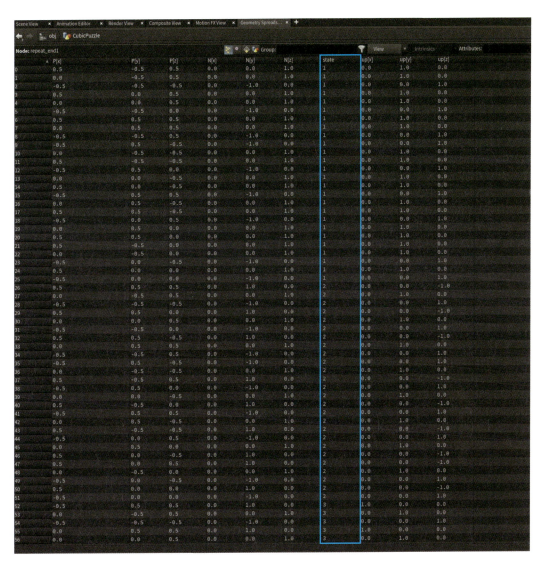

4 初期状態をマージして、処理部分は完成です。

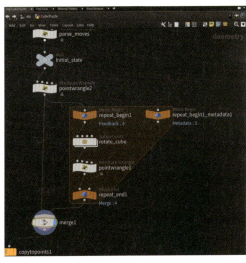

CHAPTER 08 立体回転パズル

5 次の工程に移る前に、ネットワークを整理しておきましょう。pointwrangle1ノードを「`set_current_state`」、pointwrangle2ノードを「`set_initial_state`」としました。

また、Network editor右上の[`Create network box`]をクリックしてネットワークボックスを作成し、ノードを一つのまとまりとして囲みました。

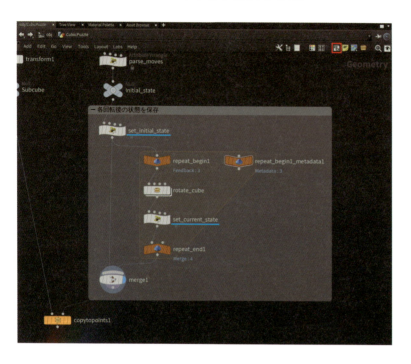

SECTION 8-5 アニメーション情報を計算しよう

Scene Viewでcopytopoints1ノードの結果を確認すると、複数の状態が重なっていることがわかります。

まずは、このすべてが重なった状態から、具体的にどのようにアニメーションを生成するかを確認しておきましょう。方法を確認した後、それらを自動化します。

8-5-1 アニメーションの生成方法

各状態に、固有のidとしてstateアトリビュートを保存しておいたので、これを利用します。具体的には、`Blast`ノードを使用して「現在処理すべき状態以外のポイントをすべて削除し、その状態におけるアニメーションを生成する」という方針です。

1 ❶ Blastノードを下図の位置に追加し、❷ Groupを「@state=2」、❸ Group Typeを[Points]に変更し、❹ Delete Non Selectedにチェックを入れてみましょう。
stateアトリビュートの値が2でないポイントすべてが削除され、最初の二つの回転L, Rを処理した状態だけを抽出できます。

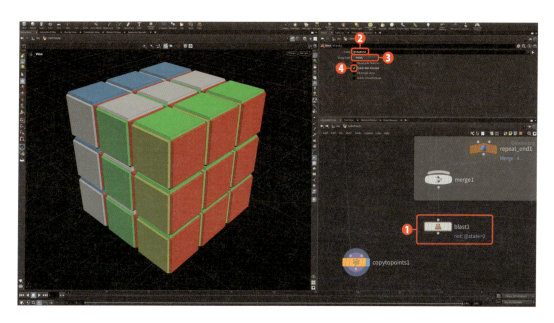

2 この状態から、三つ目の動きUを行うアニメーションを生成するには、先ほど作ったrotate_cubeノードが役に立ちます。❶ Indexを「2」にして、❷ Rotate Percentの値を変化させれば、三つ目の動きについてアニメーションを生成できます。

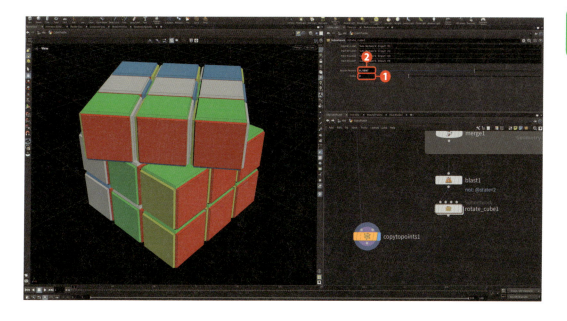

試しに手動で一つの状態を抽出してみましたが、最終的にはこれを自動化しなくてはいけません。必要な情報を整理すると、以下の二つです。

- 現在処理すべき状態id（`Index`に入力する値）
- 回転動作の完了割合（`Rotate Percent`に入力する値）

8-5-2 現在処理すべき状態id

具体例から考えてみましょう。フレーム番号は0から順番に1ずつ増えていくものとすると、フレーム番号は次のようになります。

0, 1, 2, 3, 4, 5, 6, 7, 8, 9, 10, 11, 12, 13, 14, 15, 16, 17...

ここで、一手あたりの尺を5フレームとすると、処理すべき状態idは次のように0からスタートし、5フレームごとに1ずつ増えていくはずです。

0, 0, 0, 0, 0, 1, 1, 1, 1, 1, 2, 2, 2, 2, 2, 3, 3...

これを式として表してみましょう。現在のフレーム番号を$t(>=0)$、一回転あたりのアニメーションの長さ（フレーム数）を$d(>0)$とすると、現在処理すべき状態$S(t, d)$は、次のように表されます。
ここで、$\lfloor x \rfloor$は小数点以下切り捨て（床関数）とします。

$$S(t, d) = \left\lfloor \frac{t}{d} \right\rfloor$$

一つ具体的な値を計算してみると、$S(13, 5) = \lfloor \frac{13}{5} \rfloor = \lfloor 2.6 \rfloor = 2$となります。

さらにここまでを実装すると、次のようになります。「`@Frame`」は現在のフレーム番号です。一般にフレーム番号は整数以外も扱うことがあるため、「`int(@Frame)`」とすることでint型に変換しています。今回、非整数フレームは扱わないため、これで問題ありません。
また、VEXにおける正の整数(int型)同士の割り算は切り捨てになるため、こちらも問題ありません。

```
int t = int(@Frame);
int d = 5;
int s = t / d;

i@current_state = s;
```

1 `Detail Wrangle`ノードを下図の位置に追加し、上記のコードを入力します。

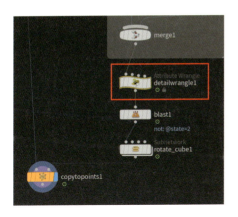

フレーム番号に対して、現在処理すべき状態を求められました。

2 この情報を、blast1ノードで使用します。同時に回転する処理が入っていると確認がややこしくなるので、rotate_cube1ノードは一時的にバイパス（無効化）しておきます。

3 手動で設定していたblast1ノードに対して、計算した値を利用するように設定しましょう。Groupに「`@state=\`detail(0, "current_state", 0)\``」と入力し、アトリビュートを取得します。

時間変化に合わせて、自動で状態が切り替わる様子です。

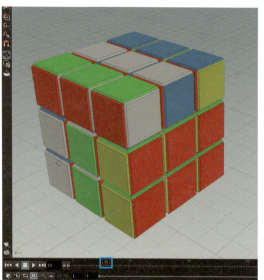 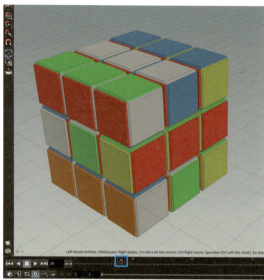

4 フレーム0における状態も確認しておくために、Global Animation Start Frameは「0」にしておくとよいでしょう。

5 ノードが増えてきたので、ここでまた整理しておきます。detailwrangle1ノードを「`calc_animation_info`」、blast1ノードを「`isolate_current_state`」としました。

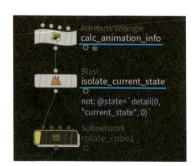

8-5-3 回転動作の完了割合

続いて、rotate_cube1ノードの`Rotate Percent`に入力する値を計算します。

その前に、rotate_cube1ノードをバイパスし、`Index`の値は先ほど計算したcurrent_stateアトリビュートでいいので、これを入力しておきましょう。

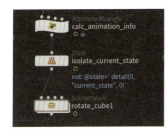
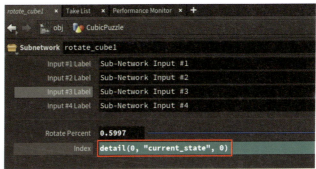

回転の完了割合は、各回転ごとに0から1に向かって増えることを繰り返してほしいです。それでは、具体的にどのような数式で表せるでしょうか？

先ほどと同じように、一手あたりの尺を5フレームとしてみましょう。任意の状態sは5フレームだけ存在するので、その間に0～1に向かってアニメーションすればよいことになります。

これは、割った余りの周期性をうまく利用すると、きれいに表すことができます。一歩ずつ確認しましょう。フレーム番号を5で割った余りに注目すると、0, 1, 2, 3, 4を繰り返しています。今ほしい値は[0, 1]の範囲なので、これを5で割ると、0.0, 0.2, 0.4, 0.6, 0.8を繰り返した列が得られます。

フレーム	0	1	2	3	4	5	6	7	8	9	10	...
商	0	0	0	0	0	1	1	1	1	1	2	...
余り	0	1	2	3	4	0	1	2	3	4	0	...
余り/5	0.0	0.2	0.4	0.6	0.8	0.0	0.2	0.4	0.6	0.8	0.0	...

毎回1.0になる前に、0.0にリセットされている気がするんですが、大丈夫なんですか？

`Rotate Percent`を1.0にするのは、次の状態で0.0にするのと同じなので問題ありません。ちょっとややこしいので、手元でいくつか試してみると実感できると思います。

CHAPTER 08 立体回転パズル

ここまでをcalc_animation_infoノードに追記すると、次のようになります。VEXでの余りの計算は、演算子「`%`」を使います。

int型同士で割り算を行うと切り捨てになってしまうので、割り算が行われる前に「`float(t % d)`」としてfloat型に変換しています。「`t % d`」は「tモッドd」などと読みます。モッド（mod）は、moduloの略です。

```
int t = int(f@Frame);
int d = 5;
int s = t / d;

float r = float(t % d) / d;

i@current_state = s;
f@rotate_percent = r;
```

同じように、計算したrotate_percentの値を参照します。

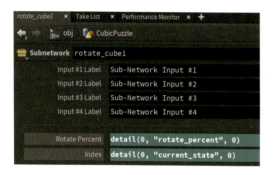

ここまでの設定が正しく完了すると、ついにキューブが自動で動きはじめます。

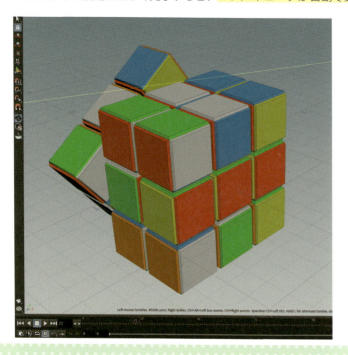

8-5-4 例外処理について学ぼう

大体想定通りに動作していますが、アニメーションの範囲外で少しエラーが起きています。

具体的には、アニメーション開始（フレーム0）前と、アニメーション終了後（current_state ＞ num_movesとなる場合）の二つです。これらのケースは、それぞれ「初期状態」「すべての動きが完了した状態」になっているのが自然でしょう。

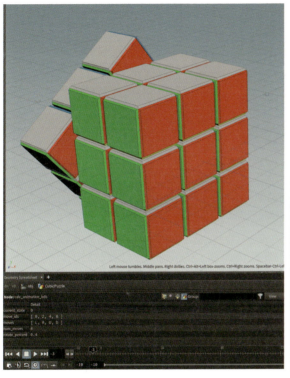
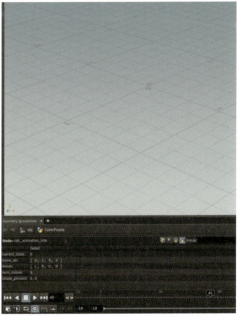

■アニメーション開始前

基準となるフレームが0なので、「フレーム番号 ＜ 0」となる場合に「t = 0」とすれば解決します。

```
int t = int(f@Frame);
if(t < 0) t = 0;
// ～ 以下略 ～
```

■アニメーション終了後

「すべての動きが完了した状態」とは「最後の回転が完了した状態」です。そのため、存在しない回転をしようとした場合は、次のように常に最後の回転が完了した状態に修正すれば解決します。

```
// ~ 前略 ~
float r = float(t % d) / d;

if(s >= i@num_moves) {
    s = i@num_moves;
    r = 0;
}
// ~ 後略 ~
```

8-5-5 アニメーション開始のタイミング

現在のアニメーションは、いつもフレーム0を基準としています。スタートのタイミングをずらせるようにしてみましょう。

現在のアニメーション開始のタイミングは、すべてフレーム番号一つから計算されており、コード内では「t」という変数名で管理されています。つまり、あらゆる計算の前にこのtの値を適切に変更すればよいです。

具体的にどのように変更すればよいでしょうか？　例として、基準を24フレームにしたいとします。アニメーションはいつもt=0のタイミングが基準なので、24フレームでt=0となってくれればよいです。

これは単純に、1行目を「int t = int(f@Frame) - 24」とすればよいことを意味しています。25, 26フレームについても具体的に考えてみると、それぞれの場合でt=1, 2となり、確かに24フレームを基準にtの値が1ずつ増えていることがわかります。直接「-24」と書く代わりに変数を使うと、次のように書くことができます。

```
int st = 24;
int t = int(f@Frame) - st;
// ~ 後略 ~
```

8-5-6 パラメータの追加

　コード内に直接書き込んでいる（ハードコードしている）数字を、CONTROLLERノードから変更できるようにしましょう。

1 CONTROLLERノードの[`Edit Parameter Interface`]をクリックし、パラメータの編集画面でコード内の`st,d`に相当する`Integer`パラメータを作ります。❶`Name`を「`animation_start`」、❷`Label`を「`Animation Start`」としました。

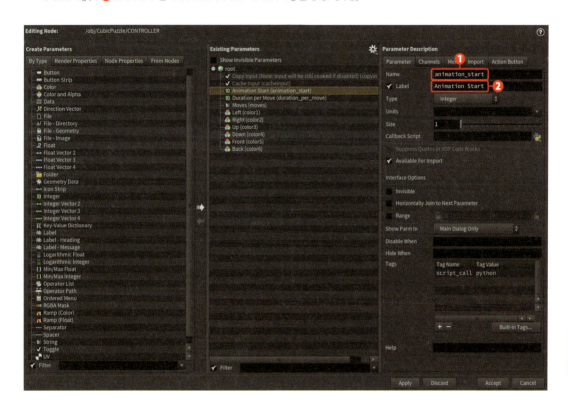

2 dに相当する`Duration per Move`パラメータについては、値が0以下になってはいけないので❶`Range`の最小値を「1」とし、❷南京錠アイコンにチェックを入れて、それ未満の値を受け付けないようにロックします。

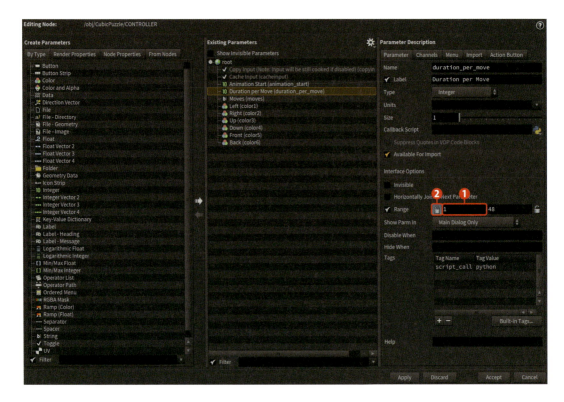

3 試しに次のような値に設定しました。操作が完了したら、[`Apply`]>[`Accept`]をクリックしてウィンドウを閉じます。

4 calc_animation_infoノードのコードから、この値を参照します。「`int st = chi("../CONTROLLER/animation_start")`」のようにして直接参照することも可能ですが、この方法では、CONTROLLERノード側でパラメータ名を変更するなどした場合に自動でアップデートされないため、一度calc_animation_infoノード上にパラメータを作成した後、そこから参照することにします。
そのため、まずはハードコードしていた部分を次のようにchi()関数で置き換えます。

```
int st = chi("animation_start");
int t = int(f@Frame) - st;
if(t < 0) t = 0;
int d = chi("duration_per_move");
int s = t / d;

// ~ 後略 ~
```

5 コードブロック右上の[Creates spare parameters for each unique call of ch()]をクリックしてパラメータを生成します。

6 パラメータを作成できたら、CONTROLLERノードのパラメータを右クリックして[Copy Parameter]をクリックし、対応するcalc_animation_infoノードのパラメータで[Paste Relative References]をクリックするか、以下のエクスプレッションを直接入力します。

入力中にコード補間が表示されるので、慣れてくるとこちらの方が早い場合も多いです。

7 最後にネットワークボックスを付けて、この工程は完了です。

8-5-7 パラメータを整理しよう

　CONTROLLERノードのパラメータがすべて揃ったので、最後にきれいに整理しておきましょう。もう一度、CONTROLLERノードの[`Edit Parameter Interface`]をクリックして編集画面を開きます。

　画像のようにパラメータをフォルダ分けしました。そこまで数が多いわけではないので、`Folder Type`はすべて[`Simple`]にしました。

区切りができたことで見えやすくなりました。

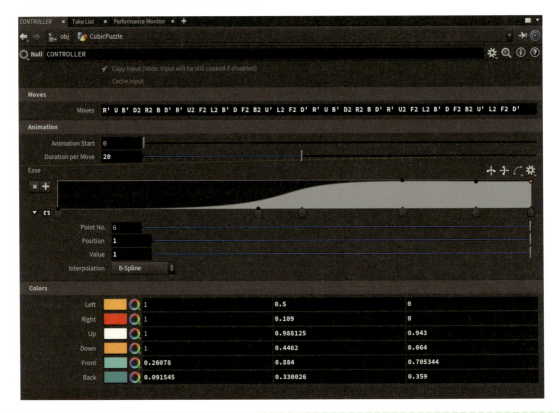

SECTION 8-6 コントロールと書き出し

　ベースとなる部分が完成したので、これまでと同じように、より見た目が面白くなる工夫をしてから作品として書き出しましょう。

8-6-1　アーティスティックなコントロール

ということで、やっとベースが完成しました！

おーやっと動いた……！

が、見た目に華がない感じがします。普通すぎるというか、動きもぎこちないですし。

（きびしい……）

なので、アートとしてカッコいい感じにしていきましょう！

■回転動作のイージング

今の動きは単調で、なんか面白くないですよね……。

　イージングとは、動きの緩急を付けることを指しています。回転の角度は、コード内の変数rによって決定されているので、これをなんらか加工すればよいです。まずはシンプルに、最後にrを三乗してみましょう。

```
// ~ 前略 ~

r = r * r * r;

i@current_state = s;
f@rotate_percent = r;
```

動きを確認すると、ゆっくりと動きはじめ、急に止まるような印象になります。これは、次のy=x³のグラフを見るとわかりやすいです。

下図のx=5のあたりを見ると、yの値は0.5よりもずっと小さいことがわかります。これが意味することは、元のrが0.5でも、まだそんなに回転していないということです。

一方、0.5より大きくなると関数は急に増加しはじめ、最後は(x, y) = (1, 1)の地点に到達します。これがゆっくりと動きはじめ、急に止まる動きの正体です。

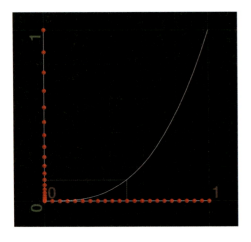

このグラフを自由に書ければ、様々な動きを実現できそうです。たとえば次のようなグラフを書くと、「最初ゆっくりと動きはじめ、途中急に速くなった後、少し回りすぎてから戻る」という動きができます。

ただし、「途中どんな動きをしても、最後は(x,y)=(1,1)に戻ってくる」というルールだけは守らなければいけないことに注意しましょう。

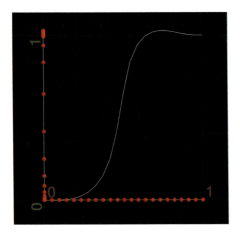

1 Houdiniには、このような[0,1]→実数を自由に決めることができる**Ramp**パラメータが存在します。VEXでは、chramp()関数を用いてこれを利用できます。

ここまでを踏まえて、先ほどの「r = r * r * r」を書き直すと、次のようになります。第一引数はパラメータ名、第二引数は変換する値です。

```
// ~ 前略 ~
r = chramp("ramp_r", r);
// ~ 後略 ~
```

2 コードブロック右上の[Creates spare parameters for each unique call of ch()]をクリックすると、次のようなパラメータが現れます。あとはここに任意のカーブを書けば、値を自動で変換してくれます。

3 ランプ左の[Maximize Ramp]をクリックすると、ランプが縦に広がり、細かいコントロールがしやすくなります。

4 また、1を超える値を設定するには、パラメータ下部のValueに値を直接入力します。

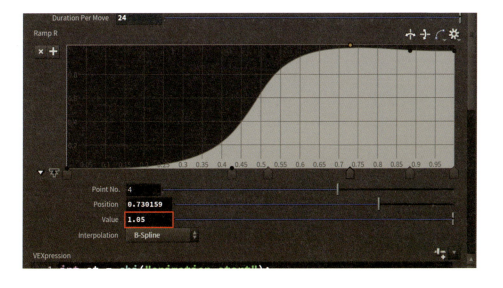

5 このイージング用のランプも、CONTROLLERノードから操作できるようにしておきましょう。
CONTROLLERノードの［`Edit Parameter Interface`］をクリックし、「`Ramp (Float)`」
を追加します。

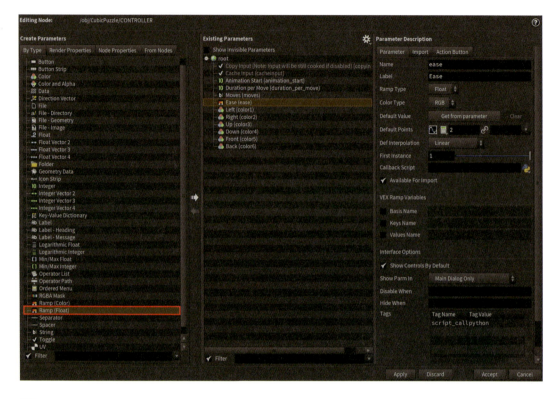

6 ランプパラメータは複数の値を保持することがあるので、❶❷［`Copy Parameter`］＞［`Paste Relative References`］をクリックしてリンクさせると便利です。

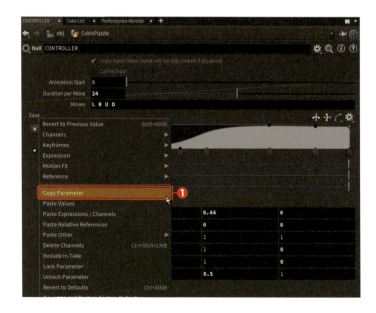

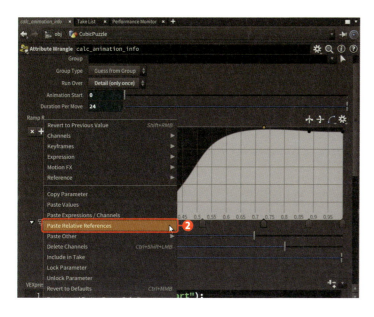

■キューブの階層化

右図のように、一部のサブキューブをキューブ全体で置換するという操作を何度か繰り返して、より面白い見た目を目指します。

基本的には「ポイントをランダムに選択し、元のポイントをすべてコピーする」という操作を繰り返します。この際、最終的にコピーされるサブキューブのスケールを同時にコントロールしないといけないので、まずはpscaleアトリビュートを1で初期化します。

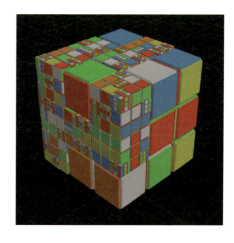

1 下図の位置に`Attribute Wrangle`ノードを追加し、以下のコードを入力します。

```
f@pscale = 1.0;
```

❷ 次に「ポイントをランダムに選択する」という操作を行います。これも`Attribute Wrangle`ノードを使って実現できますが、今回は`Labs Random Selection`ノードを使ってみましょう。

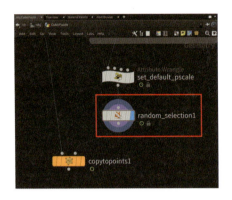

❸ ここでは❶`Selection Mode`の右を[`By Ratio`]にすることで、`Ratio`で指定した割合のポイントを選択します。選択したポイントを一つのグループにするため、❷`Create Group from Selected`にチェックを入れます。色は必要ないので、❸`Color Selected`直下のチェックは外しておきます。

割合による選択だけでなく、`Selection Mode`を変更することで「指定した個数だけランダムに選択」させることも可能です。ランダム感が気に入らない場合は、`Random Seed`を自由に変更してみましょう。

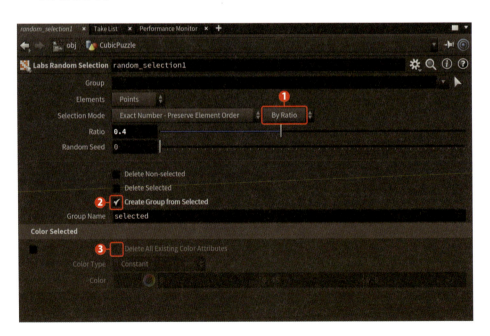

❹ `Geometry Spreadsheet`を確認すると、`selected`というポイントグループができていて、それぞれ`0`または`1`の値が入っています。1であればグループに含まれることを意味します。

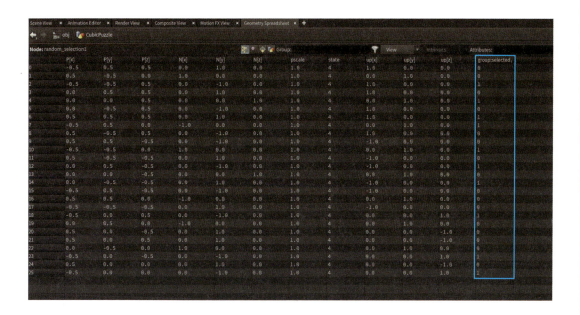

 Attribute Wrangleノードで「ランダムに40%のポイントを選択」させるには、次のように書きます。グループを作るときは「group_」を付けます。

```
if (rand(i@ptnum) < 0.4) i@group_selected = 1;
else i@group_selected = 0;
```

[5] 次に、今選択したポイント（selectedグループのポイント）に対して、元のキューブをコピーします。まずは❶❷SplitノードでselectedグループとそうでないポイントをA分けます。

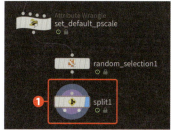

CHAPTER 08 立体回転パズル

6 選り分けたポイントに対して、`Copy to Points`ノードで元のキューブの情報をコピーします。しかし、元のキューブをそのままの大きさでコピーしているため、望む結果になっていません。

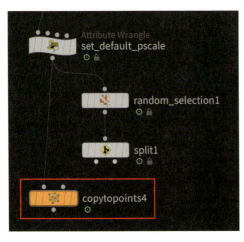

7 `Attribute Wrangle`ノードで、選り分けたポイントにpscaleアトリビュートを設定し、コピーされるキューブを小さくします。コピーされるキューブは、元の$\frac{1}{3}$倍なので、元のpscaleを3で割った値で更新します。

```
f@pscale /= 3.0;
```

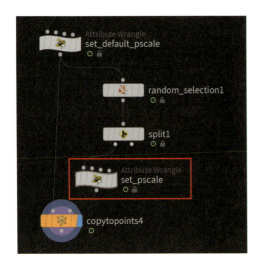

ポイントの座標はうまく調整できましたが、最終的にコピーされるサブキューブの大きさが変化していません。

これは、下図のcopytopoints4時点での`pscale`の値が、すべて「`1.0`」であるためです。各ポイントには元のキューブが$\frac{1}{3}$倍されてコピーされているので、最終的なサブキューブの大きさも$\frac{1}{3}$倍されなければいけません。

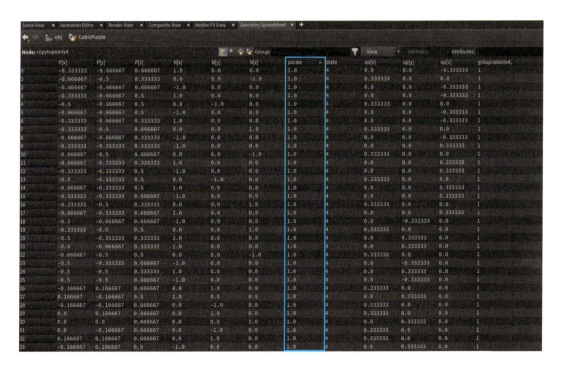

8 Attribute Wrangleノードでpscaleを上書きする方法も考えられますが、ここではCopy to Pointsノードの機能で解決する方法を紹介します。

Copy to Pointsノードには、コピー元とコピー先のアトリビュートをどのように合成するかを決めるオプションがあります。コピー元のポイントのpscaleはすべて1、コピー先のポイントはすべて0.333333なので、この二つを掛ければよいはずです。

これを行うには、by Multiplyingとなっている行のAttributesにpscaleを追加し、「Alpha pscale」とします。

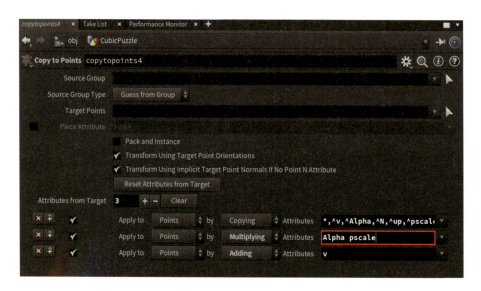

後からAttribute Wrangleノードを使って手動で上書きする方法でも、さほど問題にならないかもしれませんが、より複雑に階層が組まれる場合は、元の情報をできるだけ使いながら式を組み立てるようにすることで、より簡単かつ柔軟にコントロールできるようになるでしょう。

大きさが正しく設定できると、次のようになります。

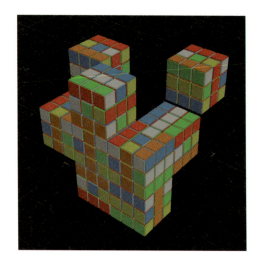

9️⃣ Splitノードで分けていたもう片方を、Mergeノードでマージすると次のようになります。Houdiniの機能や仕様を利用して回転の仕組みを作っているので、正しくコピーするだけで、アニメーションも正しく計算されます。

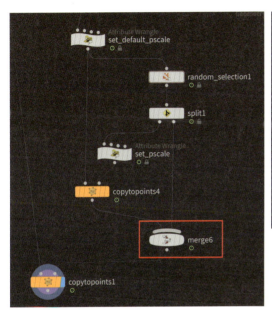

🔟 もう一段階、階層化するには、同じことをもう一度行うだけです。Mergeノード以外の四つのノードを複製して適切に繋ぎます。

一段階小さいキューブをさらに細分化するため、random_selection2ノードの入力には上のcopytopoints4ノードを、コピーするのは元のキューブ全体なので、下のcopytopoints5ノードの左の入力にはset_default_pscaleノードの出力を使います。

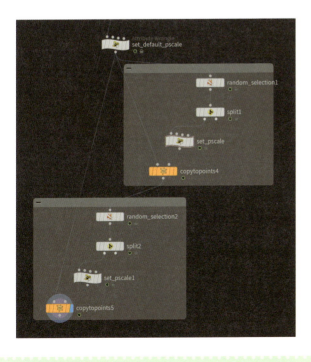

08 立体回転パズルを作ろう

393

CHAPTER 08 立体回転パズル

11 すべての階層をマージしてネットワークを整理し、ランダム加減を調整します。これで階層化の工程は完了です。

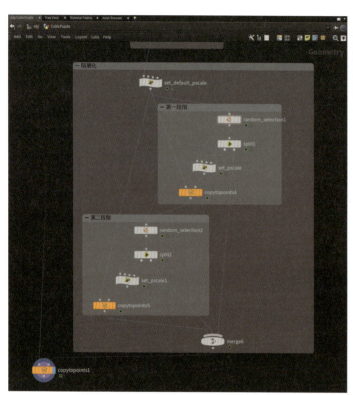

12 階層化された状態と通常の状態を、簡単に切り替えられるようにしておきましょう。下図の位置にSwitchノードを追加します。Switchノードには、階層化前の状態と階層化後の状態の二つを繋ぎます。

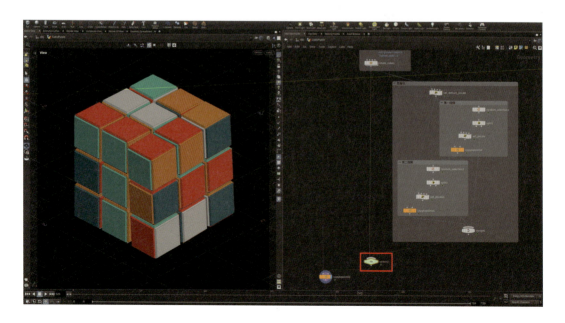

🔢 Select Inputの値を変更すれば、二つの状態が切り替わります。

まったく同じものを複製しましたが、このあたりはループにまとめたり、パラメータにしたりしないんですか？

最初はポイントが26個しかないので手動で選択したり、これ以上階層が増えても重くなるだけだったりするので、今回はこのままにしておきます。

ちなみに手動で選択する方法って……？

「Group Create」という、名前そのままなノードがあったりします。ほかにもグループの作り方は無数にあるので、いろいろ試してみましょう。

■ おまけ：面白い手順

Houdiniでの操作は一通り終わったので、ちょっと余談です。さっきから仮に入力していた動きは「LRUD」なんですが、適当にぐちゃぐちゃになって終わりじゃないですか。

まぁ、そういうものなんじゃないでしょうか？

最終的に元に戻ったら、最高に面白いと思いませんか？

うーん……適当なところまでいったら逆再生するような動きにすれば簡単じゃないですか？

CHAPTER 08 立体回転パズル

それは自明なので面白くないです。ついでに言うと、「RRRR」のような逆再生しないけど単純すぎるものも、自明なので面白くないです。

いや、そんなことできるんですか？

実は、どんな手順も有限回繰り返すうちに、元に戻ることが証明できます。たとえば「R U」は、105回繰り返すと元に戻ります。今回作ったシステムで試してみてください。

戻った……（すご）。

というわけで、38手で元に戻る動きをみつけました（探索しました）。というのが余談です。

R' U B' D2 R2 B D' R' U2 F2 L2 B' D F2 B2 U' L2 F2 D' R' U B' D2 R2 B D' R' U2 F2 L2 B' D F2 B2 U' L2 F2 D'（D R' U B' D2 R2 B D' R' U2 F2 L2 B' D F2 B2 U' L2 F2 D2をベースに2回繰り返して簡約化）

それもHoudiniですか？

実はHoudiniはまったく関係なくて、ただのプログラミングです。内容も高度すぎるので、本書では余談止まりです。

気になる～！

「Kociemba法」などと調べると、いろいろ情報が出てきます。あと、コンピュータでパズルを解く面白い本もあるので、よかったら読んでみてください[注1]。キューブではありませんが、キーになるアイデアが掲載されています。

注1　大槻兼資,『パズルで鍛えるアルゴリズム力』, 技術評論社, 2022

8-6-2 プレビューを書き出そう

最後に、SNSで共有できるように動画を書き出しましょう。Toolboxのメモ帳アイコンから、プレビューを書き出すことにします。もちろん、Solarisに読み込んで本格的なレンダリングをしてもよいです。

まずは、いくつかの設定を確認していきましょう。

■キューブ本体の設定

キューブ本体の設定はすべてCONTROLLERノードにまとめているので、自由に設定してみましょう。

私はこんな風にしてみました。

CHAPTER 08 立体回転パズル

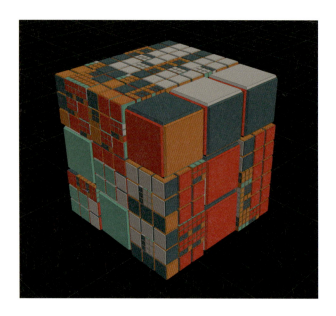

■カメラの配置

1 ある程度の視点まできたら、Ctrlキーを押しながらShelfの［`Camera`］をクリックします。

2 正確に斜め上から見下ろす雰囲気にするために、ある程度の位置までカメラを持っていった後、パラメータの`Transform`タブで正確な数値を打ち込みました。

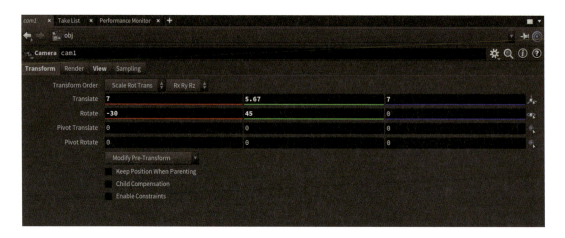

❸ Viewタブでは、以下の設定を変更しました。

❶ Resolution：720,720
❷ Projection：Orthographic
❸ Ortho Width：3

Resolutionは解像度です。正方形の動画を書き出すにあたって、構図がわかりやすい1：1になるよう設定しました。Projectionは投影方法です。Orthographic（正射図法）にすることで、平らな印象にしています。

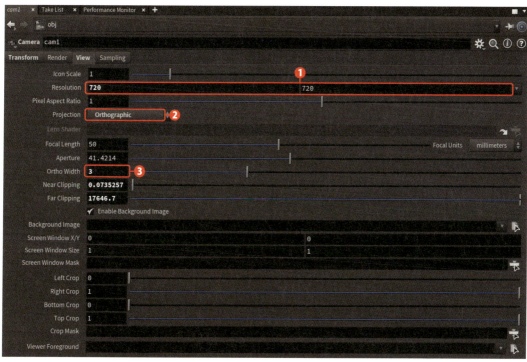

CHAPTER 08　立体回転パズル

■ Scene View 設定

1️⃣ Flipbookを使うので、Scene Viewの設定を整えておきましょう。Display optionsの[`Display reference plane/ortho grid`]をオンにして、グリッドの表示を消します。

2️⃣ Scene View右上から[`Flat Wire Shaded`]をクリックします。

3️⃣ 同じように[`Hidden Line Invisible`]を選択してみると、次のようになりました。

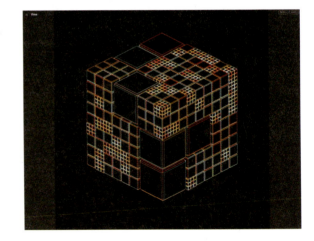

■ タイムライン設定

　一手当たり20フレーム、全部で38手の動きを入力したので、0～759フレームの、全760フレームのアニメーションを書き出します。

■ Flipbookの設定

1 メモ帳アイコンを長押しして、[Flipbook with New Settings]をクリックします。

2 SizeタブのResolutionで、解像度を指定します（Apprentice版では、最大解像度が1280×720に制限されます）。

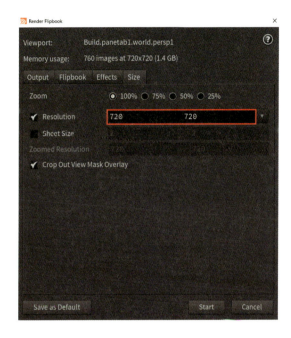

3 Outputタブで、出力の範囲や方法を指定します。❶Frame Range/Incで、書き出す範囲を確認しましょう。
デフォルトの「$RFSTART」と「$RFEND」は、先ほどタイムラインで設定した値になります。これらの文字列の代わりに、手動で数値を入力することもできます。すべての設定を確認したら❷[Start]をクリックしましょう。

4 MPlayへの書き出しが完了したら、[File]＞[Export]＞[FFmpeg]をクリックします。

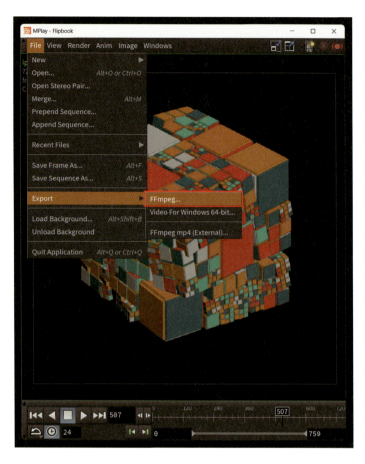

5 ❶ Output Fileに、保存先とファイル名を指定します。ほかにもいくつか設定がありますが、よくわからない場合は変える必要はありません。
設定が終わったら❷[Save]をクリックしましょう。正常に完了したら、すべての工程が終了です。

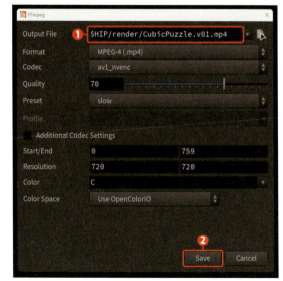

本章のまとめ

難しかったですか……？

ややこしい計算もあって確かに難しかったですが、ほとんどが基本的なノードやアトリビュートの操作だったのが驚きです！

　本章では、これまで得た知識をもとに、複雑なアニメーションを自動生成する仕組みを構築しました。Transformノードによって自動で計算されるアトリビュートや、Copy to Pointsノードの仕様など、知識があると実装が楽になる部分があるのは確かですが、ネットワークを見返すと、ほとんどがごく基本的なノードだけで実現されていることに気付くでしょう。

　また、HoudiniはHoudiniが持っていない機能を独自に作ることができるということも、おわかりいただけたかと思います。一方で、このようなことができるのは、ジオメトリやアトリビュート、またはそれらの基本的な操作に対する知識があるからこそです。

　途中で、「RUは105回繰り返すと元に戻る」と言及しました。現状これを確かめるには、RURU...と105回分入力する必要があります。ということは、「入力された回転記号を任意の回数繰り返す機能」がほしくなるかもしれません。

　また、色が揃った状態から回転をはじめるだけでなく、「その回転をした結果揃うようなアニメーション」を生成できれば、パズルの説明資料を作るのにも役立つかもしれません。

　中身の機能を一から自分で組み立てているので、なにか要望があれば様々なカスタマイズが可能です。ぜひ自分なりの機能を追加してみましょう。

さつき先生小噺　HDA

　Houdiniには、**HDA**（Houdini Digital Assets）という仕組みがあります。これは、ノードネットワークのプリセットのようなものです。ノードの右下を見ると、南京錠アイコンが付いているものと、付いていないものがあります。南京錠アイコンが付いたノードは、すべてHDAです。

　HDAは、右クリックから［`Allow Editing of Contents`］をクリックすることで、アンロックして中身を見ることができます。

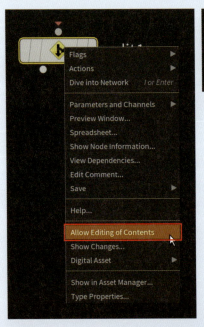

　`Split`ノード内に入ると、二つの`Blast`ノードで選択したものと、そうでないものを振り分ける処理をしていることがわかります。

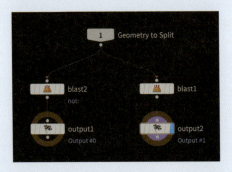

同じように、Labs Random Selectionノードの中身を確認してみると、Splitノードよりずっと多くのノードからできていることがわかります。また、ネットワーク上部にSplitノードを見つけることができます。

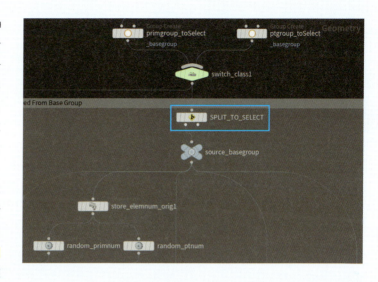

このように、HDAの中にHDAを配置することも可能です。また、今回は触れていませんが、自分でHDAを作ることも可能です。先ほどの複雑なアニメーションを一つのノードかのように扱いたいと思ったときや、中で複製した「一手だけ進めるSubnetworkノード」など、何度も再利用したいものをHDA化しておくと、とても便利です。

HDAは、ほかのソフトウェアでHoudiniのパワーを活用するのにも役に立ちます。具体的には、Houdiniで作ったネットワークをHDAとして保存し、それをUnreal Engineなどほかのソフトウェアで読み込むことができます。

画像は、Unreal Engine上のシンプルな直方体を入力として、建物を生成している様子です。

https://www.sidefx.com/ja/titan：PROJECT TITAN | Tools/Building（ビル）より
HDAの詳細については、公式ドキュメント注2 が大変役に立ちます。

注2　デジタルアセットの紹介
　　https://www.sidefx.com/ja/docs/houdini/assets/intro.html

CHAPTER 09

TOP ／ PDGによる さらなる自動化

本章では、CHAPTER08の作例のバリエーション生成を自動化します。本書ではこれが最終章となりますが、これまでの作例もほとんど同じ手順で自動化することが可能です。

SECTION 9-1 TOP ？ PDG ？ ➡P.408
- 9-1-1 やるべきこと≒パラメータ情報
- 9-1-2 TOPが管理すること／行うこと

SECTION 9-2 TOP ／ PDGの操作に慣れよう ➡P.411
- 9-2-1 スケジューラーってなに？
- 9-2-2 ワークアイテムについて
- 9-2-3 処理を実行しよう

SECTION 9-3 作業の前に ➡P.422
- 9-3-1 工程を確認しよう
- 9-3-2 TOPネットワークはどこにでも作れる

SECTION 9-4 ワークアイテムを生成しよう ➡P.425
- 9-4-1 .csvファイルを読み込もう
- 9-4-2 階層化の切り替えアトリビュートを追加しよう
- 9-4-3 ワークアイテムアトリビュートを利用しよう

SECTION 9-5 処理を実行しよう ➡P.430
- 9-5-1 ワークアイテムをフィルタリングしよう
- 9-5-2 OpenGLでレンダリングしよう
- 9-5-3 In-Processクッキングを使おう
- 9-5-4 COPによる合成処理をしよう
- 9-5-5 FFmpegで動画ファイルを生成しよう
- 9-5-6 すべての処理をまとめて実行しよう

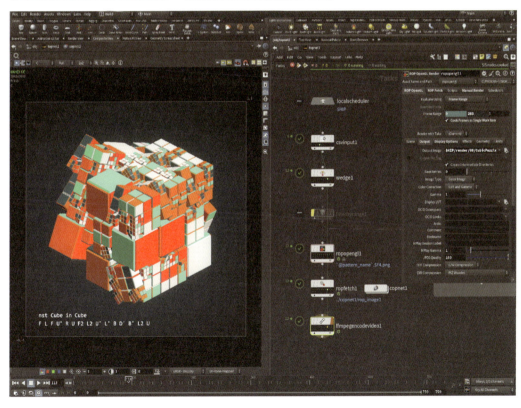

本章の作例です。このサンプルファイルは、ダウンロードデータの
「09_PDG.hip」からご確認いただけます。

CHAPTER 09 TOP／PDGによるさらなる自動化

さつき先生: いよいよ最終章です！　ここではまた自動化します。

ゆうか: 散々プログラムを書いてアニメーションを自動生成しましたが、まだなにか自動化するんですか？

甘いですね。自動でいろいろやってくれるツールが完成したら、今度は<mark>そのツールを使うこと自体を自動化する</mark>のです。

そんなに自動化して意味があるんですか？

たとえば、岩や木など、大量のバリエーションが必要なものを生成するのに便利です。「人の手で1個ずつパラメータを変えて保存」というのは無理がありますよね。

なるほど。今回はどんなことをするんですか？

CHAPTER08の作例を使って、簡単なレンダリング、合成処理から動画ファイルの生成まで、自動で何パターンも実行しようと思います。

SECTION 9-1　TOP？　PDG？

　TOP（Task Operator）は、これまでに登場したSOPやLOPなどと同じHoudini内のコンテキストの一つで、<mark>様々なタスクを自動で処理するためのコンテキスト</mark>です。また、**PDG**（Procedural Dependency Graph）は<mark>プロシージャルな依存関係グラフ</mark>のことです。この「グラフ」とは離散数学の用語で、「いくつかの点（頂点）を線や矢印（辺）で結んだ図」のようなものです。

　様々な処理や作業工程の順序は、依存関係をもとに矢印を引くことで図示できます。つまり、<mark>TOPの中核になる、多くのタスクを効率よく管理・実行するための概念</mark>です。本章では、途中文字や背景などの合成、つまり「画像処理」を行いますが、その前に「合成前の画像のレンダリング」が終わっていなければなりません。また、「動画ファイルの生成」には合成処理そのものが完了している必要があります。

このように、工程には依存関係が存在します。この依存関係など、処理に必要な一連の情報を保持するのがPDGであり、PDGそのものの生成や実際の処理の管理・実行をしてくれるのがTOPです。

組み合わせ情報の生成 → レンダリング（OpenGL） → 画像処理 → レンダリング（COP） → 動画ファイル生成

9-1-1 やるべきこと≒パラメータ情報

あらかじめ行いたい処理が明確であれば、こちらですべきなのはパラメータを決めることです。たとえば、すでにアニメーションを生成するための処理は完成しているので、「なにかアニメーションを生成してください」と頼まれたら、「回転記号を決めて入力する」必要があります。

このように、「やるべきこと」と「パラメータ情報」は対応させて考えることができます。この前提を理解しておくと、TOP／PDGの「気持ち」を理解するのはさほど難しくありません。

9-1-2 TOPが管理すること／行うこと

以下が、本章で作成するTOPネットワークの外観です。SOPノードとは違い、ノード上に小さな点のようなものが見えますが、これらの点は「ワークアイテム」と呼ばれています。

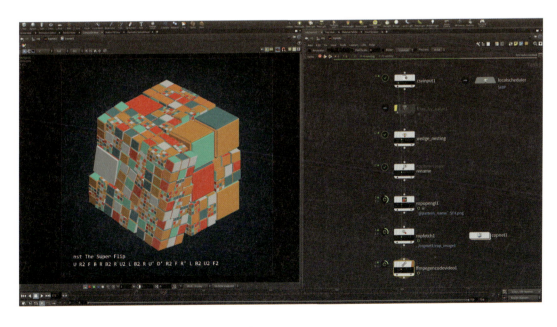

ワークアイテムは、処理に関する様々な情報を保持します。ちょうど、ポイントがアトリビュートを保持しているようなものです。たとえば、本章で作るワークアイテムは「algorithm」という名前のアトリビュートとして、回転記号の情報を持ちます。

TOPは、パラメータの情報をワークアイテムとして保持するだけでなく、それらのワークアイテム（パラメータ情報）をもとに処理を実行する機能を持っています。ここでもう一度TOPネットワークについて整理すると、ざっくりと次のようにまとめられます。

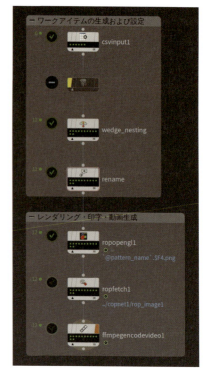

■ ここまでのまとめ
- TOPとは、自動化のためのコンテキスト
- PDGとは、TOPの核になる概念
- やるべきこと≒パラメータ情報
- ワークアイテムとは、処理に必要な様々な情報を持つ概念
- TOPの基本ステップ
  ❶ ワークアイテムを作成
  ❷ ワークアイテムに必要なアトリビュートを設定
  ❸ ワークアイテムをもとに処理を実行

以上がTOP／PDGの概要です。「作ったアトリビュートは具体的にどう使うの？」など細かい疑問はたくさんあると思いますが、実際に操作しながら確認していくことにしましょう。

※より正確には、ワークアイテムや必要な処理に関する情報などからなるPDGが、ノードの設定をもとに生成された後、そのPDGをもとに処理を実行します。UIとしては主にワークアイテムを操作しているようであるため、以下基本的にワークアイテムを操作しているかのような説明をしています。

SECTION 9-2　TOP／PDGの操作に慣れよう

まずは操作に慣れておきましょう。見た目はまったく面白くありませんが、大きな規模のシーンでも共通する大事な概念や操作が多く登場するので、しっかり確認しておきましょう。

9-2-1　スケジューラーってなに？

❶ デフォルトのTOPは、/tasks/topnet1として用意されているので、その階層へ移動しましょう。

❷ topnet1ノード内に入ると、「localscheduler」という名前の`Local Scheduler`ノードが用意されています。

3 TAB Menuで検索してみると、「〇〇 Scheduler」という
ノードはほかにもいくつか存在します。これらのノードは、
文字通り処理のスケジュールを組むノードです。生成された
PDGが、どこでどのように実行されるのかを設定します。

デフォルトのLocal Schedulerノードは、ローカル（Houdiniを実行しているマシン）で処理を
実行することをスケジュールします。そのため、Total Slots（処理に使用するCPUのコア数）
などのパラメータがあります。

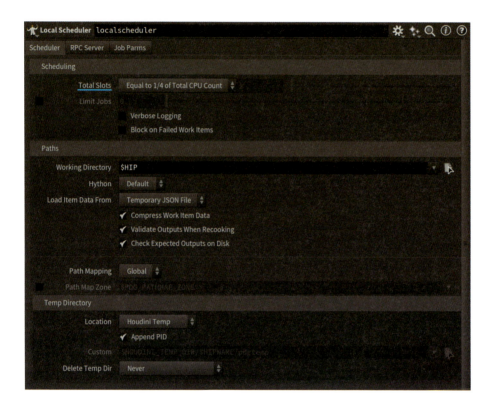

もう一つの例として、HQueue Schedulerを見てみましょう。HQueueとは、SideFXが開発す
る多目的なジョブスケジューリングシステムです。このシステムを利用することで、シミュレーショ
ンやレンダリングなどの様々な処理を、複数のマシンに割り振って実行させることができます。
HQueue Schedulerは、PDGをHQueueに渡すためのスケジューラなので、HQueue
Server（ネットワーク上での計算の割り振りを行うシステムの場所）などのパラメータが存在しま
す。今回はLocal Schedulerノードを使用して、今操作しているマシン上でのみ処理を実行
します。

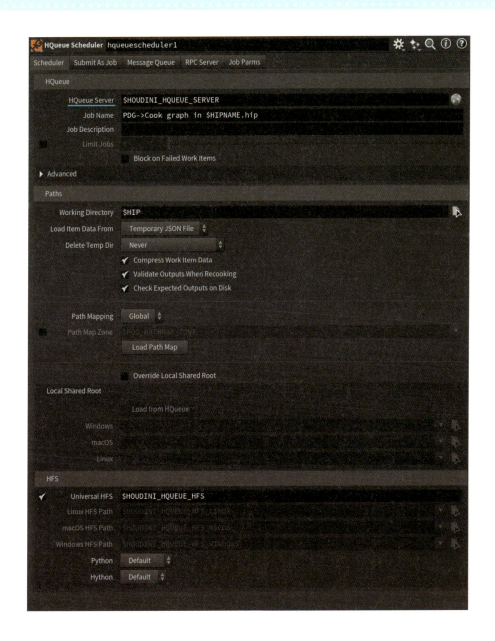

9-2-2 ワークアイテムについて

繰り返しになりますが、ワークアイテムに必要な情報を持たせて、それをもとに処理を実行します。実際の手順を確認していきましょう。

■ ワークアイテムの生成

1 最も単純なワークアイテムの生成方法として、Generic Generatorノードを使ってみましょう。このノードは、なんのアトリビュートも持たないワークアイテムを任意の個数作ることができます。

2 ここで一つ注意すべきなのは、==この時点ではまだワークアイテムは生成されていない==ということです。ノードの設定をもとにワークアイテムを生成するには、ノードを右クリックし、[`Generate Node`]をクリックします。

3 ワークアイテムが生成されると、ノード上に小さな点として表示されます。

一つだけワークアイテムができたのは、`Generic Generator`ノードの`Item Count`のデフォルトが「1」であるためです。

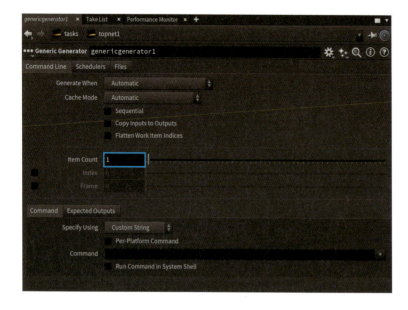

Item Countを「3」にして、ワークアイテムを三つ生成させてみましょう。

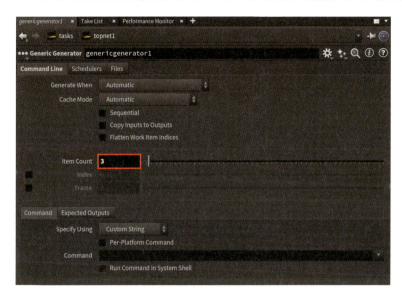

しかし、==パラメータを変えただけではワークアイテムは変化しません==。ワークアイテムを更新するには、==一度削除してから作り直す==必要があります。

4 ワークアイテムを削除するには、ノードを右クリックして［Dirty This Node］をクリックします。

5 削除されたことを確認したら、もう一度［Generate Node］をクリックします。

新しいパラメータ情報をもとに、ワークアイテムが三つ生成されました。

■ワークアイテムアトリビュートの追加

1 アトリビュートを含むワークアイテムに関する情報を確認するには、ワークアイテムを右クリックして、[`Work Item Info`]をクリックします。マウスの中ボタンでクリックすると、中ボタンを押している間だけ表示することもできます。

`Generic Generator`ノードによって生成されたワークアイテムには、`Index`や`Priority`といった基本的な情報のみが入っています。

2 すべてのワークアイテムの情報は、[`Task Graph Table`]をクリックすると確認できます。

※ここで確認できる`Name`は基本的に自動で振られるため、執筆時の細かな操作の順序ややり直しなどによって図とは異なる場合がありますが、問題はありません。

3 確認したいノードを選択すると、ワークアイテムが表示されます。

4 このワークアイテム上に、適当なアトリビュートを設定してみましょう。ここでは`Attribute Create`ノードを使用します。

5 `Attributes`の❶ `Floats`の[+]をクリックして、項目を一つ追加します。その後、❷ `Name`を「`MyAttribute`」、❸ `Value`を「`@pdg_index`」に設定しました（`@pdg_index`については後ほど紹介します）。

6 パラメータを設定したら、[`Generate Node`]をクリックし、からワークアイテムを生成します。genericgenerator1ノードを引き継いで、attributecreate1ノードにも三つのワークアイテムが生成されました。

それぞれのワークアイテム情報を確認すると、左から順に、`MyAttribute`の値が、`0.0`,`1.0`,`2.0`になります。

Task Graph Tableでは次のように確認できます。.

■ワークアイテムアトリビュートの利用

ワークアイテムアトリビュートは、「@[アトリビュート名]」を入力することで使用できます。先ほど「@pdg_index」として参照したアトリビュートは、自動で割り振られるワークアイテムのIndexです。

公式ドキュメント「アトリビュートの使い方 (https://www.sidefx.com/ja/docs/houdini/tops/attributes.html) 」の「ビルトインのアトリビュート」にもある通り、ワークアイテムはデフォルトでいくつかのアトリビュートを持っており、それらは「pdg_」を先頭に付けて参照します。

文字列パラメータ内で、ワークアイテムアトリビュートを参照するときは注意が必要です。文字列パラメータ内では、@[アトリビュート名]という文字列なのか、アトリビュートの参照なのかが判断できないため、「`@[アトリビュート名]`」のように「`」で囲う必要があります。

例として、attributecreate1ノードで❶「MyStringAttribute」という名前の文字列アトリビュートを追加してみます。❷Valueは「@pdg_index is `@pdg_index`」とします。

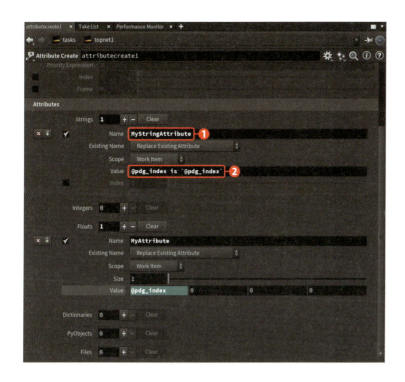

　attributecreate1ノードのワークアイテムを再生成すると、アトリビュートの値は次のようになります。「@pdg_index」は文字列として残り、「`@pdg_index`」だけが実際の値に置き換えられています。

9-2-3 処理を実行しよう

　ワークアイテムに関する基本的な操作を確認したので、次はそれらをもとに、なにか具体的な処理を実行してみましょう。

1 ここでは、Text Outputノードでテキストファイルを出力してみます。

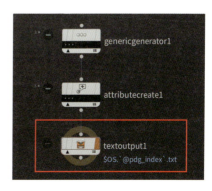

2 パラメータは次のように設定しました。`File Path`には、出力する場所とファイル名を指定します。ファイル名が同一であると上書きされてしまうため、ファイル名の中に「`@pdg_index`」を入れてユニークになるようにします。「`$OS`」はノード名に置き換えられ、ここでは「textoutput1」になります。

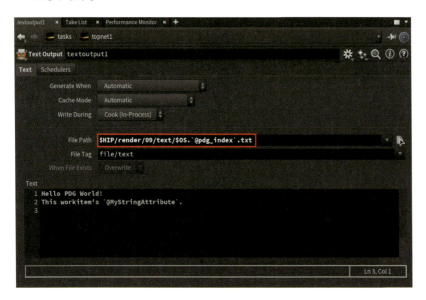

3 [`Generate Node`]をクリックしてワークアイテムを生成すると、次のようになります。まだ実際の処理は行われていないため、テキストファイルは出力されていないことに注意しましょう。

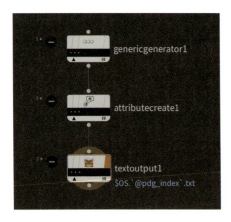

4 今回は簡単なテキストファイルであるため、処理はそこまで重くなりませんが、実際はとても時間のかかる膨大な処理を行うことも珍しくありません。
　そこで、実際の処理を実行する前に、出力されるべきファイルなど、事前に確認できることは確認しておきましょう。Task Graph Table右上の[`Columns`]をクリックして、追加の列を表示します。

5 Expected Resultにチェックを入れ、出力されるべきファイル名と、そのパスを表示します。

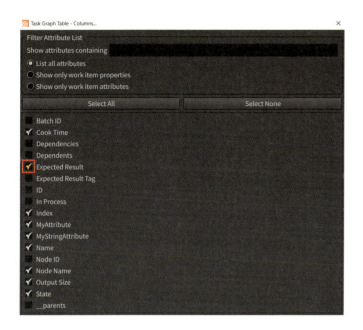

6 想定通りの場所に、想定通りのファイル名で出力されるかを確認します。ここで想定通りになっていない場合は、設定が間違っているということです。もう一度設定を確認して、ワークアイテムを再生成しましょう。

7 すべて正しく設定できて、正しいワークアイテムが生成されたら、実際の処理を実行します。これを行うには、ノードを右クリックして[Cook Node]をクリックします（Houdiniでは、ノードを計算することを「Cook（クック）」と呼びます）。

処理が正常に完了すると、ワークアイテムが緑色に変化します。また、Task Graph Tableでは、`State`が`Cooked`になります。

指定したフォルダに正しく出力されていれば成功です。

SECTION 9-3 作業の前に

　まず、アニメーションの生成に使う回転記号の文字列は、以下の6通りです。これらは単一の.csvファイルとして提供されます（ダウンロードデータのcsvフォルダをご参照ください）。これら6通りのアニメーションそれぞれに対して、通常のものと階層化されたものを生成し、計12本になります。

pattern_name	algorithm
Tetromino	L R F B U' D' L' R'
The Super Flip	U R2 F B R B2 R U2 L B2 R U' D' R2 F R' L B2 U2 F2
Kilt	U' R2 L2 F2 B2 U' R L F B' U F2 D2 R2 L2 U2 F2 U' F2
Cube in Cube	F L F U' R U F2 L2 U' L' B D' B' L2 U
Vertical Stripes	F U F R L2 B D' R D2 L D' B R2 L F U F
Python	F2 R' B' U R' L F' L F' B D' R B L2

9-3-1 工程を確認しよう

次に、工程を軽く整理しておきましょう。今回の自動化の流れは次の通りです。

組み合わせ情報の生成 → レンダリング（OpenGL） → 画像処理 → レンダリング（COP） → 動画ファイル生成

依存関係は単純で、左から順に処理を行えばよさそうです。これらの工程を意識しながら、作業を進めましょう。

9-3-2 TOPネットワークはどこにでも作れる

デフォルトのTOPネットワークはtasksコンテキストに存在しましたが、あまり離れた場所に関連したものを配置するのは混乱の元です。また、テスト用にすでにいくつかのノードを配置しているため、別のTOPネットワークを作成しましょう。実は==ほとんどのコンテキスト内で、任意に別のコンテキストを作ることができます==。

今回はobjコンテキスト、つまりオブジェクトネットワーク内にTOPネットワークを配置することにします。

あえてobjコンテキストにTOPネットワークを作っただけで、本質的にはtasksコンテキストにあるものと、なんら変わりありません。

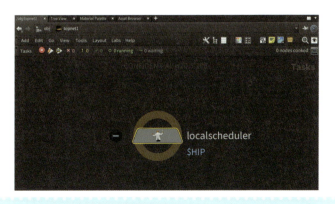

SOPネットワーク内に配置することも可能です。

以上で作業前の確認は完了です。それでは、本題に入りましょう。

SECTION 9-4 ワークアイテムを生成しよう

先ほど確認した通り、まずはワークアイテムを作ります。目標は「名前」「回転記号」「階層化するかどうか」の三つのアトリビュートを保持した、計12個のワークアイテムを作ることです。

9-4-1 .csvファイルを読み込もう

1 ダウンロードデータのサンプルファイル「pattern_cubes.csv」を、任意のディレクトリに配置します(現在作業している.hipファイルが存在するディレクトリに、csvフォルダを作り、その中に配置すると本書と一致します)。

.csvファイルをもとにワークアイテムを作るには、CSV Inputノードが便利です。このノードはワークアイテムの生成と同時に、.csvファイルのデータをもとにアトリビュートも作成してくれます。

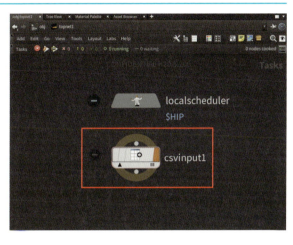

2 ❶CSV Sourceを[Custom File Path]に、❷File Pathには先ほど配置した.csvファイルを指定します。

また、.csvファイルの1行目をヘッダーとして利用したいので、❸Has Header Rowにチェックを入れます。これにより、1行目の情報をもとに自動でアトリビュート名を付けてくれます。

最後に❹Extractionを[All]に設定し、すべての列の情報を読み込むようにします。

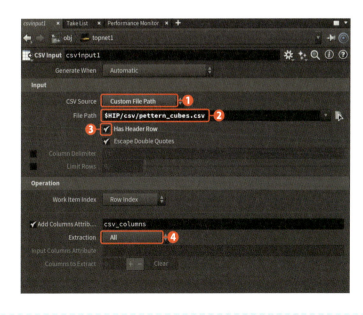

3️⃣ 設定が完了したら、[Generate Node]をクリックし、ワークアイテムを生成して確認します。六つのワークアイテムのそれぞれに、`algorithm`, `pattern_name`アトリビュートが正しく設定されていれば、この工程は完了です。

9-4-2 階層化の切り替えアトリビュートを追加しよう

今回の目標は、12本の動画を生成することです。つまり六つのワークアイテムそれぞれを階層化するかどうかで、2パターンずつ必要になります。

1️⃣ このように、現在のワークアイテムをもとにバリエーションを作る作業には、`Wedge`ノードを使うと便利です。

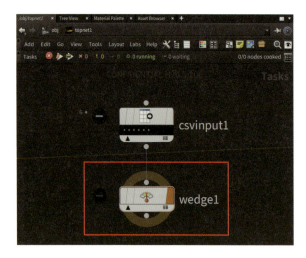

2 ❶Wedge Countを「2」、❷Attribute Nameを「nested」、❸Attribute Typeを[Integer]に設定します。

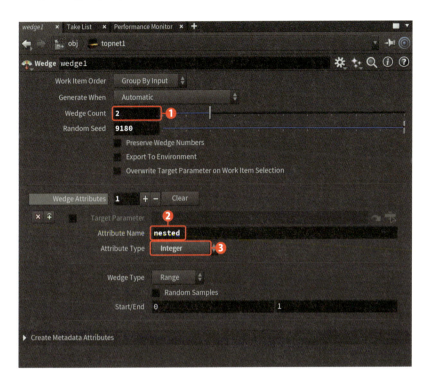

3 ワークアイテムを生成すると、12個のワークアイテムが確認できます。

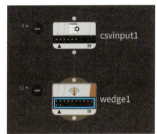

また、それぞれの動きについて、nestedアトリビュートが0,1のワークアイテムが生成されました。
しかし、まだpattern_nameアトリビュートが元のままです。これらは様々なファイル名に使いたいので、うっかり同じ名前にして上書きしてしまう事態を避けるため、適切に名前を変更しておきましょう。

4 同じwedge1ノードの❶`Wedge Attributes`の[+]をクリックして、アトリビュートをもう一つ追加します。pattern_nameアトリビュートを上書きするために、追加したパラメータの❷`Attribute Name`を「pattern_name」、❸`Attribute Type`を[String]に設定します。また、❹`Values`の[+]をクリックして入力欄を二つに増やし、それぞれに❺「`std `@pattern_name``」「`nst `@pattern_name``」と入力します。`std`はstandard、`nst`はnestedの略です。

設定が完了したら、ワークアイテムを再生成して確認しましょう。正しく設定されていれば、それぞれのパターン名に`std`,`nst`が追加されています。

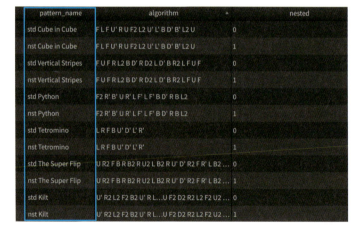

9-4-3 ワークアイテムアトリビュートを利用しよう

処理に必要なワークアイテムと、そのアトリビュートが揃ったら、アトリビュートを処理に流し込む設定をしましょう。

▌algorithmアトリビュート

1. 具体的な回転記号は、CONTROLLERノードのMovesに入力すればよいです。このパラメータは文字列なので、「`」で囲って「`@algorithm`」と入力します。そのほかのパラメータについては次の通りです。

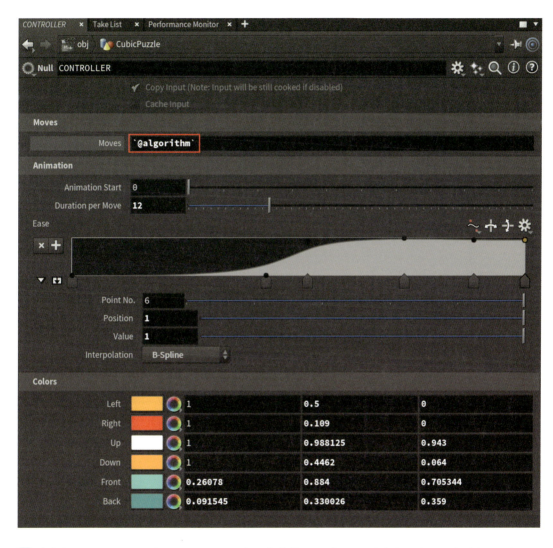

2. 適当なワークアイテムをクリックして選択した状態で、パラメータ名をマウスの中ボタンでクリックすることで、実際の値を確認できます。

■nestedアトリビュート

階層化を切り替えるSwitchノードにも、同じようにアトリビュートを流し込みます。こちらは文字列ではないため、「`」を付けずに「@nested」と入力します。

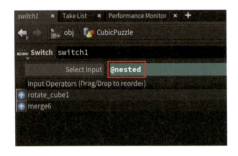

SECTION 9-5 処理を実行しよう

今回実行する処理は次の三つです。一つずつ順番に進めましょう。

- OpenGLによるレンダリング（合成前の画像のレンダリング）
- 背景と文字の合成（COPによる合成処理）
- 動画ファイルの生成（FFmpegによる動画ファイル生成）

9-5-1 ワークアイテムをフィルタリングしよう

ワークアイテムとそのアトリビュートが揃い、処理への流し込みも完了したので、ここからは具体的な処理を実行させる設定をします。しかし、いきなりすべての処理を実行すると、設定に不備があったときに大変なことになりかねません。

そこで、テスト用に一部のワークアイテムだけを残し、ほかのワークアイテムをフィルタリングする処理を挟んでおきます。ここでの設定は、最後に無効化することになります。

1 TAB Menuで「filter」などと検索すると様々なノードがヒットしますが、ここではFilter by Rangeノードを用います。

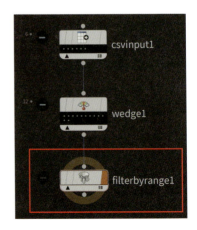

2 ❶`Filter By`を[`Work Item Index`]にして、ワークアイテムが持つIndexをもとにフィルタリングします。❷`Value Range`を「0，1」にし、❸`Inclusive`にチェックが入っている状態でワークアイテムを生成すると、`Index`が0と1、つまり先頭の二つのワークアイテムだけが残ります。

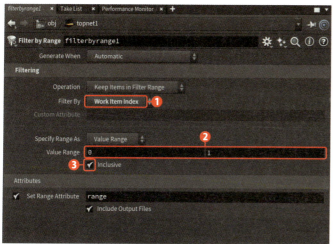

9-5-2 OpenGLでレンダリングしよう

　いよいよレンダリングに入ります。CHAPTER08では、Flipbookを使って手動でレンダリングしましたが、これを自動化するには、`ROP OpenGL Render`ノードを使います。

　Flipbookを使う方法では、すべての画像が一度MPlay上に書き出された後、そこから動画ファイルを出力しました。`ROP OpenGL Render`ノードが担うのは、このうちの画像を書き出す工程のみです。動画を連番画像として保存した後、それらを次の工程で利用します。

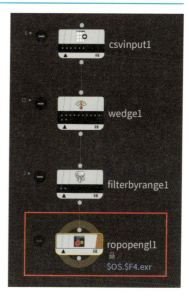

COLUMN

少しだけ中身を見てみよう

　ノード右下に南京錠アイコンが付いているということは、これはHDAです。少し中身を見てみましょう。どうやら、ROP FetchノードとROP Networkノードでできていることがわかります。

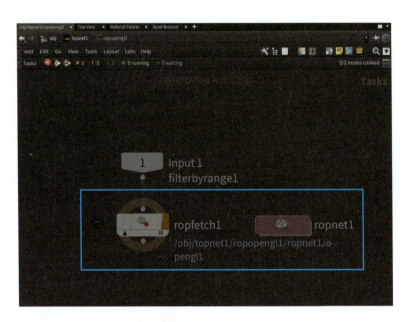

　Fetchとは「取って持ってくる」というような意味です。なにを取って持ってきているのか、パラメータを見ると、ROP Pathに指定された、ropnet1ノード内にあるopengl1ノードを持ってきているようです。

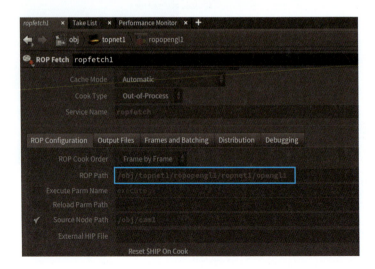

そこで、ropnet1ノード内を確認してみると、確かにopengl1ノードが存在していました。

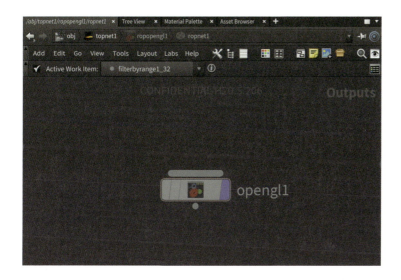

このように、TOPではROP Fetchノードを使って、任意のROPを起動できます。この考え方はこの後で利用するので、頭の片隅に置いておきましょう。

■パラメータの設定

● Output Image

パラメータのROP OpenGLタブの中の、Outputタブ内にあるOutput Imageに、画像の出力先「$HIP/render/09/CubicPuzzle/`@pattern_name`/`@pattern_name`.$F4.png」を指定します。

pattern_nameアトリビュートを出力先の指定に用いることで、自動でフォルダ分けが行われます。「$F4」はフレーム番号です。

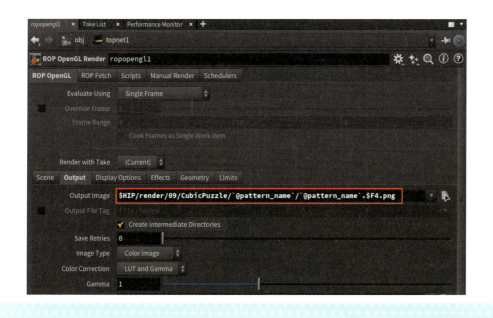

●Frame Range

1 今回はある範囲のフレームをレンダリングするので、Evaluate Usingの値を[Frame Range]に変更します。

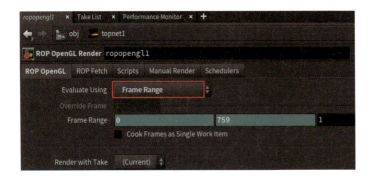

2 Frame Rangeに開始・終了フレーム番号を指定しますが、終了フレームは<mark>動きによってアニメーションの長さが異なる</mark>ため、少し厄介です。そのため、この値はCONTROLLERノードで事前に計算しておきましょう。まずは、CHAPTER08で作ったCONTROLLERノードのEdit Parameter Interfaceで、**1****2**「Integer」と「Separator」を次のように追加します。**3**Nameを「end_frame」、**4**Labelを「End Frame」としました。

3 終了フレームは次のように計算できます。

（終了フレーム）＝（開始フレーム）＋（回転の回数）×（一回転あたりのフレーム数）＋（予備フレーム）

「予備フレーム」は、アニメーション完了後の時間としての余白です。これをパラメータでの式に変換すると、次のように書くことができます。

```
ch("animation_start") + strsplitcount(chs("moves"), " ") * ch("duration_per_move") + 23
```

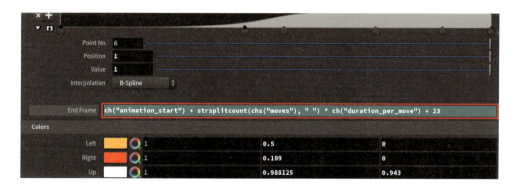

「一回転あたりのフレーム数」を表す「`strsplitcount(chs("moves"), " ")`」が難しいので、ここだけもう少し掘り下げましょう。公式ドキュメント「strsplitcount expression function (https://www.sidefx.com/ja/docs/houdini/expressions/strsplitcount.html)」によると、strsplitcount()関数は`separators`に指定した文字列をもとに、`s`で指定された文字列を分割し、その個数を返します。
ここでは、`s`にmovesパラメータを指定し、それを「" "（スペース）」で分割するように指示しています。つまり、==元の回転記号の文字列がスペースで分割されたときの個数==を表し、回転記号の規格は定まっていることから、これは「回転の回数」になります。

strsplitcount expression function

複数の区切り文字列で文字列を分割したコンポーネントの数を返します。

`strsplitcount(s, separators)`

*separators*内の複数の文字を使用して文字列*s*を分割したコンポーネントの数を返します。*separators*が空っぽの文字列の場合、文字列*s*はスペースで分割されます。

EXAMPLES

`echo \`strsplitcount("foo//bar//child/", "/")\``

3を返します。

`echo \`strsplitcount(":a:b c;d;e", ":;")\``

4を返します。

4 「予備フレーム」を24ではなく23としているのは、ROP OpenGL RenderノードのFrame Rangeが両端のフレームを含むためです。正しく設定できると、パターン名Tetrominoは次のような設定で、終了フレームの値は0+8×12+23=119になります。

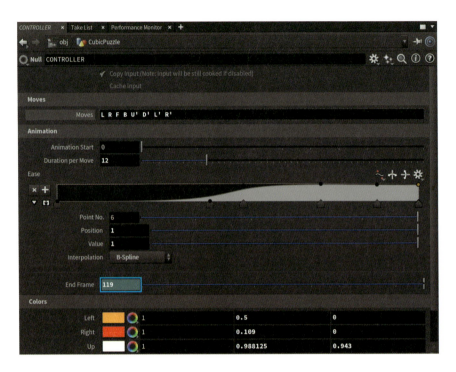

5 この値を、ROP OpenGL RenderノードのFrame Rangeで利用するためにコピーしておきます。

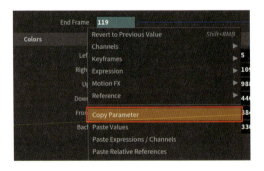

6 TOPネットワークに戻り、Frame Rangeの中央の値にペーストします。

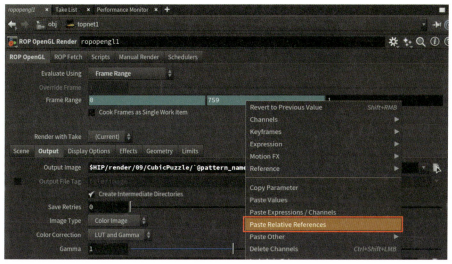

● Display Options

 Display Optionsタブには、Scene Viewと似たような設定が多数存在しています。今回はShading Modeのみ[Flat Wire Shaded]に変更します。

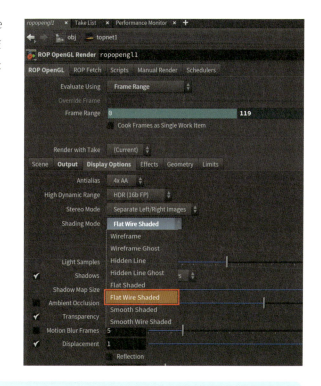

Scene View右上にあったオプションと同じですね。

■1フレームだけテストレンダリング

これで、ROP OpenGL Renderノードの設定はほとんど完了しました。連番画像としてアニメーションをレンダリングする前に、1枚だけ画像を書き出してみましょう。

1 テストとして書き出すワークアイテムを、一つ選択します。

2 Manual Renderタブの[Render]をクリックしてみましょう。

指定した場所に正しく書き出されていることを確認しましょう（この時点で色が少し暗く見えるのは問題ありません）。

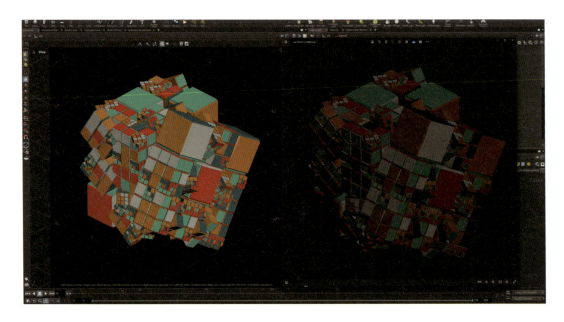

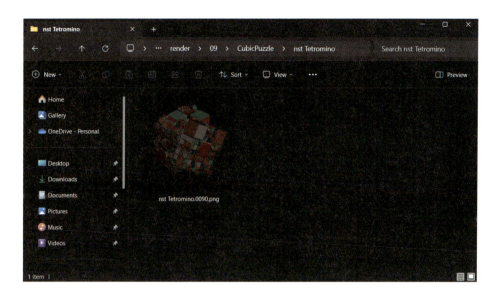

3 解像度はカメラの設定を引き継いでいますが、必要であればSceneタブの❶Override Camera Resolutionにチェックを入れて、❷Resolutionから指定することも可能です。

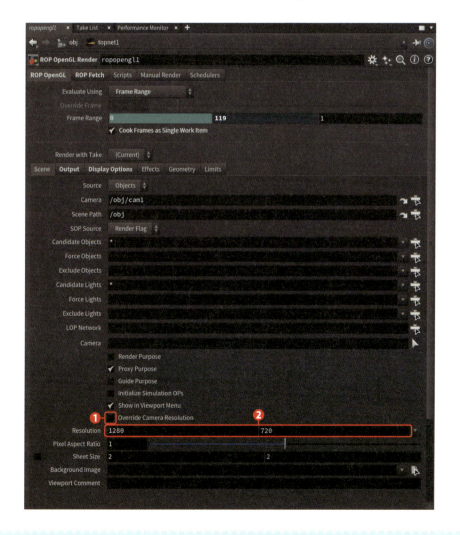

■正しくレンダリングされない場合は

まずは、設定を一通り見直してみましょう。使用しているアトリビュート名のタイプミスなどは、よくあります。

実は私も一箇所ミスしていまして、「`@pattern_name`」が「`@patern_name`」になっているのに、気付くまで5分くらいかかりました。

今回、カメラの名前がcam1でない場合は、それが原因になりえます。`Scene`タブの`Camera`を確認すると、デフォルトでは「`/obj/cam1`」が指定されています。

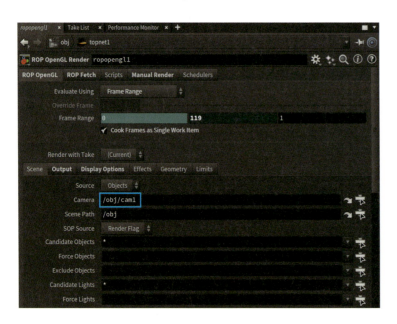

直接パラメータにカメラへのパスを打ち込んでもよいですが、パラメータ横の[`Open floating operator chooser`]をクリックして選択することもできます。

■連番画像のレンダリング

1フレームを正しくレンダリングできることを確認したら、連番画像を書き出してみましょう。

1️⃣ ropopengl1ノードのワークアイテムを生成すると、次のようになりました。どうやらフレームごとに、個別のワークアイテムが作られてしまっているようです。この工程の後の動画ファイルの生成などに際して、すべてのフレームが個別であると扱いが面倒なので、同じアニメーションは一つのワークアイテムとして管理するように設定しましょう。

2️⃣ これを行うには、`Cook Frames as Single Work Item`にチェックを入れます。

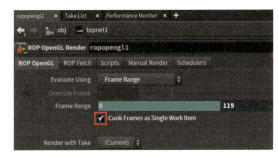

3️⃣ ワークアイテムを再生成すると、一つのアニメーションにつき、一つのワークアイテムが生成されるようになります。

ワークアイテム情報を確認すると、一つのワークアイテムの`Expected Output`内に、すべての画像が格納されています。

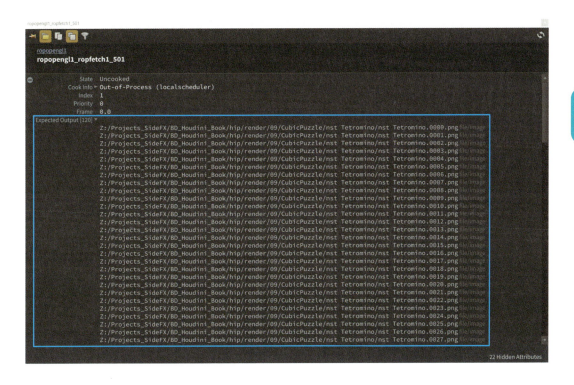

❹ すべての設定が完了したら[Cook Node]をクリックして、処理を実行してみましょう。

指定したアニメーションが書き出されていれば成功です。

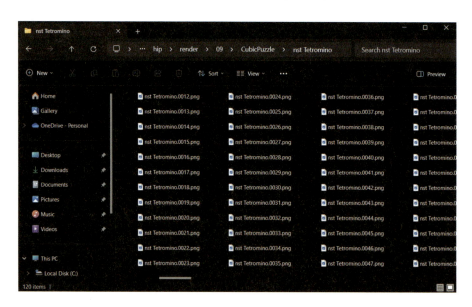

❺ もしなにか問題がある場合は、Network editor左上の赤い×から処理を中断しましょう。

Task Graph TableのCook Timeを確認すると、筆者の環境ではそれぞれのアニメーションにつき30秒ほどで処理が終わりました。

9-5-3　In-Processクッキングを使おう

　少し踏み込んだ内容にはなりますが、今回の作例において、より安定的かつ高速に処理を行える方法を紹介します。

1 設定はとても簡単で、`ROP OpenGL Render`ノードの`Cook Type`を[`In-Process`]に変更するだけです。

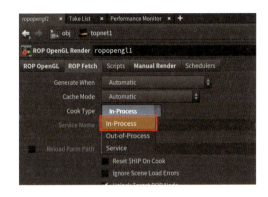

2 本当に速くなっているかテストするため、一度[`Delete This Node's Output Files from Disk`]から出力結果を削除します。

3 [`Accept`]をクリックしましょう。

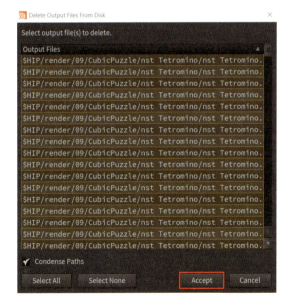

4 もう一度[Cook Node]をクリックして処理を開始すると、先ほどはなかった進捗バーのようなものが表示され、それぞれ20秒ほどで完了しました。確かに高速になっています。

処理が速くなった理由を理解するには、裏側での挙動を知る必要があります。まず、In-Processにする前のクック方法は「Out-of-Process」と呼ばれています。ここでの「プロセス」とは、今起動しているHoudini自体を指しています。つまり、Out-of-Processは現在起動しているHoudiniとは別のどこか（プロセス）で処理を行い、In-Processは今起動しているHoudiniを利用して処理を行うということです。

Out-of-Processは計算用に別プロセス（画面がなく、ただ処理を行うだけのHoudiniのようなもの）を立ち上げるので、複数の処理を並列実行できるなどのアドバンテージがありますが、当然そのプロセスそのものを起動・終了する必要があるため、余分な時間がかかります。

今回の場合、複数のレンダリングを並列実行するとしても、計算を行うマシンは一台だけです。どのような順番で計算を行っても計算量は同じですから、無駄に別プロセスを起動して無理に並列実行するのではなく、現在起動しているプロセスで一つずつ処理したことで高速になったと考えられます。

また、一つのマシンで複数のフレームを並列にレンダリングするということは、その分同時に扱うデータ量が増えるということです。今回はそこまで重くないため問題にならないかもしれませんが、非常に重い場合は困難であり、また、そうするべきではありません。

ちなみに、Cook Frames as Single Work Itemのチェックを外して、すべてのフレームを別のワークアイテムにした状態でOut-of-Processにすると、フレーム単位で別プロセスを使おうとするのでとても遅くなります。

9-5-4 COPによる合成処理をしよう

この工程では、先ほどレンダリングした画像を次のように加工します。

- 色の修正・補正
- 背景の作成
- 情報の印字

今まで通り、工程を意識して進めましょう。

　Houdiniにおける画像処理を行うコンテキストは、**COP**（Compositing Operator）と呼ばれています。今回行う処理は、一連の自動処理の一部としてのみ使用するので、topnet1ノード内に新しく`COP Network`ノードを作成し、そこで作業することにします。

　COPはHoudini 20.5で改良されており、従来のCOPは`COP Network - Old`ノードとして存在しています。今回は新しいCOP（通称Copernicus）を使用します。

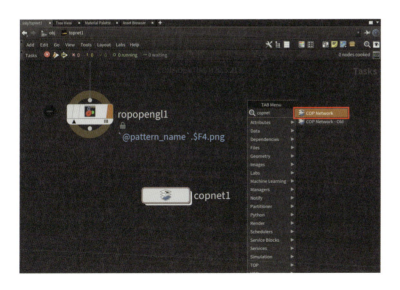

■画像ファイルの読み込み

　COPでは基本的に2次元の画像を扱うため、Scene Viewとは別に、Composite Viewという専用の2Dビューが用意されています。操作はScene Viewと基本的に同じです。

■ copnet1ノード内に入ったら、❶ Composite Viewに切り替えて、❷ Fileノードを置いてみましょう。ノードの形がこれまでとは少し違いますが、ボタンはほかのコンテキストと基本的に同じです。

3次元のScene Viewでは、次のように表示されます。

2次元の画像を扱うのにScene Viewで表示されるのは、なにか意味があるんですか？

（執筆時点で絶賛開発中のため）本書には登場しませんが、簡単なレンダリングができたり、ジオメトリやカメラ情報を扱うこともあるので、Copernicusの画像は常に3次元空間内にあるのです。

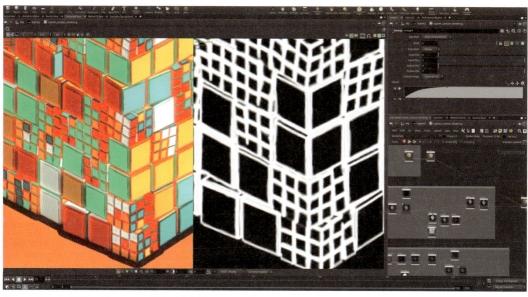

Copernicus内でアニメ風のレンダリングを行っている様子

2 自動で処理を行うために、❶ropopengl1ノードの`Output Image`をコピーし、❷`File`ノードの`File Name`にペーストして、先ほどレンダリングした画像を指定しましょう。

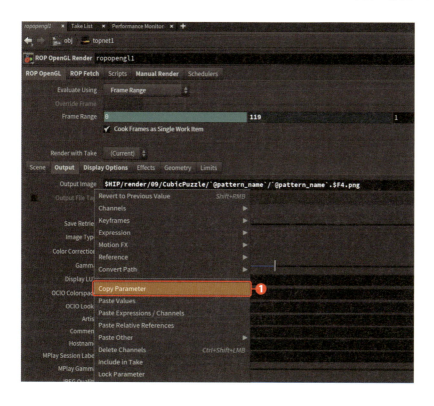

CHAPTER 09 TOP／PDGによるさらなる自動化

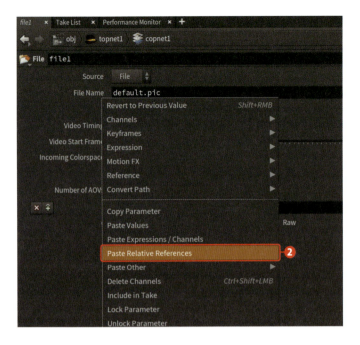

3 適当なワークアイテムをクリックすると、先ほどレンダリングした画像が表示されます。

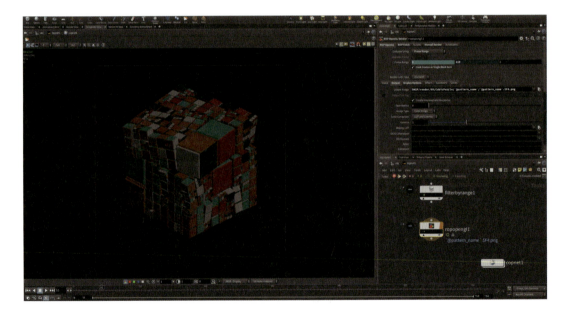

4 また、タイムラインを動かして、正しく連番画像が読み込まれていることを確認しましょう。

5 画像自体は読み込めていますが、色がScene Viewで見ていたものと一致しません。これは、File ノードの Raw にチェックを入れると解決します。これで、画像ファイルの読み込み設定は完了です。

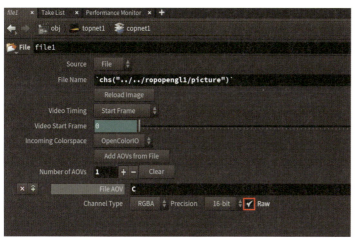

CHAPTER 09 TOP／PDGによるさらなる自動化

COLUMN
どうして画像の色が暗くなるの？

　画像が暗くなる主な原因は、**ディスプレイガンマ**などと呼ばれる、ディスプレイ（画面）の発色特性によります。一般にディスプレイが持つガンマ特性は、中間値が暗くなる傾向にあります。そのため、.pngや.mp4といった画像や動画などでよく使われるファイルは、==データとしては中間値を少し明るくした値で保存されます==。

　この設定は、一般向けのソフトウェアでは自動で行われています。画像表示ソフトや動画再生ソフトによって、若干色が明るくなったり暗くなったりするのは、これが原因であることがほとんどです。

　一方、プロの映像制作の現場では、多くの工程において様々な画像ファイルが存在し、それらを合成するなどします。この合成の際に、データが明るく補正されている状態では、正しい光の計算がとても面倒になります。

　そこで、Houdiniを含む多くのプロ向けのソフトウェアでは、==値をそのまま保存することができます==。Houdiniでは特別設定を行わないかぎり、大抵そのままのデータ（リニアなデータ）で保存されます。

　今回の`ROP OpenGL Render`ノードでも特に設定しなかったため、リニアなデータが書き出されていました。つまり、ディスプレイに合わせて中間値を少し明るくする処理を行わなかったので、よくある.pngファイルと仮定して表示したときに、色が暗くなってしまったというわけです。

　これを「よくある.pngのように補正されたものではなく、そのままのデータを持っているよ」と明示するのが、先ほどの`Raw`チェックボックスです。==`Raw`とは==「==生==」==という意味です==。

 高級な業務用ディスプレイは、この辺がとても精密です[注1]

[注1] 第7回 "曲線美" が色再現性の決め手になる？──液晶ディスプレイの「ガンマ」を知ろう
https://www.eizo.co.jp/eizolibrary/other/itmedia02_07/

■ 背景の合成

1 背景には、シンプルなグラデーションを追加します。これは、Rampノードで作ることができます。

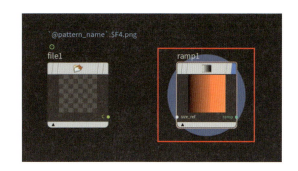

現在表示している画像の解像度は、Composite View左上に表示されています。

2 元の画像と解像度を一致させるには、ramp1ノードのsize_refに、file1ノードのCを繋ぎます。

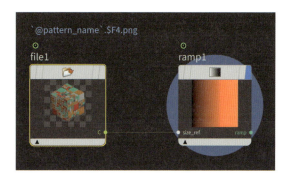

入力画像の解像度に合わせて解像度が変更されました。

※ CHAPTER08では、Houdini Apprenticeでのレンダリングの解像度制限に合わせて720×720に設定しましたが、書籍用に高解像度でレンダリングし直しているため、右図では2048×2048になっています。今後の操作に違いはありません。

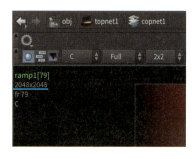

CHAPTER 09　TOP／PDGによるさらなる自動化

3 Rampを[Concentric]に変更し、下図のようなグラデーションを作りました。自由に色を設定しましょう。

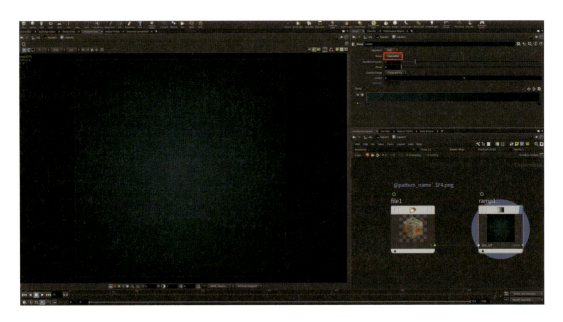

4 続いて背景画像の上に、元の画像を合成しましょう。Blendノードを追加し、bgに背景（ramp1ノードのramp）、fgに前景となる元の画像（file1ノードのC）を入力します。

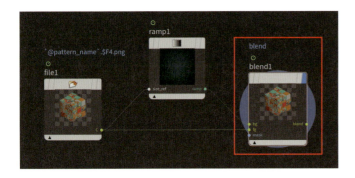

5 Modeを[Over]に変更することで、単純な重ね合わせができます。

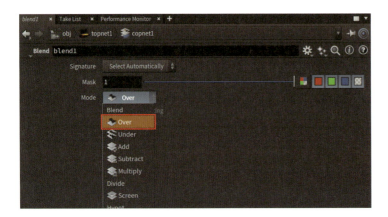

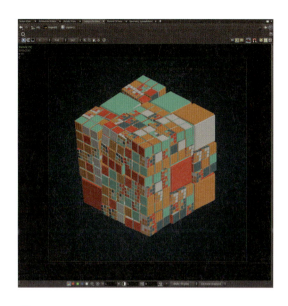

6 このままでは、キューブが背景の青に少し沈んでしまっているので、少しだけ色を調整します。簡単な色調整には、RemapやHSV Adjustなど様々なノードがありますが、ここではRemapノードを使います。

Remapノードは、Rampパラメータを用いて文字通り値をリマップできるノードです。今回は元の画像にのみ調整を加えたいので、合成前にRemapノードを挟み、少しだけ赤を強めることで、背景に対して目立つような印象を作ることにします。

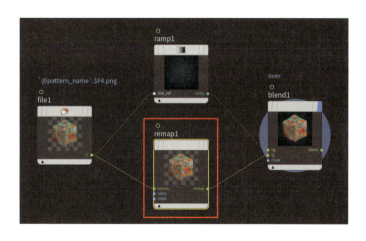

CHAPTER 09 TOP／PDGによるさらなる自動化

7 Mask右のボタンから赤のみを選択し、下図のように少し全体を盛り上げることで赤を強めます。左が調整前、右が調整後です。全体的にはっきりとした色合いになりました。

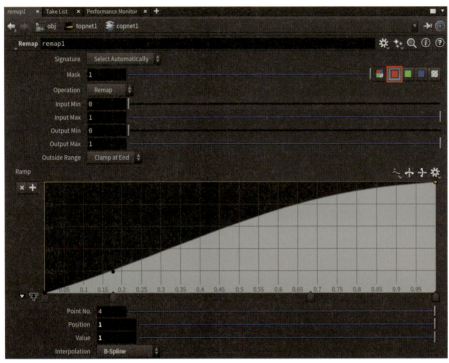

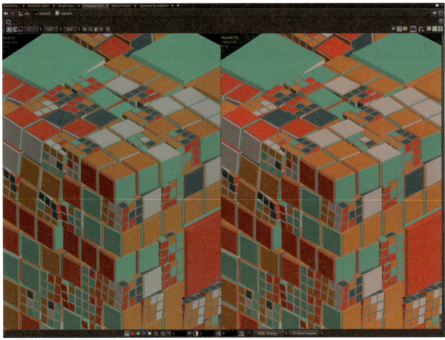

8 Composite Viewに同時に複数のノードの結果を表示したいときは、DisplayフラグとはБ別に、Templateフラグをオンにします。

■情報の印字

ベースの画像が完成したので、次は画像の左下に情報を印字してみましょう。

1 これにはFontノードを使用します。

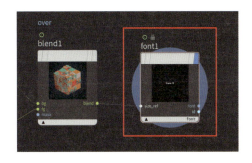

デフォルトでは文字の境界がはっきりしすぎている（ジャギーが発生している）ため、まずはこれを解消しましょう。

2 ❶ FontノードのOutput Typeを[SDF]に変更し、❷ SDF to Monoノードを下図のように繋ぎます。

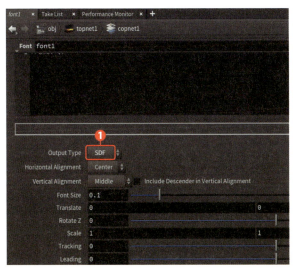

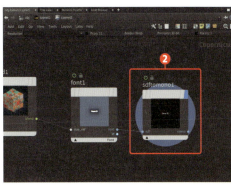

❸ `Anti-Aliasing`にチェックが入っていることを確認しましょう。`Iso Offset`を変更すれば、全体の太さを調整できます。

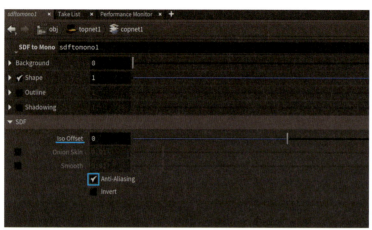

❹ 色を着けたい場合は、❶`Bright`ノードを使用すると簡単です。❷`Signature`を[RGBA]に変更した後、❸`Tint Brightness`を変更します。

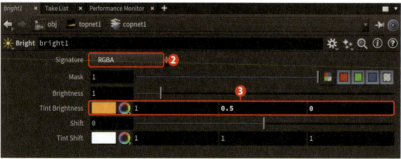

ただの文字だけなのに、なんかすごく面倒な手順を踏んでいる気がします……。

シンプルな文字だけだとそうかもしれませんが、より複雑な装飾になってくると、この手順の方が統一的に拡張できて便利なんです。

5 例として、多重縁取りは、`Iso Offset`と`Tint Brightness`のみを変更した複数の文字を、`Blend`ノードで適切に重ねることで実現できます。

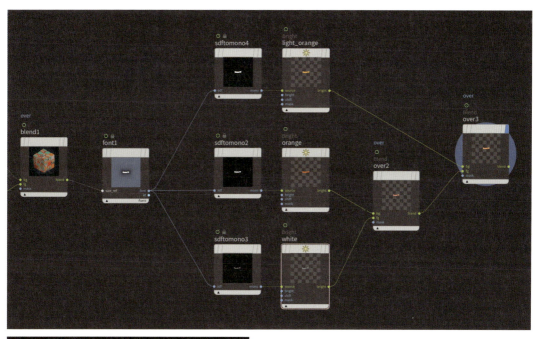

6 さらに、特定の縁取りのみに質感を加えたいなどの場合にも対応できます。この例では、Fractal Noiseノードで生成したテクスチャを、BlendノードのModeを[Multiply]にして合成しています。

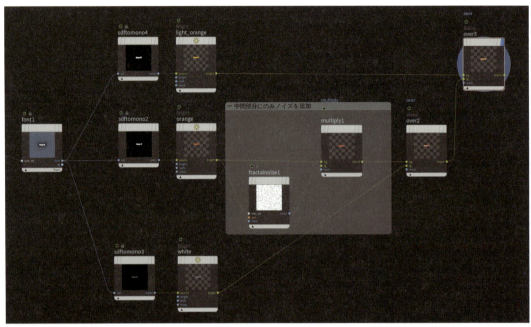

7 Fontノードのパラメータを変更・調整します。Textも文字列パラメータであるため、PDGアトリビュートを使用する場合は「`」で囲います。そのほかのパラメータはお好みで調整しましょう。

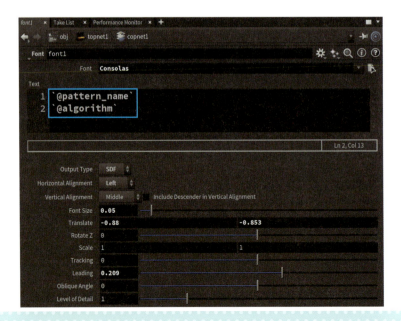

設定すると、情報が左下に配置されます。

8 最後に、元の画像の上に文字を合成します。背景を合成したときと同じように、`Mode`を[`Over`]にした`Blend`ノードに、適切にノードを繋ぎます。これで合成ができました。

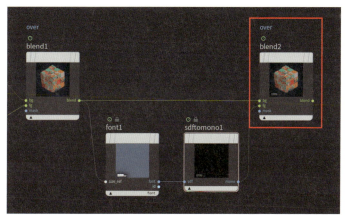

■最終調整とレンダリング設定

1 最後にもう一度、全体の色を整える目的で、`Remap`,`HSV Adjust`,`Glow`ノードを追加しました。

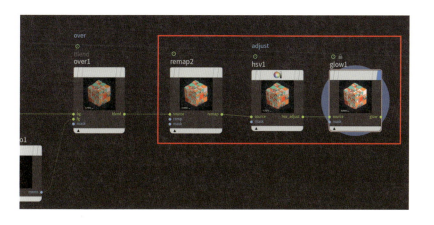

2 RemapノードとHSV Adjustノードのパラメータは、次のように設定しました。

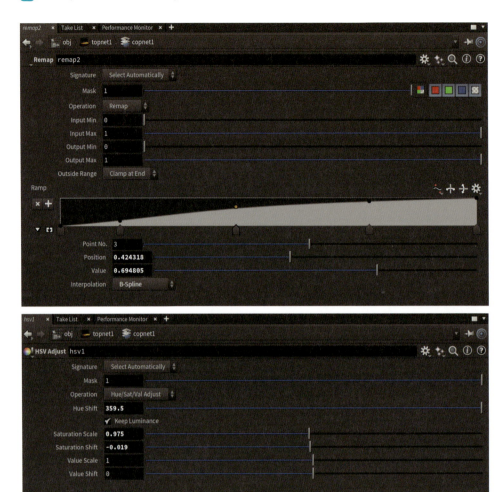

3 Glowノードでグローを入れると、少しやわらかい印象になります。好みに合わせて色々な調整を試してみましょう。

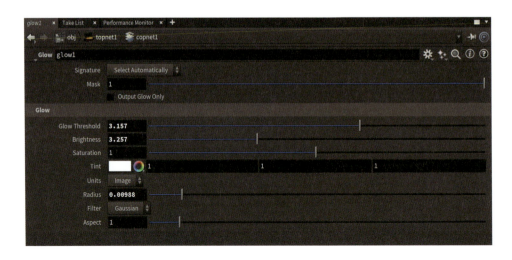

4 続いてレンダリング設定を行います。まずは出力すべき結果として、Nullノードを追加し、名前を「OUT」としておきます。

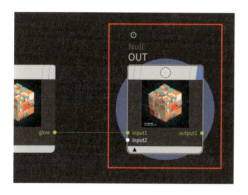

5 画像の出力には、COPネットワーク内でROP Image Outputノードを使用します。

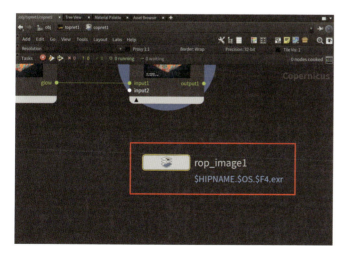

CHAPTER 09　TOP／PDGによるさらなる自動化

6 ❶ `COP Path`に先ほどのOUTノードのパスを、❷ `Output File`に仮のファイルパスを入力し、❸ `[Save to Disk]`をクリックして試しにレンダリングしてみましょう。

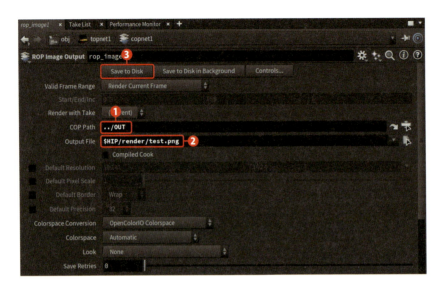

Composite Viewと同じ見た目になれば成功です。

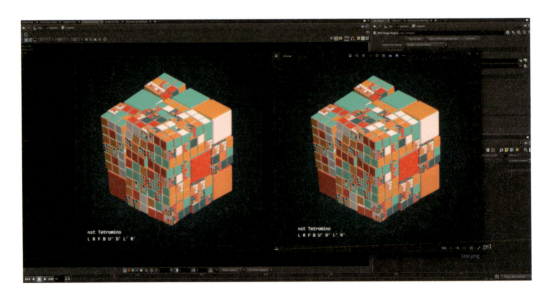

7 どうしても色が少し変化しているように見える場合は、画像表示ソフトが原因である可能性があります。その場合は、`[Render]`＞`[MPlay]`＞`[Load Disk Files]`をクリックして、Houdiniに付属している画像表示ソフト、MPlayを使ってみましょう。

8 .hipファイルが保存されているディレクトリが開くので、目的の画像を選択して[Load]をクリックします。

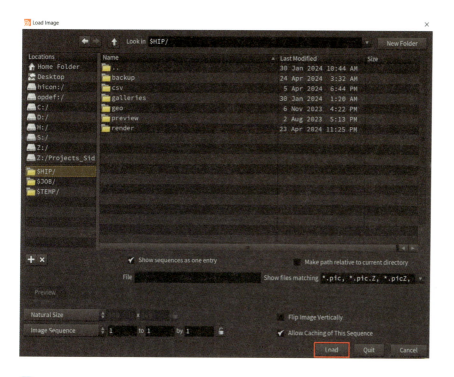

9 Composite ViewとMPlayで、表示設定を必ず一致させましょう。これが表示されていない場合は小さく折り畳まれているので、画像とタイムラインの境界部分をクリックしてみましょう。
Scene Viewでは、右上の[Persp]＞[Correction Toolbar]をクリックすることで表示されます。

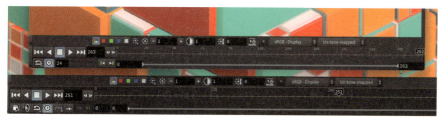

CHAPTER 09 TOP／PDGによるさらなる自動化

10 また、Composite ViewとMPlayのどちらでも、画像上でIキーを押すことでピクセル単位の情報を確認できます。

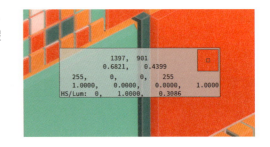

11 正しい色の出力を確認できたら、❶`Output File`を「`$HIP/render/09/CubicPuzzle/`@pattern_name`/`@pattern_name`.$F4.comp.png`」に変更します。ropopengl1ノードに設定したものとほぼ同じですが、ファイル名の最後に「`.comp`」を追加しています。
出力場所の確認として、もう一度❷[`Save to Disk`]をクリックしてみてもよいでしょう。以上でCOPでの設定は完了です。

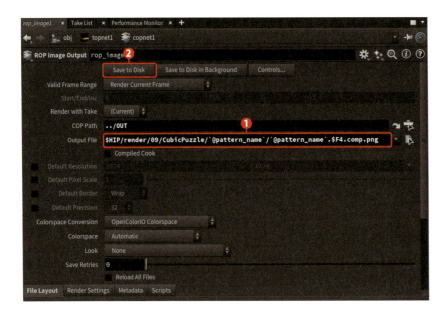

■TOPからの呼び出し

続いて、COPでの処理を、TOP側から自動で呼び出す処理を設定しましょう。具体的には、rop_image1ノードを呼び出せばよいです。

1 TOPから任意のROPを呼び出すには、`ROP Fetch`ノードを使用します。

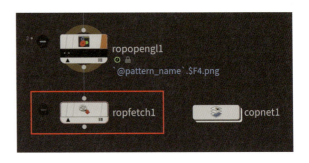

2 ROP Configurationタブの❶ ROP Pathに「../copnet1/rop_image1」と入力し、先ほど設定したrop_image1ノードを呼び出します。また、❷ Cook Typeは[In-Process]に設定しておきます。

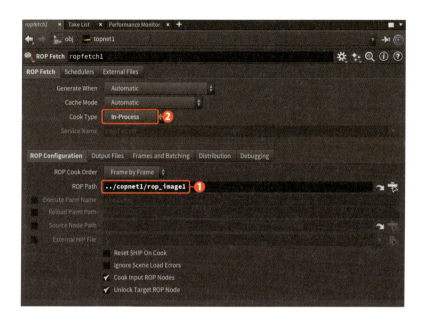

3 Frames and Batchingタブで、レンダリングするフレーム範囲を指定します。❶ Evaluate Usingを[Frame Range]に設定し、❷ Frame Rangeにレンダリング範囲を指定します。
レンダリング範囲はropopengl1ノードのFrame Rangeと同じなので、そこからコピーしてリンクさせます。最後に、ropopengl1ノードと同じように、❸ Cook Frames as Single Work Itemにチェックを入れます。

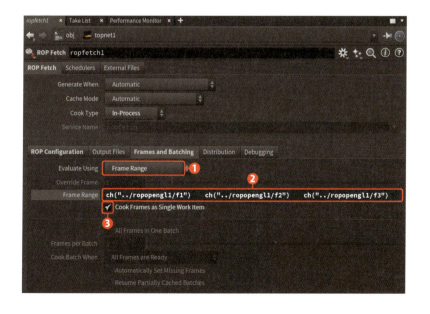

CHAPTER 09　TOP／PDGによるさらなる自動化

4 設定が完了したら、ワークアイテムを生成してExpected Outputを確認します。正しい結果が得られたら、ワークアイテムをクックしましょう。

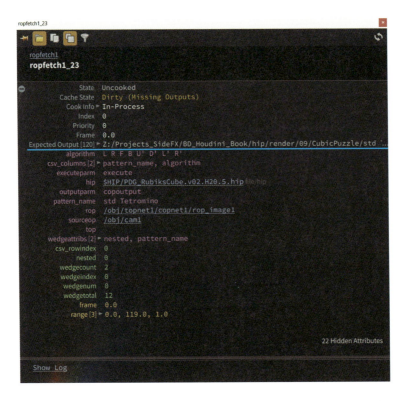

opengl1ノードの出力先と同じディレクトリに、合成済みの画像がレンダリングされていれば成功です。筆者のマシンでは、合計1分ほどで処理が完了しました。

 あともう一歩！ 頑張れ！

9-5-5 FFmpegで動画ファイルを生成しよう

① 最後に、`FFmpeg Encode Video`ノードを使用して、連番画像を各動画に変換します。FFmpeg（エフエフエムペグ）とは、画像・動画・音声を変換・再生するためのフリーソフトです。SideFXとは関係なく、オープンソースで開発が行われています。Houdiniをインストールすると、これも同時にインストールされ、TOPをはじめとした様々な場所で利用できます。

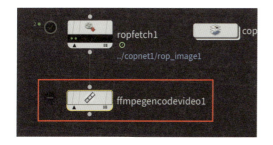

② これまでと同じように、`Cook Type`を[`In-Process`]に変更します。

③ `Tool Presets`にはいくつかの種類がありますが、今回は[`Create Video From Images`]を使います。

CHAPTER 09 TOP／PDGによるさらなる自動化

4 `Input`,`Output`には、それぞれ入力する画像の情報と、出力する動画の情報を入力します。下記でそれぞれのパラメータについて説明します。

■パラメータの設定

●`Input Source`

入力する画像の場所について、どこを参照するか指定します。今回はデフォルトの[`Upstream Output Images`]にして、上流で出力された画像を参照先とします。

●`File Tag(Input)`

`File Tag`とは、PDGが管理するために、出力されたファイルに振るタグです。これはワークアイテムの情報から確認できます。今回の場合、`ROP Fetch`ノードによって出力された画像には「`file/image`」というファイルタグが振られています。そのため、このパラメータにも「`file/image`」を指定しています。

ほかのファイルタグの例として、本章の冒頭でセットアップした`Text Output`ノードの出力には
「`file/text`」というタグが振られています。

　`ROP Fetch`ノードや`Text Output`ノードのような、なにかファイルを出力するためのノード
には、基本的に`File Tag`パラメータが存在しており、自由なタグを設定できます。`ROP Fetch`ノー
ドの場合、なにも指定しないと、呼び出すROPに応じてある程度自動でタグが振られます。

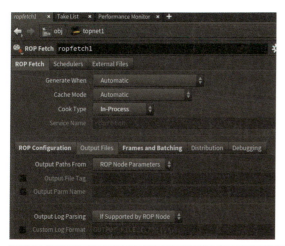

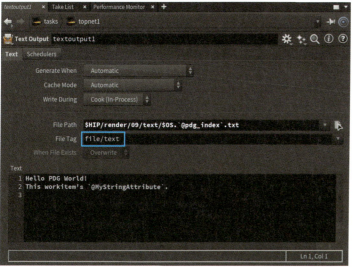

● Frame List File

　FFmpegに必要なフレームリスト情報を含む、テキストファイルの保存先です。ノードをクックすると下図のようなテキストファイルが生成され、このフレーム情報をもとに動画を生成します。
　画像へのパスが相対パスで指定されるため、Windowsでは入力画像と同じドライブを指定する必要があります。

● Output File Path

　出力される動画の保存先を指定します。

● File Tag(Output)

　出力される動画のファイルタグを指定します。

■ 動画のレンダリング

　すべての設定が完了したら、クックして結果を確認しましょう。指定したディレクトリに二つの動画がレンダリングされていれば成功です。

　動画の色が変化しているように見える場合は、再生ソフトが原因である可能性があります。.mp4ファイルはMPlayで扱えないので、筆者はDJV（https://darbyjohnston.github.io/DJV）という、無料のプロ向け確認用ソフトを使用しています。

9-5-6 すべての処理をまとめて実行しよう

1 全工程のセットアップが完了したので、あとはテスト用に入れていた`Filter by Range`ノードをバイパスして、すべての動画をレンダリングするだけです。

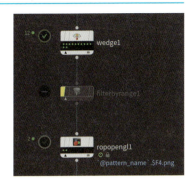

2 ropopengl1ノードを右クリックし、[`Dirty This Node`]をクリックして、ここから先のワークアイテムも一度すべて破棄します。

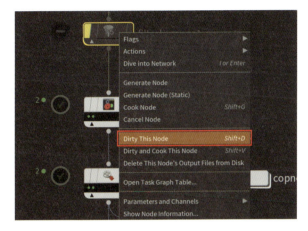

3 その後、ffmpegencodevideo1ノードを右クリックし、[`Generate Node`]をクリックして、すべてのワークアイテムを再生成します。
ワークアイテムが正しく生成されていることを確認したら、あとはffmpegencodevideo1ノードをクックするだけです（その前に、先ほどの動画を見て気になった部分を修正しておくとよいでしょう）。

CHAPTER 09 TOP／PDGによるさらなる自動化

動画で見たら、若干彩度が低いかな〜と思ったので少しだけ上げました。

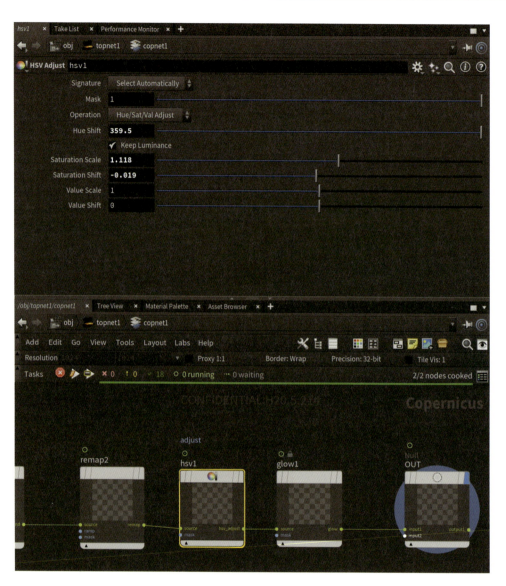

4 修正を行ったら、元のファイルは削除しておきましょう。

5 ffmpegencodevideo1ノードをクックすれば、すべての工程が完了です。正常に処理が完了すると、12本の動画が出力されます。筆者のマシンでは15分ほどかかりました。

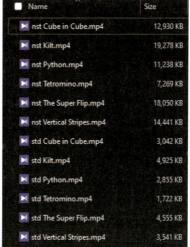

本章のまとめ

やっと終わりだ〜！

終わりだ〜（メインの執筆が）。

　本章では、TOP／PDGの基礎からはじまり、大量の動画を自動生成する仕組みを構築しました。膨大な物量や計算を求められる昨今のゲームや映画において、このような自動化の仕組みは欠かせないものになっています。

　本章で学んだことを以前の章の作例にも適用して、シミュレーションのパターン出しや、複数カメラの自動レンダリングなどにもぜひ挑戦してみてください。

さつき先生小噺 ┃ さつき先生ができるまで

■ Houdini との出会い

Houdini って難しいと言われがちですが、さつき先生にはやっぱり簡単だったんですか？

全然そんなことはなくて、中学生のときに挫折して、Houdini も 3DCG も嫌いになりましたよ。

まさかそんなことが。

SideFX の人間が言うのもあれですが、いろいろ独特で難しいですよね（上司に言ったら「昔は超非力なマシンで全部手打ちして〜」みたいに言われましたが）。

■ 3DCG そのものに挫折！？

英語もわからなければ、算数も計算機科学もなにもわからず、なにがわからないのかすらわからない状態でしたね。

ほかのソフトウェアは使ったりしなかったんですか？

Blender と Cinema 4D Lite は何度か触ったことがありますが、やはり難しくて挫折しました。絵を描くセンスがなく、手作業のモデリングは無理だったわけですね。だから Houdini にしようとしたわけですが、それもダメだったと。

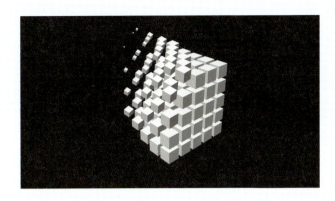

（この人キューブ大好きだな……）

ということで3DCGは一旦あきらめまして、After Effectsで2Dの合成・加工のあれこれをやっていたりしました。

MVの2Dモーションみたいな感じですか？

どちらかというと、==映画のように全フレームがカッコいい最高のワンカット==を作りたくて、最終的にはただの白黒画像を無駄に3DCGっぽく加工できるくらいになりました。

CHAPTER 09 TOP／PDGによるさらなる自動化

■ CG以外の勉強は？

そういえば、英語や数学に抵抗はなかったんですか？

カーンアカデミー（https://ja.khanacademy.org）と MIT OpenCourseWare（https://ocw.mit.edu）という無料の学習コンテンツがありまして、それはよく見ていました。

なんかこう……勉強法的なものは……。

英語なので当然最初はなにもわからなかったんですが、ずっと聞いていたら、なぜか聞き取れるようになりまして……なので勉強法と言われたら「継続する」くらいしか……。

■ Houdiniとの再会

ということで、そこそこの知識を手に入れまして、やっぱりまた3DCGを知らないとなぁとなってきてしまったんですね。これが高校生のときです。

今度はなにをどう勉強したんですか？

手作業は苦手だとわかったので、逆に木を自動生成しようということになりました。

なぜ木……？

手作業で作るのは無理があって、ちょうどよかったからです。専門のソフトウェアを買うお金もないから、作ってやろうと思ったわけですね。

とりあえずやるしかないと。

枝の角度制御のために追加で数学を勉強したり、簡単ではなかったですが、なんとかそれっぽいものは完成しました。

 急にさっきと違いすぎませんか！？

 それなりに試行錯誤はあったと言いたいですが、ほぼ合成の技術でいい感じになっています。このときは不思議なことにすんなり理解できまして、その前は==単純に基礎を知らなすぎただけ==なんじゃないかと思っています。

 なるほど。今度は挫折はしなかったんですね。

 なんとその後、大好きなVIDEO COPILOT（https://www.videocopilot.net）のAndrewの日本公演（https://flashbackj.com/vclive2019）に呼ばれたりもしまして、カリフォルニアのスタジオにもお邪魔しました。

 （ファンがアイドルに会う感じ？）

■SideFXの人たち

 それで、その後なぜかSideFXに入ることになるんですよね。

 突然英語圏の会社から、流暢な日本語メールが送られてきまして、なんやかんやあって今は超リモートワークです。

 日本語だったんですか？

 メールをくれた日本担当の方は日本育ちの日本人だそうで、普通の日本語でした。

 とはいっても……。

 本社の方や海外のカスタマーを日本に招待するときは、英語を頑張るしかありません。通訳したときの動画もあります[注2]。

 やっぱり……！

 でも「日本のカラオケに行きたい！」と言う方や、はじめての新幹線にずっとそわそわしてた方など面白い方が多くて、雰囲気で結構いけます。個人的に休暇で日本に来ている方もいて、たまに会ったりもしますね。ちなみに社長も、本書のためにSideFXの歴史をまとめてくださったり、とても優しい方です。

注2 SideFX Labs Projects&Tools 2023 by Mai Ao(SideFX) ※QAカットバージョン
https://youtu.be/nMOiyPN2SSc?si=1kzQ6FKYHQPmVy9L

09

TOP／PDGによるさらなる自動化

SideFXとHoudiniの歴史   Kim Davidson

Omnibus Computer Graphics 1985

HoudiniのルーツはSideFXの存在以前、Greg Hermanovic（グレッグ・ハーマノヴィッチ）と私がトロントのOmnibus Computer Graphics（以下、オムニバス）に入社した、1985年に遡ります。オムニバスはトロント証券取引所への上場企業で、ニューヨークとロサンゼルスにも支店があり、大学のグラフィックス研究室などから様々なソフトウェアを導入し、CMやTV放送局向けに初期のコンピュータアニメーションを制作していました。また、カナダ自然科学・工学研究会議からの助成金で、グレッグと私、そして数人のグラフィック開発者を雇い、後に「PRISMS」と名付けられるソフトウェアを開発していました。

オムニバスには、寄せ集めのソフトウェアとともに様々なハードウェアもありました。トロントでは、Digital Equipment CorporationのVAX 11/780、Ikonas Graphics Systemsのフレームバッファ、録画用の1インチビデオテープマシンの三つが主要なハードウェアでした。ほかに、データ保存やバックアップ用のハードウェアもありましたが、アニメーション制作の工程は、フレーム1枚分を計算し、それをフレームバッファに読み込み、ビデオテープをトリガーして、フレームバッファ[注1]内の画像をビデオテープに1枚1枚コマ撮り記録するというものでした。この工程を30回繰り返せば1秒間のアニメーションになりますが、ここで最も時間がかかるのは各フレームの計算で、15分以上、時には1時間かかることもありました。

1985年当時を理解する上で重要なポイントは、GUIを伴ったワークステーションは未だ存在せず、すべての制作過程は、メインフレーム・コンピュータに接続されたテキスト端末からの操作で行われ、オブジェクトやカメラ、ライトなどの移動・配置などは自分で計算しなければならず、計算が正しいかどうかは、出来上がるまでわからなかったということです。

プロシージャルアニメーションのルーツ

PRISMSと呼ばれる単体プログラムも存在せず、それは当初、C言語で書かれたプログラムの集合体でした。グレッグや私などの開発者が行ったのは、ポリゴン用と画像用のファイルフォーマットをそれぞれ定義し、次のニーズに対応するプログラムを書くことでした。あるプログラムへの入力は、ファイルまたは別のプログラムからの出力で、その出力は別のプログラムへ出力するか、ファイルとして書き出し、各プログラムはコマンドラインで引数を取り、Unix Cシェル上で繋ぎます。

「pfont -s "hello" | pextrude -z .25 > hello.poly」は、pfontとpextrudeという二つのプログラムを使って3Dテキストを作成する例で、「hello」という3Dテキストを作成してファイル出力します。それぞれ、ほかにも引数を取ることができますが、この例では単純化しています。
「|」はパイプという、あるプログラムの出力を、別のプログラムの入力として送るCシェルコマンドで、「>」はプログラムの出力をファイルに書き出すためのCシェルコマンドです。

[注1] デジタル画像をアナログ装置で記録するための、ハードウェア装置。現在では、USBなどの接続技術や、VRAM、ムービーファイルに置き換えられた（ムービーファイルというファイル形式自体が未だ存在していなかった）。

なぜpfontだけで3Dテキストを出力できないのかと思うかもしれません。それももちろん可能で、そういった引数があったかもしれませんが、プログラムを個別化することで、テキストの太さや傾きをアニメーションしたり、ほかのプログラムの挿入が可能になり、たとえば「pbevel」を挿入すれば、3Dオブジェクトの前面と側面の間に面取りを追加するといったことができました。

PRISMSでのプログラム同士の接続が、後のHoudiniでのノード接続へと繋がっていき、PRISMSのプログラムの引数は、Houdiniのノードのパラメータに相当します。また、PRISMSの引数はすべて、Houdiniのパラメータと同じようにアニメーションが可能でした。こうして、プロシージャルアニメーションが誕生しました。

SideFXのルーツ

1987年初頭、私はオムニバスでコード開発だけでなく、アニメーションディレクターも拝命していました。オムニバスは、より著名なクライアントを獲得するようになり、American Broadcasting CompanyやESPNなどのロゴ映像を手がけ、『ナビゲイター』などの映画にも貢献しました。オムニバスは、当時世界に10社ほどしかなかった、メディア・エンターテインメント向けのアニメーション制作会社の一つでした。当時、ハードウェアとソフトウェアには莫大な投資が必要でしたが、ハードウェアは急速に陳腐化し、商用のソフトウェアも存在しなかったため、誰もが独自のソフトウェアを書いていました。苦境に喘いでいたのは、Robert Abel and AssociatesとDigital Productionsで、オムニバスはこれを好機と捉え、この2社を買収しましたが、1987年4月16日に、銀行により破産管財人が送り込まれ、オムニバスの全従業員が職を失いました。

コンピュータアニメーションに出会って以来、これだけが私のやりたいことでした。この頃には、SGIグラフィックス・ワークステーション、そしてWavefrontのAdvanced VisualizerやAliasのような商用のソフトウェアが登場しはじめていました。グレッグと私は、PRISMSで制作できることをわかっていましたし、PRISMSのコードの開発を続ける自信もありました。

そこで、私たちは倒産したオムニバスの管財人から、PRISMSの独占権と一部のハードウェアを落札し、1987年6月26日に二つの会社を設立しました。一つはCG制作、もう一つはPRISMSの開発と販売の会社で、最初の2年間はその両方を行い、主にグレッグが開発を、私が制作を担当していました。制作については、Aliasの設立者であるNigel McGrathが後に設立した、新しくまだ名前のなかった3Dアニメーション会社と提携しました。この会社は、現在Spin VFXという名前ですが、長年「Side Effects」という名前で、ソフトウェア会社は「Side Effects Software」という名前でした。会社の設立が様々な「side effects（副作用）」によるものだということを、会社名で表したのです。

2年間のPRISMSのコード開発で、グレッグと私は十数社の顧客を持つこととなり、開発とマーケティングだけに専念するため、制作から離れることにしました。そして、最初の開発者であるMark Elendt（マーク・エレント）を雇いました。

Houdiniのルーツ

1987年頃まで、PRISMSはテキストコマンドの集合体であり、3Dオブジェクトやアニメーションの作成には、コマンドをスクリプトとして組み合わせる必要がありました。しかし、SGIグラフィックス・ワークステーションの出現に合わせ、「action」という名前のグラフィックプログラムを開発することにしました。SGI用のaction開発の大部分はGUI（Graphical User Interface）の開発であり、オブジェクトやアニメーション制作ルーチンの大部分はスタンドアロンプログラムから持ってきましたが、GUIの使用により、インタラクティブモデリング機能も追加できました。1990年には、マークが開発したレイトレースレンダラーのMantra[注2]を追加しました。それまでは、スキャンラインレンダラーのCrystal 2がありましたが、この1年後に役目を終えました。

1992年頃に、C言語で書かれていたPRISMSを、オブジェクト指向プログラミング言語であるC++で書き直したいと考えるようになりました。顧客には、PRISMSを名称未定の新しいプログラムで置き換えるとは伝えていませんでしたが、PRISMSはGUIありプログラムとGUIなしプログラムの単なる集合体であったため、新しいプログラムはC++で書くことにしました。PRISMSに同梱された最初のC++プログラムは、FpaintとMojoでした。Fpaintはシンプルなペイントプログラム、Mojoは映像モーフィングプログラムで、この技法は当時大人気でした。

次の4年間で、さらに六つのC++プログラムをリリースしました。Ice（画像合成）、Moca（モーションキャプチャ）、Tima（タイムマシン：ビデオ映像から、グレースケール画像をもとに、ピクセル単位で時間的に前後にサンプリングすることや、変わったエフェクトの作成が可能）、Jive（チャンネルエディタ）、Lava（マテリアルエディタ）、Sage（スタンドアロンジオメトリエディタ）です。SageはHoudiniのSOPsに似たプログラムであり、IceはHoudini内のCOPsの基盤、JiveはCHOPsの基礎となりました。

Houdiniという名前

Houdiniという名前から、脱出王として有名だったHarry Houdini（ハリー・フーディーニ）を思い起こし、この奇術師と関連付ける方もいるかもしれません。実際は、1994年頃のオフサイト計画合宿中に、当時のインターンの一人がコーヒーテーブルにあった本をめくっていて、ぐるぐる巻きにされた人の写真を見て「(Harry) Houdiniみたい」と言い、グレッグがその名前を気に入ったという経緯があります（その写真はAnnie Leibovitz（アニー・リーボヴィッツ）の「Christo and Jeanne-Claude」だったかもしれませんが、私はその場にいなかったのでわかりません）。

いずれにせよ、直接ハリーにちなんで名付けたわけではありませんが、私たちはHoudiniが誰であるかを十分に認識していました。商標調査を行ったところ、「Houdini Hair Salon」のようなほかの業界での用途がいくつかあった以外、商標登録できない理由が存在しないことに驚きました。ハリーは生前、ほかのマジシャンが似たような芸名を名乗ろうとしたとき、法的に激しく係争していたので、これには驚きました。Houdiniをリリースして以来、脱出や魔法と関連付けられることが時々ありましたが、直接的な関係にあやかりたいと思ったことはありません。

[注2] 開発こそ終了しているものの、現在もHoudiniで使用できる。柔軟なカスタマイズ性から、未だ好んで使用するユーザも多い。

Houdiniの成長

Houdiniは、1996年にリリースされました。1996〜2000年頃までのHoudini開発は、アーキテクチャと安定性に重点が置かれ、新機能の追加は緩やかでした。SOPとCOPは、最初のリリース時にすでにありましたが、POPやCHOPなどのほかのコンテキストは、1998年に追加されました。SGI以外のワークステーションやサーバの導入がユーザ間で増えはじめたため、当初はSGI IRIX OS上でのみ稼働していたHoudiniを、Windows NT、Linux、Solaris（Sun Microsystems）へ移植しはじめました。Houdiniは、Linuxに移植された最初の3Dアニメーションソフトウェアでした。

最初にPRISMS、次にHoudiniで機能開発を続けるにつれ、会社も成長していきました。1987〜2000年にかけて、会社の人員は50名超に増え、世界中に数千のライセンスと数百の顧客を抱えるまでになりました。さらに、日本からアルゼンチン、そしてアメリカではロサンゼルスに至るまで、20近い代理店がありました。

この時代、ハードウェアも急激に変化していきました。SGIマシンは小型化・高速化していき、デスクサイド型ワークステーションからデスクトップ型に置き換えられていきました。当初、ソフトウェアとマニュアルの出荷は1/4インチ・カートリッジで行われていましたが、1993年頃には、はるかに小型の8mm幅のDATテープで出荷するようになり、1996年にはCDでの出荷を開始しました（DATテープは、2000年頃まで主にバックアップ用に使われ続けていました）。2000年頃からは、ついにインターネット経由でダウンロードできるようになりました。

1995年には、ロサンゼルスに子会社を設立し、ここを拠点とするユーザへのトレーニングやサポートを開始しました。また、同年にsidefx.comを立ち上げてブランドを確立し、ドキュメントやそのほかの資料のホスティングを開始しました。ユーザベースの拡大は、研究開発・サポート・教育・トレーニングそれぞれにおける人員拡大、また人事・IT・財務部門の成長を意味し、それを促すには、マーケティングとセールスの増強が必要でした。

教育とトレーニングは、企業の成長には不可欠です。当初は、印刷された簡単なマニュアルしかなく、初期のユーザのほとんどは、マニュアルを読みつつ、試行錯誤しながらソフトウェアを習得していきました。チュートリアルも当初は印刷物のみでしたが、1990年代半ば頃からVHSテープでの提供を開始しました。これらの資料の多くが、sidefx.com開設直後にウェブサイトに移行しました。

私たちの最初の教育パートナーは、1996年のSavannah College of Art and Design（サバンナ芸術工科大学）でした。しかし、私たちが成長しているにも関わらず、競合の成長速度はさらに速かったのです。学校は3Dアニメーションプログラムの導入に慎重でしたが、導入したとしても、競合のソフトウェアを選択することが多かったのです。そこで、1996年にロサンゼルスのオフィスでインターンプログラムを開始し、社内で熟練ユーザを育てることにしました。アート系の学生たちが4〜6ヶ月間、SideFXのオフィスでHoudiniを学び、私たちのユーザ企業に採用されていきました。その後すぐに、ロサンゼルスで専属のトレーニングマネージャーを雇い、トレーニングを受講したHoudiniアーティスト数の増加を図りました。

成長中の会社経営に専念するため、私は1996年のHoudiniリリース直後にコード開発を辞めました。グレッグは2000年に退職し、別会社を立ち上げました。初期の成長時はすべてが楽しく、素晴らしい学習経験でした。しかし、1990年代後半になると、売上が横ばいになり、競争が激化していることに気付きはじめました。

市場転換

1990年代後半、市場ではSGIグラフィックス・ワークステーションがまだ主流でしたが、様々なグラフィックカードや、Windows NTやLinuxで稼働する低価格ワークステーションの出現により、3Dソフトウェアの需要が爆発的に増加しました。市場競争は非常に激しくなり、大企業のマーケティング力や広範な販売チャネルに太刀打ちできない小規模のソフトウェア会社の多くは、買収または倒産の憂き目にあいました。2000年までには、3Dソフトウェア市場では三つの上場企業が競合しており、それらはMayaのAlias|Wavefront (SGI)、3D Studio MAXのAutodesk、SoftimageのAvid Technologyでした。

当時、SideFXは世界中の映画、テレビ、広告、ゲーム市場を対象にソフトウェアを販売しており、日本は急速に拡大していった大きな市場の一つであったため、ドキュメントの日本語翻訳も行なっていました。しかし、三つの大手競合他社が市場シェアを争っていたため、3DCGの世界市場で競争し続けることは困難でした。代理店も競合他社との契約をはじめ、そのことが私たちの売上に影響してきました。

2000年代初頭に、競合他社よりも優れたサービスを提供できるサブセグメントへの注力が、最善の戦略だという判断に至りました。選択肢の検討には時間を費やしましたが、注力することにしたのはハイエンドの映像エフェクト分野でした。当時の映画産業はハリウッド拠点がほとんどであり、幸いそこに自前のオフィスがあったため、サポートやトレーニングを簡単に提供できました。

映画製作におけるHoudini

映画製作にHoudiniを最初に導入したのはVIFXというスタジオで、『ジングル・オール・ザ・ウェイ』に使用されました。ただし、Houdini登場以前にも、PRISMSは『トゥルーライズ』や『アポロ13』、そしてアカデミー視覚効果賞を受賞した『インデペンデンス・デイ』など20以上の映画で使われていました。

VIFX、Digital Domain、VisionArt、CORE DigitalなどはPRISMSを最初に導入したスタジオで、後にHoudiniも導入しました。Industrial Light & Magicとは異なり、自社製のソフトウェアを大々的には持っておらず、そういった会社はHoudiniのプロシージャルな特性と、これまで見たことのないようなエフェクトの作成能力を気に入りました。VFX制作において、Houdiniがオープンであることは魅力が大きく、Houdiniのスクリプト言語やHoudini Development Kit (HDK) 経由のライブラリへのアクセスと、コードや式の記述が、最も困難なエフェクトの実現を助けました。

ショットに対して緊急対応が必要な場合にはバグ修正を施し、Houdiniを夜中にリコンパイルし、引き渡したりもしました。たとえば『X-MEN』では、Digital DomainがHoudini VEXシェーダを書いて、ケリー上院議員のシーンでの水のアニメーションを制作しました。しかし、ケリー上院議員に取り付けられ

ていた3Dの心電計用のワイヤーが、アニメーション化された水の形状に追随しないという問題がありました。この解決のために、SideFXでMantraレンダラーとVEXコード担当であったマークが、VEXをSOPsに移植し、Digital DomainがVEXスクリプトでワイヤーをアニメーション化できるようにしました。

2000～2010年まで、長編映画向けに高品質なエフェクトを提供する数社に集中することで、ほんの一握りだった長編映画製作でHoudiniを使用する企業数を、40社以上にまで増やすことができました。そして、この間にHoudiniは、アカデミー視覚効果賞を受賞した10作品を含む400以上の映画で使用されました。

ゲーム開発とモーショングラフィックスにおけるHoudini

Houdini開発は、映像VFXに焦点を当てたことが功を奏し、2010年頃までには再び成長しはじめました。2003年に、Houdini Digital Assets（HDA）を追加しました。これは、ネットワークをパッケージ化し、アーティストが使いやすいカスタムインターフェースを備えた単体ツールにする機能です。2005年には、Houdini 8に剛体ダイナミクス、クロス、ワイヤー用のDOPとソルバが追加され、2010年のHoudini 11には、FLIP流体と動的破砕機能が追加されました。

SideFXの新たな成長のもう一つの要因は、2005年にAutodeskがAliasを買収し、その後2008年にSoftimageを買収したことです。競合する上場企業が2社減ったことは、確かに助かりました。しかし、映像VFXに焦点を当てたということは、モデリング、キャラクター、ライティング、合成など、Houdiniのほかの機能分野には注意が行き届かないということでもありました。また、映像VFXにおけるさらなる成長が、飽和状態に近づいていることも意味していました。そこで、2011年から、成長が続けられるセグメントにも目を向けはじめました。この一つが、ハイエンドゲーム開発市場でした。

1990年代初頭のユーザの中にはゲーム開発会社も含まれていましたが、市場は変化しており、この分野でのHoudiniの認知は高くありませんでした。ゲーム開発会社を再訪問することで、二つの重要点に気付きました。一つは、はるかに優れたUVテクスチャツールとワークフローの追加が必要だということ。もう一つは、Houdiniの商機は大規模かつプロシージャルに構築される環境（背景）と、インゲームシネマティクスだということです。

2011年に、Axis AnimationがHoudiniを使って、ゲーム『Dead Island』で映画品質のシネマティクスを制作しました。これは、ゲーム市場に再度焦点を当てた後の、初期の成功の一つでした。2012年には、Electronic ArtsがHoudiniのプロシージャル手法を使って、ゲーム『SSX』内の非常に複雑な背景を制作し[注3]、Houdiniを使えば、小規模チームでも短期間で高いレベルのリアリズムの実現が可能ということを示しました。

[注3] Electronic Arts - SSX
https://www.sidefx.com/ja/community/electronic-arts-ssx/

調査が行き届いていなかったセグメントの一つが、モーショングラフィックスでしたが、結局のところ、Houdini はモーショングラフィックスにとって理想的なプラットフォームであり、その分野では自然に採用されていきました。Houdini では、あらゆるパラメータをアニメーション化できるという事実により、非常にダイナミックで抽象的なアニメーションをもとにした、モーショングラフィックアートの実現が可能でした。

Houdini の現在

現在は、ゲーム開発やモーショングラフィックス分野での成長に加え、映像制作スタジオ内部での拡充にも注力しはじめています。スタジオの全アーティストの 5% が、Houdini で VFX に取り組んでいたとしても、それ以外のアーティストの半分以上が、ライティングやキャラクターアニメーション、合成などに取り組んでいる可能性があります。このようなユーザを引き付けるには、これらの領域での Houdini の更新が必要であり、2019 年の Houdini 18 で Solaris を搭載し、レイアウト、ライティング、ルックデブへの対応を開始しました。

Solaris は Pixar の USD に基づいており、USD は Solaris アーキテクチャにおいて不可欠です。時期も理想的で、USD が広く普及しはじめたときでした。また、USD Hydra に準拠するようにレンダラを書き換え、名前を「Karma」にしました。Houdini は、どの Hydra 準拠のレンダラにも対応できるようになり、Karma は Hydra デリゲート準拠のアプリであれば、どこでも実行できるようになりました。

2020 年の Houdini 18.5 から搭載された KineFX は、Houdini 内でのキャラクターリギング、アニメーション、モーション編集を再考したもので、モーションクリップ処理とキャラクターリグを、SOP レベルで操作できるように書き直すことからはじめました。その後、Houdini 20 で APEX を追加して、リギングとキャラクターアニメーションに特化したツールの最初のセットをリリースし、2024 年の Houdini 20.5 で、簡単なフォローアップを行いました。これまでの Solaris と同じように、今後数年間のリリースで、KineFX ツールの改良を続けていく予定です。

さらに 2024 年には、新しい 3D 画像処理フレームワークである Copernicus を、ベータ版としてリリースしました。これは、ハードウェアアクセラレーションによるプロシージャルテクスチャ合成や、リアルタイムスラップコンプに対処しつつ、今後の機械学習や、より高度な合成への礎となります。合成操作を 3DCG で可能にすることで、非フォトリアルレンダリングを含む、様々な可能性が解き放たれます。

SideFX と Houdini の旅は、まだ続いています。楽しかったですが、決して終わったわけではありません。技術も市場も変化し続けており、それが興味深いところです。私たちには追求すべきアイデアがたくさんあり、チャンスもたくさんあります。今後、数々のマイルストーンを越えながら、私たちの物語の次の章を書くことが楽しみです。

索引

分類	頭文字	単語
ノード	A	Add ……………………………………………………… 61,62,70,84,134,200,310
		Area Light ………………………………………………………………… 41,249,252
		Assign Material ………………………………………………………………………… 248
		Attribute Create ……………………………………………………………… 66,72,107,344
		Attribute Delete ……………………………………………………………………… 69,153,361
		Attribute Noise Float ………………………………………………………………………… 151
		Attribute Noise Vector ……………………………………………………………………… 131
		Attribute Randomize ……………………………………………………………………… 68,72,73
		Attribute VOP ………………………………………………………………………………… 133,134
		Attribute Wrangle ……………………………… 284,285,287,320,330,343,347,389
	B	Bind …………………………………………………………………………………… 159,180,187
		Blast ……………………………………………………………………………… 95,97,99,102,370
		Blend ……………………………………………………………………………………………… 452,457
		Block Begin ……………………………………………………………………………………… 364
		Block End ………………………………………………………………………………………… 364
		Box …………………………………………………………………………………………… 329,338
		Bright ……………………………………………………………………………………………… 456
	C	Camera …………………………………………………………………………………… 39,254,274
		Color …………………………………………………………………………………… 71,72,108,334
		Constant ………………………………………………………………………… 135,187,200,201,216
		Convert VDB ……………………………………………………………………… 171,183,193,198
		COP Network ……………………………………………………………………………………… 445
		Copy and Transform ……………………………………………………………………………… 110
		Copy to Points ………………………………………………………………… 89,94,341,392,403
		CSV Input ………………………………………………………………………………………… 425
		Curl Noise ………………………………………………………………………… 198,202,214,215
	D	DOP Import ……………………………………………………………………………………… 122
	E	Error ……………………………………………………………………………………………… 355
	F	FFmpeg Encode Video ………………………………………………………………………… 467
		File ………………………………………………………………………………………………… 446
		File Cache ………………………………………………………………………………………… 216
		Filmbox FBX ……………………………………………………………………………………… 88
		Filter by Range …………………………………………………………………………………… 430
		Fit Range ………………………………………………………………………… 185,186,195,204
		Font ……………………………………………………………………………………………… 455
		Fractal Noise …………………………………………………………………………………… 458

分類	頭文字	単語
ノード	G	Generic Generator ……………………………………………… 413,414,416
		Geometry ……………………………………………… 25,27,29,61,150,284,323
		Geometry VOP Output ……………………………………………………… 158
		Glow ……………………………………………………………………………… 459
		Grid ……………………………………………………………………………… 189
		Group Create ………………………………………………………………… 395
	H	HSV Adjust ……………………………………………………………… 453,459
	K	Karma ……………………………………………………………… 43,49,51,242
		Karma Material Builder …………………………………………………… 246
		Karma Ramp Const ………………………………………………………… 264
		Karma Render Settings ……………………………………… 237,258,272
	L	Labs Measure Curvature ……………………………………………… 158,173
		Labs Random Selection ……………………………………………… 388,405
		Local Scheduler …………………………………………………………… 411
		LOP Network ……………………………………………………………… 242
	M	Match Size ………………………………………………………………… 106
		Material Library …………………………………………………………… 245
		Merge ………………………………………………………………… 91,95,235
		MtlX Range ………………………………………………………………… 265
		MtlX Standard Surface ……………………………………… 37,45,246,266
		Multiply …………………………………………… 135,183,187,194,201,215
	N	Name ……………………………………………………………………… 181
		Normal …………………………………………………………………… 156
		Null …………………………………………………………………… 91,329
	O	Object Merge ……………………………………………………………… 193
		Output ………………………………………………………… 122,351,359
	P	Parameter ……………………………………………………………… 201,208
		Particle Trail ……………………………………………………………… 138
		Peak ……………………………………………………………………… 182
		PolyExtrude ……………………………………………………………… 54,74
	R	Ramp ……………………………………………………………………… 451
		Ramp Parameter ……………………………………………………… 203,207
		RBD Packed Object ……………………………………………………… 77,79
		Remap …………………………………………………………………… 453,459
		Remesh ………………………………………………………………… 161,162
		Resample ……………………………………………………………… 311,317
		ROP Fetch ……………………………………………………… 432,464,468
		ROP Image Output ……………………………………………………… 461
		ROP Network ……………………………………………………………… 432
		ROP OpenGL Render ………………………………………… 431,436,450

INDEX 索引

分類	頭文字	単語
ノード	S	Scatter ……………………………………………………………………… 129
		Scene Import ……………………………………………………… 228, 242
		Scene Import (All) ………………………………………………… 228, 231
		Scene Import (Cameras) ……………………………………………… 232
		Scene Import (Lights) ………………………………………………… 232
		SDF to Mono …………………………………………………………… 455
		Soft Transform ………………………………………………………… 32
		Solver ………………………… 121, 123, 126, 176, 183, 190, 192, 206, 215
		SOP Import ………………………………………………………… 243, 262
		Sphere ……………………………………………………………… 25, 30, 150
		Sphere (Create) ………………………………………………………… 150
		Split ………………………………………………………………… 389, 404
		Subdivide ……………………………………………………………… 34
		Sublayer ………………………………………………………………… 241
		Subnetwork ………………………………………………… 351, 354, 359, 405
		Switch …………………………………………………………… 351, 360, 430
	T	Test Geometry: Rubber Toy …………………………………………… 124
		Transform ………………………………………… 87, 102, 341, 343, 403
		Turbulent Noise ……………………………………………………… 188
	U	USD Prim Var Reader ………………………………………………… 263
		USD Render ……………………………………………………… 51, 242
		USD Render ROP ……………………………………………………… 238
		USD ROP ……………………………………………………………… 240
	V	VDB Advect …………………………………………………… 175, 177, 187
		VDB Analysis ………………………………………………… 173, 174, 184
		VDB from Polygons ………………………………………… 170, 178, 218
		VDB Smooth …………………………………………………………… 219
		VDB Smooth SDF ……………………………………………………… 220
		VDB Vector from Scalar ……………………………………………… 193
		Volume ………………………………………………………………… 191, 198
		Volume Sample ……………………………………………………… 179
		Volume Sample Vector …………………………………………… 179, 194
		Volume Slice ………………………………………………………… 184
		Volume Velocity from Curves ………………………………………… 215
		Volume VOP …………………………………… 179, 198, 201, 206, 208, 215
		Volume VOP Output ………………………………………………… 198
	W	Wedge ………………………………………………………………… 426
VEXアトリビュート	C	Cd ………………………………………… 68, 71, 72, 286, 288, 293, 342
		curveu ………………………………………………………………… 311
	N	N …………………………………………………………………… 340, 342
		name …………………………………………………………………… 178

分類	頭文字	単語
VEXアトリビュート	P	P ……………………………………………………… 63,64,286,287,293,343
		primnum ……………………………………………………………………… 331
		pscale …………………………………………………………………… 387,390
		ptnum ………………………………………………………………………… 389
	U	up ………………………………………………………………………… 340,342
	V	v ………………………………………………………………… 131,293,295,312
その他	.	.exr ……………………………………………………………………………… 47
	3	3DCG ………………………………… 14,17,30,51,54,88,223,266,275,279,484
	C	CG ……………………………………………………………… 14,76,279,481
		CHOP …………………………………………………………………… 27,483
		Cinema 4D ……………………………………………………………………… 89
		Cook …………………………………………………………………………… 421
		COP ……………………………………………………………………… 27,445,483
		Copernicus …………………………………………………………… 445,446,486
		cos …………………………………………………………………………… 309
		CPU ……………………………………………………………………… 144,412
	D	DALL-E 3 ……………………………………………………………………… 280
		Dictionary ……………………………………………………………………… 67
		DJV …………………………………………………………………………… 470
		DOP …………………………………………………………………………… 27,485
	E	else …………………………………………………………………………… 297
	F	FFmpeg ………………………………………………………………… 140,467
		Flipbook ………………………………………………………………… 140,401
		float ………………………………………………………… 67,201,292,319,343
		for ………………………………………………………………………… 98,300
	G	Geometry Spreadsheet ………………………… 62,64,65,185,234,235,343
		GHz …………………………………………………………………………… 144
		GPU ……………………………………………………………………… 144,321
	H	HD ……………………………………………………………………………… 40
		HDA ……………………………………………………………………… 404,485
		HDD …………………………………………………………………………… 144
		HDRI …………………………………………………………………………… 17
		Houdini ……………………………………………… 19,24,51,54,77,323,404,480
		Houdini Apprentice ……………………………………………………… 19,28,40
		Houdini Engine ……………………………………………………………… 22
		Houdini GL ………………………………………………………………… 251
		Houdini Launcher …………………………………………………………… 20
		HQueue ……………………………………………………………………… 412

INDEX 索引

分類	頭文字	単語
その他	I	if 297,345
		Illustrator 164
		Industrial Light & Magic 37,484
		int 292,304,372
		integer 67,292
	K	Karma 43,44,242,246,275,486
		Karma XPU 230,258,273
	L	LOP 27,226,228,242,278
	M	mat 26,27
		MaterialX 37,45
		Maya 89,484
		Minecraft 89
		MIT OpenCourseWare 476
		MPlay 140,462
	N	Network editor 24
	O	obj 26,27,29,104,228,230,235,323,423
		OP 27
		OpenCL 323
		OpenGL 431
		Operator 27
	P	PDG 408,411,458
		Perlin Flow 133
		Photoshop 164
		Pixar 227,486
		Playbar 110
		PRISMS 480
		PROJECT TITAN 405
		Python 323,422
	R	RAND 110,294
		RBD 76
		RFEND 140
		RFSTART 140
		RGB 71
		ROP 27,227

分類	頭文字	単語
その他	S	Scene Graph Layers ……………………………………………………… 229
		Scene View ……………………………………………… 23,30,35,41,258
		SDF ……………………………………………………………… 166,167,178
		SideFX …………………………………………………… 19,78,235,478,480
		SideFX Labs ……………………………………………………………… 22
		sin ……………………………………………………………………… 309
		Solaris ………………………………………… 51,226,227,228,238,278,483
		SOP ……………………………………………………………… 27,245,483
		SSD ……………………………………………………………………… 144
		SSS（Subsurface Scattering）…………………………………………… 266
		stage …………………………………………………… 226,228,234,235
		string ……………………………………………………………… 67,292
	T	TAB Menu …………………………………………………… 25,26,31,37,249
		Task Graph Table ……………………………………………………… 416
	U	Unity …………………………………………………………………… 89
		Unreal Engine ……………………………………………………… 89,405
		USD（Universal Scene Description）……… 51,227,234,235,237,240,263,278,286
		UV ……………………………………………………………………… 312
	V	VDB ………………………………………………………………… 170,192
		Vector …………………………………………………… 67,292,295,342
		VEX ……………………………… 134,284,285,289,292,299,305,323,375,484
		VIDEO COPILOT ………………………………………………………… 477
		VOP ……………………………………………………………… 27,134
	W	while ……………………………………………………………… 299,300
	Z	ZBrush ………………………………………………………………… 54,89
	ア	アトリビュート ……………………………………… 64,70,131,293,340,343,345,418,428
		アニメーション ………………………………………… 14,17,139,172,370,422,480
	イ	イテレーション ………………………………………………………… 100
		移流 ………………………………………………………………… 175,215
		インストール ……………………………………………………………… 19
	カ	カメラ ……………………………………… 14,17,23,39,44,223,254,274,281
		カラーブリーディング ……………………………………………………… 48
		関数 …………………………………………………………………… 294
	キ	キャッシュ ………………………………………………………… 125,216
		曲率（Curvature）…………………………………… 149,158,173,177,183,184,215
	ク	クック ……………………………………………………………… 421,444
		グラフィックボード …………………………………………………………… 144
	ケ	原点 ………………………………………………………… 34,83,85,86

INDEX 索引

分類	頭文字	単語
その他	コ	勾配(Gradient) ……………………………………… 166,167,178,179
		弧度法 ………………………………………………………… 309,319
		コンテキスト ………………………………………… 26,27,423,483
	シ	シェーディング ……………………………………………………… 49
		ジオメトリ ………………………………………………… 59,60,243,302
		シミュレーション ………………………………… 14,17,43,76,116,213
		ジャギー …………………………………………………………… 455
		ジョブ ……………………………………………………………… 412
	ス	スカルプティング ……………………………………………………… 15
		スカルプト …………………………………………………………… 54
	セ	正射図法(Orthographic) ……………………………………… 399
	ソ	疎(Sparse) …………………………………………… 170,212,213
		ソニー ………………………………………………… 223,255,280
		ソルバ ……………………………………………………… 76,485
	タ	ダウンロード ………………………………………………………… 19
		タンブル ……………………………………………………………… 23
	チ	頂点(Vertex, Vertices) ……………… 59,60,63,64,70,72,288,304,408
	テ	ディスプレイ ……………………………………………………… 450
		ディレクトリ ………………………………………………………… 47
		テクスチャ ……………………………………………………… 14,15
		電源 ……………………………………………………………… 144
	ト	度数法 ……………………………………………………… 309,317
		凸包(Convex Hull) ………………………………………………… 76
	ノ	ノイズ ………………………………………………… 48,130,137,152
		ノード ………………………………………… 24,26,55,70,77,113,196,481
	ハ	パーティクル ……………………………………………………… 149
		配列(Array) …………………………………………… 67,344,345,346
	ヒ	引数 ………………………………………………… 294,303,304,384,480
		ピクセル ……………………………………………………… 46,164
	フ	ファイルタグ ……………………………………………………… 468
		フィードバックループ ……………………………… 98,120,126,136,190
		フォトグラメトリ ……………………………………………………… 15
		プリミティブ ……………………………………… 59,62,235,304,310
		フレーム ……………………………………………… 110,122,123,372
		プロシージャル ………………………………………………… 54,480
	ヘ	ベクター画像 ……………………………………………………… 164
		ベクトル ……………………………… 58,130,149,167,175,179,215,292
		変数(Variable) ……………… 107,263,290,292,293,296,307,314,344,378

分類	頭文字	単語
その他	ホ	ポイント…………………………………………………… 32,59,83,84,102,105,107,338
		法線……………………………………………………………… 58,149,158,166,174
		ボクセル……………………………………………………………………………165,215
		ポリゴン……………………………………………… 15,29,59,164,167,266,289
		ポリゴンメッシュ…………………………………………………… 163,164,170,176
		ボリューム………………………………………………… 164,166,167,169,175,221
	マ	マザーボード……………………………………………………………………………144
		マテリアル………………………………………………………… 14,15,37,45,245,260
	ミ	密（Dense）……………………………………………………………… 170,191,212
	メ	メモリ……………………………………………………………………………144,290
	モ	モッド………………………………………………………………………………………376
		モデリング…………………………………………………………… 14,15,29,328,482
		モデル……………………………………………………………………………… 15,35,51
	ラ	ライティング…………………………………………………………… 49,51,212,485
		ライト……………………………………………………… 14,17,39,41,46,249,276,480
		ラジアン……………………………………………………………………………………317
		ラスター画像……………………………………………………………………… 164,167
		ランダウのO記法………………………………………………………………………112
	リ	リニア………………………………………………………………………………………450
	レ	レイ…………………………………………………………………………………………… 44
		レンダラ…………………………………………………… 18,43,45,46,49,237,482
		レンダリング………………………………… 14,18,43,227,230,237,258,276,440,444
	ワ	ワークアイテム………………………………………… 409,411,413,416,418,425

SideFX公式
さつき先生と学ぶはじめてのHoudini

2024年9月25日 初版第1刷発行

著　　　者	高瀬 紗月
発　行　人	新 和也
編　　　集	山田 優花
発　　　行	株式会社 ボーンデジタル
	〒102-0074
	東京都千代田区九段南1-5-5
	九段サウスサイドスクエア
	Tel：03-5215-8671　Fax：03-5215-8667
	www.borndigital.co.jp/book/
	お問い合わせ先：https://www.borndigital.co.jp/contact
デ ザ イ ン	株式会社マップス
Ｄ　Ｔ　Ｐ	株式会社Bスプラウト
印刷・製本	シナノ書籍印刷株式会社
監　　　修	Side Effects Software Inc.
協　　　力	日本電子専門学校

ISBN：978-4-86246-596-2
Printed in Japan
Copyright © 2024 by Satsuki Takase and Born Digital, Inc. All rights reserved.

価格は表紙に記載されています。乱丁、落丁等がある場合はお取り替えいたします。
本書の内容を無断で転記、転載、複製することを禁じます。